探索家

UNREAD

拿破仑的纽扣

改变历史的17个化学分子

NAPOLEON'S BUTTONS

HOW 17 MOLECULES CHANGED HISTORY

[加] 潘妮·拉古德
[美] 杰·布勒森 著
李凤阳 译

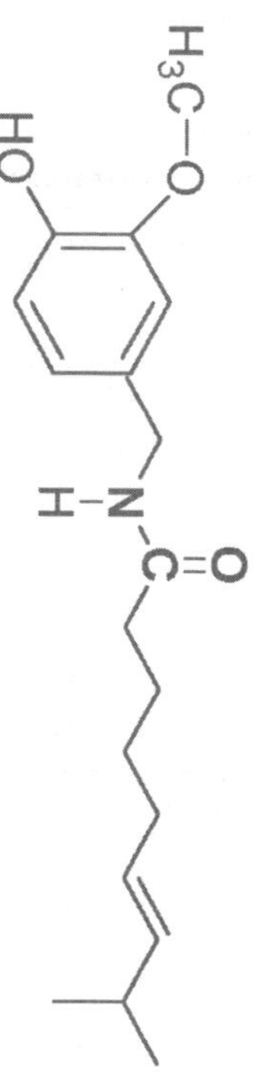

PENNY LE COUTEUR
JAY BURRESON

北京联合出版公司
Beijing United Publishing Co.,Ltd.

拿破仑的纽扣：
改变历史的17个化学分子

[加] 潘妮·拉古德　[美] 杰·布勒森　著
李凤阳　译

图书在版编目（CIP）数据

拿破仑的纽扣：改变历史的 17 个化学分子 /（加）潘妮·拉古德著；（美）杰·布勒森著；李凤阳译．--北京：北京联合出版公司，2024.7
ISBN 978-7-5596-7665-8

Ⅰ．①拿…　Ⅱ．①潘…　②杰…　③李…　Ⅲ．①化学元素－普及读物　Ⅳ．① O611-49

中国国家版本馆 CIP 数据核字（2024）第 105613 号

Napoleon's Buttons:
How 17 Molecules Changed History

by PENNY LE COUTEUR and JAY BURRESON

北京市版权局著作权合同登记号　图字：01-2024-0652 号

出 品 人　赵红仕
选题策划　联合天际·边建强
责任编辑　高霁月
特约编辑　南　洋
美术编辑　夏　天
封面设计　@吾然设计工作室

出　　版　北京联合出版公司
　　　　　北京市西城区德外大街 83 号楼 9 层　100088
发　　行　未读（天津）文化传媒有限公司
印　　刷　大厂回族自治县德诚印务有限公司
经　　销　新华书店
字　　数　288 千字
开　　本　710 毫米 ×1000 毫米　1/16　18.25 印张
版　　次　2024 年 7 月第 1 版　2024 年 7 月第 1 次印刷
I S B N　978-7-5596-7665-8
定　　价　68.00 元

关注未读好书

客服咨询

本书若有质量问题，请与本公司图书销售中心联系调换
电话：（010）52435752

目 录

单位换算表

本书将涉及以下单位换算：

1 磅 = 0.4536 千克

1 英里 = 1609.344 米

1 英尺 = 0.3048 米

1 英亩 = 4047 平方米

1 盎司 = 28.35 克

1 加仑（英）= 4.546 升

1 夸脱（英）= 1.1365 升

1 品脱（英）= 0.56825 升

华氏度 = 32+ 摄氏度 × 1.8

前　言

少了一根钉子，掉了一只马掌；

掉了一只马掌，丢了一匹战马；

丢了一匹战马，没了一名骑手；

没了一名骑手，输了一场战争；

输了一场战争，亡了一个国家。

一切的一切，都因为马掌少了一根钉子。

——旧时英国童谣

1812年6月，拿破仑亲率60万大军进攻俄国。然而到了12月初，曾经不可一世的“大军团”人数已经不足1万人。彼时，疲惫不堪的残兵已经越过俄国西部鲍里索夫附近的别列津纳河，行进在从俄国撤退的漫漫长路之上。打败他们的不仅是俄国陆军，饥饿、疾病、刺骨的严寒也是他们的敌人。俄国的冬天实在太冷了，他们衣不足以御寒，装备不足以作战，无数战士眼看着就要挨不过这个冬天了。

莫斯科大撤退对欧洲版图的影响相当深远。1812年，90%的俄国人口都是农奴，在俄国，农奴与其说是农奴，毋宁说是奴隶，其完全是属于地主的财产，毫无个人权利可言，地主可以随心所欲地买卖或交易；与之形成对比的是，西欧的农奴从未处于此种境况。1789—1799年法国大革命的原则及理念跟随着拿破仑的征服军而来，打破了中世纪的社会秩序，改变了政治版图，并播下了民族主义的种子。他留下的遗产也有务实的一面：通用民政法典取代了千差万别、混乱不堪的地区法律和法规体系；个人、家庭和财产权等新概念被引入；十进制的度量衡系统成为标准，多如牛毛的地方性尺度并行的混乱局面一扫而空。

原本所向披靡的拿破仑为何最终折戟沉沙？连战连捷的大军为何在俄国的战场溃不成军？各种奇怪的解释林林总总，其中有这么一条理论，跟文前引用的那首童谣所表达的意思不谋而合：一切都因为少了一枚纽扣。这听起来仿佛天方夜谭：堂堂拿破仑军队一朝卷甲竟然是因为脱落了一枚纽扣（多么微不足道的小事！），确切地说是一枚锡制纽扣，拿破仑麾下的那些军官穿的大衣、裤子，步兵穿的夹克等都是靠这种纽扣“维系”的。一旦气温下降，闪耀着金属光泽的锡就会变为毫无光泽的灰色碎屑，碎屑仍然是锡，这毫无问题，但物理结构已经完全不同。拿破仑陆军所使用的锡制纽扣是否就经历了这样的变化呢？在鲍里索夫，一名目击者这样描述拿破仑的军队：“宛如一群幽灵，身上披着女人穿的斗篷，衣衫褴褛，大衣上窟窿连着窟窿，都是烧出来的。”当时的情况是不是这样：军装制服上的纽扣化为齑粉后，拿破仑手下那些人承受不住苦寒，身体吃不消，战斗力丧失殆尽？没有纽扣，是不是就意味着他们的手只能用来拉紧衣服，以至于不能持枪了？

要证实或证伪这一假设都面临着数不清的困难。锡的这种变化被称为“锡疫”，几百年前在欧洲就已经有人发现了此现象。那么问题来了，拿破仑这么一个积极奉行“士兵身体好才能打得好”信条的人，为什么会允许把锡用在军装上呢？而且，锡解体绝非一朝一夕之事，就算 1812 年冬天俄国的天气异乎寻常地寒冷，这个过程仍然相当缓慢。尽管如此，这个故事仍然相当动人，化学家们对此津津乐道，说这是拿破仑败北的“化学原因”。如果说这个“锡理论”有什么可取之处，那就是我们必须问一句：如果锡纽扣没有在严寒中化为粉末，法国人是否会继续东进？套在俄国人身上的农奴枷锁是否会提前半个世纪被砸碎？今天的东欧和西欧差不多会构成拿破仑帝国的整个版图，东西欧之间如此迥然相异——这是拿破仑历史影响力的一个明证——的情形是否将不复存在？

纵观历史，金属在人类历史长河中扮演着重要角色。且不说拿破仑的纽扣造成的这种近乎灾难性的后果（当然此事仍然存疑），从英格兰南部康沃尔郡锡矿出产的锡不但是罗马人的钟爱之物，也是罗马帝国扩展到不列颠的原因之一。据估计，到 1650 年，约有 1.6 万吨白银从新大陆的银矿输入西班牙和葡萄牙的王室金库，其中大部分用于支持在欧洲的战争。对黄金和白银的搜求极大地影响了航海探险、拓殖以及很多地区的环境，比如 19 世纪时发生在加利福尼亚、澳大利亚、南非、新西兰和加拿大克朗代克的淘金热，对打开这些地区的门户起到了举足轻重的作用。不仅如此，我们的语言——英语中也包含着很多与黄金有关的单词或短语，比如金砖（goldbrick[①]）、金本位（gold standard）、黄金年代（golden years）。另一个表现金属的重要性的事实是，一些历史时期是用金属命名的，比如青铜时代（青铜是锡铜合金，在这个时代，青铜被用来制作武器和工具）以及之后的黑铁时代（这个时代的人类开始冶铁、使用铁器）。

但是，塑造了历史的只有锡、金和铁这样的金属吗？金属是一种元素，而所谓元素，是指用化学方法不能再行分解的简单物质。自然界存在的元素只有 90 多种，另外有大约 20 多种元素是人工制造出来的。但是，世界上存在着大约 700 万种化合物，所谓化合物，是指由两种或两种以上元素以固定的比例通过化学方式结合在一起形成的物质。毫无疑问，一定有某些化合物在历史上也起过举足轻重的作用，如果没有这些化合物，人类文明的发展将变得非常不同，有些化合物还改变了世界史的进程。这是一个非常引人入胜的想法，也是统合本书各章的共同主题。

从这个角度来看一些常见和不怎么常见的化合物，可以发现不少迷人的故事。1667 年，《布雷达和约》签订，荷兰割让了在北美洲的唯一殖民地，换取了班达群岛的一个环礁——朗岛，班达群岛是摩鹿加群岛（马鲁古群岛，或称香料群岛）中的一群小岛，位于今天印度尼西亚的爪哇岛东部。该条约的另一个签署国英格兰放弃了朗岛的所有权，相应地获得了地球另一端的一小块土地——曼哈顿岛的所有权。在朗岛，唯一称得上资产的就是成片的肉豆蔻林。

亨利·哈德逊（Henry Hudson）曾为寻找通往东印度群岛以及传说中的香料群岛的西北航道而来到曼哈顿，此后不久，荷兰人就宣称拥有该地区的所有权。1664 年，新阿姆斯特丹的荷兰总督彼得·斯泰弗森特（Peter Stuyvesant）被迫向英国人交出了该殖民地。荷兰人对这次夺取和其他领土主张发起抗议，两国间的战争由此持续了近三年。英国人对朗岛行使主权激怒了荷兰人，他们想要垄

---

① “goldbrick”起初确指金砖，后来词义发生变化，今多用来形容懒汉、赝品、欺诈等。此处取其本义。——编者注

断肉豆蔻贸易，然而万事俱备，只欠朗岛。荷兰人在该地区有着长期的野蛮殖民、屠杀和奴役的历史，他们可不想让英国人在利润丰厚的肉豆蔻贸易中占有一席之地。经过四年的围攻和相当血腥的战斗，荷兰人侵入朗岛。英国人为了报复，袭击了荷兰东印度公司满载货物的船只。

荷兰人希望对英国人为他们的海盗行为做出赔偿，并归还新阿姆斯特丹；英国人则要求荷兰人为东印度群岛的暴行做出赔偿，并归还朗岛。双方各不相让，却也都无法在海战中取胜，《布雷达和约》为双方提供了保住面子的机会。英国人将保留曼哈顿，并放弃朗岛的所有权。荷兰人将保留朗岛，并放弃对曼哈顿的进一步要求。当英国国旗在新阿姆斯特丹（后来更名为纽约）上空升起时，看起来似乎是荷兰人在这笔交易中占到了便宜。肉豆蔻贸易的巨大价值人所共知，看上新大陆这个大约容纳 1000 人的小小定居点的人则寥寥无几。

为什么肉豆蔻如此有价值？与丁香、胡椒、肉桂等香料一样，肉豆蔻在欧洲被广泛用于食物保存、调味，还能入药。但它还有另一个更加重要的作用。14—18 世纪，不时暴发的黑死病曾横扫欧洲大陆，而当时的人们认为肉豆蔻有预防鼠疫的功效。

当然，我们现在知道，黑死病是一种细菌性疾病，是跳蚤叮咬了受感染的家鼠后传播给人类的。因此，在脖子上挂一个装有肉豆蔻的香囊就足以抵御鼠疫，似乎只是中世纪诸多迷信之一，但别急着下结论，让我们看看肉豆蔻的化学成分。肉豆蔻特有的气味是由异丁香酚造成的。植物“开发”出异丁香酚这样的“武器”，是为了对付偶尔吃植物的掠食者、昆虫和真菌，相当于天然杀虫剂。既然是杀虫剂，那么利用肉豆蔻中的异丁香酚来驱赶跳蚤也是完全有可能的。（话说回来，如果你足够富有，买得起肉豆蔻，你可能生活在不怎么拥挤的环境中，老鼠和跳蚤都比较少，那么你感染鼠疫的概率就比较低。）

不管对鼠疫是否有效，肉豆蔻之所以拥有高贵的地位，备受重视，无疑在于它所包含的挥发性和芳香性分子。与香料贸易伴随始终的探索和剥削、《布雷达和约》以及纽约人不是新阿姆斯特丹人这一事实，都可归功于异丁香酚这种化合物。

每每念及异丁香酚的故事，人们就不禁开始思考众多其他改变了世界的化合物，其中一些人们耳熟能详，对世界经济或人类健康仍然至关重要，而另一些则已经渐渐被人遗忘。所有这些化学品都曾在改变社会的某个重要历史事件或一系列事件中扮演着重要角色。

我们决定写作本书，就是要讲述化学结构与历史事件之间的奇妙联系，揭示看似不相关的事件是如何依赖于其类似的化学结构的，以及了解社会的发展在多大程度上依赖于某些化合物的化学性质。意义重大的事件可能取决于分子——两个或两个以上原子以某种特定的方式结合在一起——这么小的东西，这一观念为理解人类文明的发展提供了一种视野。化学键——分子中原子与原子之间的连接——虽然不起眼，但如果其位置发生变化，物质的性质可能就会发生巨大的变化，从而影响历史的进程。所以，这本书主要讲的不是化学的历史，而是历史中的化学。

选择将哪些化合物纳入本书，我们有着非常个人的理由，而且最终的名单也远远谈不上应有尽有。我们选择了那些我们认为从故事和化学角度来看都堪称趣味横生的化合物。所选择的那些分子是否确定无疑在世界历史上占有最重要的位置，还可以再讨论；化学界的同行们无疑会在名单上添加其他分子，或删掉我们讨论的某些分子。我们会解释，为什么我们认为有些分子是地理探险的推动力，有些分子又使随后的发现之旅成为可能。我们将描述对贸易和商业的发展至关重要的分子，还有使人类的迁移和殖民成为可能并引致奴隶制和强迫劳动的分子。我们将讨论一些分子的化学结构如何改变了我们的衣、食、饮。我们将检视那些促进了医学、公共卫生和健康等领域进步的分子。我们将探究那些导致了伟大工程壮举的分子，以及事关战争与和平的分子——有些分子令数百万人丧生，有些分子则拯救了数百万人的生命。我们将探讨在性别角色、人类文化与社会、法律以及环境方面有多少变化可以归因于少数关键分子的化学结构。（本书所讨论的 17 种分子并不全是单个分子。通常情况下，它们是具有非常相似的结构、性质和历史作用的分子组。）

本书所讨论的事件并不是按照历史的时间顺序来安排的。相反，我们在编排章节时是以“关联度”为基础的，比如相似分子之间的关联度，相似分子集合之间的关联度，甚至是化学性质完全不同，但具有类似性质或者可以与类似事件相联系的分子之间的关联度。例如，工业革命之所以能够开始，要归功于美洲种植园中由奴隶种植、生产出来的化合物（糖）所带来的利润，而另一种化合物（棉花）则推动了英国的重大经济和社会变革，从化学性质角度看，后一种化合物是前一种化合物的兄长，或者说表兄。19 世纪末德国化学工业实现增长，部分原因在于开发了来自煤焦油（用煤生产汽油时所产生的废料）的新染料。这些德国化学公司也是首批开发人造抗生素的公司，这些抗生素就是由与新染料化学结构相似的分子组成的。煤焦油还提供了最早的防腐剂——苯酚，这种分子后来用于生产最早的人造塑料，并与肉豆蔻中的芳香分子异丁香酚存在化学上的联系，这种化学联系在历史上司空见惯。

在众多的化学发现故事中，机缘巧合所起到的作用也常常让我们感到不可思议。对很多重要发现来说，运气常被认为起着至关重要的作用，但在我们看来，发现者意识到发生了不同寻常的事情——并追问为什么发生、可能有什么用——的能力更重要。在化学实验的过程中，许多情况下，一个让人始料未及但可能很重要的结果往往会被忽视，这样一来机会也就飘然远逝了。从意料之外的结果当中发现此类可能性的能力值得大书特书，而不能轻易归结为妙手偶得的侥幸。本书所讨论的化合物的发明人和发现者，有的是化学家，有的则完全没有接受过科学训练。他们中的许多人都堪称超凡之士——不同寻常、自我驱动、痴心投入。他们的故事都相当精彩。

有机——是不是跟园艺有什么关系?

为了帮助读者理解本书中的化学关联，我们先简单回顾一些化学术语。本书所讨论的很多化合物都是有机化合物。在 20 世纪的最后二三十年间，“有机”这个词发展出了与最初含义相当不同的含义。如今人们说起有机，往往跟“有机园艺”或“有机食品”相关，意思是说在作业过程中不使用人造杀虫剂或除草剂，也不使用合成肥料。但是，“有机”这个词最初是一个化学术语，其历史可以上溯到大约 200 年前，瑞典化学家永斯·雅各布·贝采利乌斯（Jöns Jakob Berzelius）在 1807 年把“有机”这个词用于描述那些来自活生物的化合物。相对地，他用“无机”这个词表示非来自活生物的化合物。

自 18 世纪以来，人们一直抱有这样的想法：从自然界获得的化合物有其特别之处，含有某种生命的本质，即使这种本质既无法被察知，也无法被测量。这种“特殊的本质”被称为生机能量（vital energy）。认为来自植物或动物的化合物具有某种神秘特质，该理念被称为生机论。人们曾认为，根据定义，在实验室里制造有机化合物是不可能的，但颇具讽刺意味的是，贝采利乌斯的一名学生却做到了。1828 年，后来成为德国哥廷根大学化学教授的弗里德里希·维勒（Friedrich Wöhler）用氰酸加热无机化合物氨，产生了尿素晶体，与从动物尿液中分离出来的有机化合物尿素完全相同。

尽管生机论者争辩说，氰酸是从干血中获取的，因而是有机的，但生机论的基础已经松动。在接下来的几十年里，随着其他化学家能够从完全无机的来源中生产出有机化合物，这一理论完全崩溃了。尽管一些科学家不愿意相信这个听起来颇有异端意味的理论，但最终人们还是普遍接纳了“生机论已死”的事实。“有机物 / 有机”需要一个新的化学定义。

现在，有机化合物被定义为含有碳元素的化合物。因此，有机化学就是研究碳化合物的学科。然而，这个定义并不周延，因为有些含碳的化合物，化学家从来没有认为它们是有机物。其中的原因主要在于传统。比如碳酸盐这种含有碳和氧的化合物，早在维勒具有界定意义的实验开始之前，人们就已经知道碳酸盐来自矿物，而不一定非要来自生物。所以，大理石（碳酸钙）和小苏打（碳酸氢钠）从未被贴上有机物的标签。同样，碳元素本身，无论是以钻石还是石墨（两者最初都是从地下矿藏中开采出来的，尽管现在也可以被合成）的形式存在，也一直被认为是无机的。含有 1 个碳原子和 2 个氧原子的二氧化碳，人们对它的了解长达数个世纪，但从未被归类为有机化合物。因此，“有机物 / 有机”的定义缺少一致性。但一般来说，有机化合物是含碳的化合物，而无机化合物是由碳以外的元素构成的化合物。

不管是形成化学键的方式，还是能与之形成化学键的元素的数量，碳都具有巨大的可变性，任何其他元素都无法与之匹敌。因此，碳化合物——既包括自然形成的也包括人造的——的数量要远远高于所有其他元素形成的化合物的数量之和。这或许可以解释，为什么我们在本书讨论的分子中，有机分子远远多于无机分子。

化学结构——非如此不可吗？

在写作本书的过程中，我们面临的最大问题是决定在书中加入多少“化学成分”。有些人给我们提建议说，尽量减少化学内容，不谈化学，只讲故事。还有人特地告诉我们，一张化学结构图也不要画。但我们发现，最吸引人的部分莫过于化学结构之间的关联度和化学结构的特性，化合物为何会表现出某种化学性质及其背后的原因，以及化合物的结构如何影响历史中的某些事件。当然，您也可以完全不理会这些结构图，但在我们看来，理解化学结构图，可以让化学和历史之间彼此交织的关系变得生动起来。

有机化合物的主要构成原子有：碳（化学符号为C）、氢（H）、氧（O）和氮（N）。也可能存在其他元素，比如溴（Br）、氯（Cl）、氟（F）、碘（I）、磷（P）和硫（S）也会出现在有机化合物中。本书中的结构图一般都是为了说明化合物之间的差异或相似之处而画的；基本而言，结构图只要看一下就能明白了。涉及变化的部分往往会用箭头、圆圈或其他方式标识。例如，下面显示的两个结构之间的唯一区别是羟基（—OH）与碳原子（C）相连的位置；在每种情况下都用箭头指示出来。就第一个分子来说，羟基与左起第二个碳原子相连；而在第二个分子中，羟基与左起第一个碳原子相连。

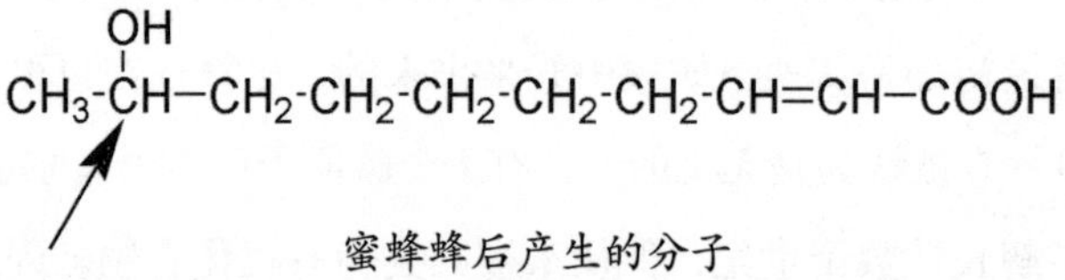

$$CH_3\text{-}\underset{\uparrow}{\overset{OH}{\overset{|}{C}}}H-CH_2\text{-}CH_2\text{-}CH_2\text{-}CH_2\text{-}CH_2\text{-}CH=CH-COOH$$

蜜蜂蜂后产生的分子

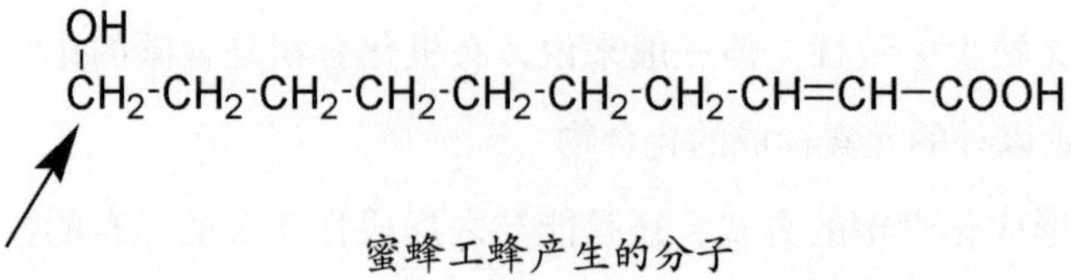

$$\underset{\uparrow}{\overset{OH}{\overset{|}{C}}}H_2\text{-}CH_2\text{-}CH_2\text{-}CH_2\text{-}CH_2\text{-}CH_2\text{-}CH_2\text{-}CH=CH-COOH$$

蜜蜂工蜂产生的分子

两者之间的差异非常细微，但如果你是一只蜜蜂的话，这个差别就非常重要了。蜂后产生第一种分子，蜜蜂能够识别它与工蜂产生的第二种分子之间的区别。我们通过观察来分辨工蜂和蜂后的差异，蜜蜂则通过化学信号来辨别其中的差异；或者说，它们利用化学来“看”。

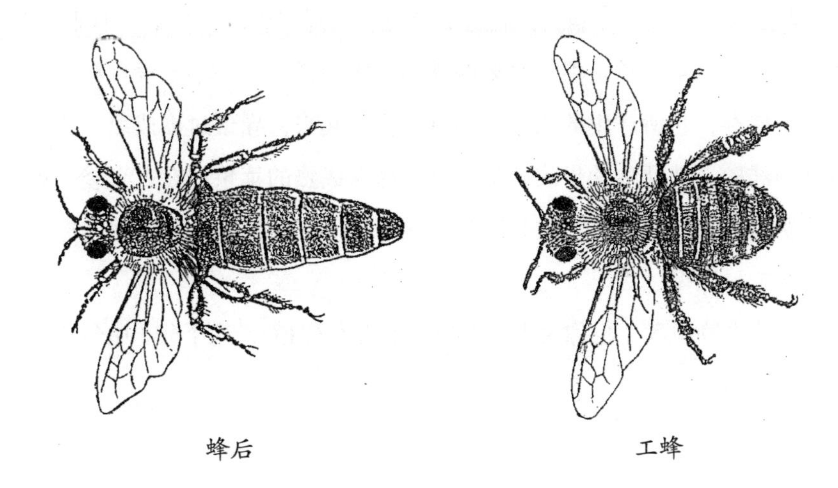

蜂后　　工蜂

化学家之所以绘制这种结构图，就是为了描述原子是如何通过化学键相互连接的。化学符号代表原子，而化学键则用横线“—”表示。有时，在两个原子之间存在1个以上的键。如果有2个，那就是双键，表示为 ═；如果有3个，就是三键，表示为 ≡ 。

甲烷（也叫沼气）是一种非常简单的有机分子，这个分子中的碳原子被4个单键环绕，每个键的另一端都连着1个氢原子。甲烷的分子式为 CH_4，结构如下图所示：

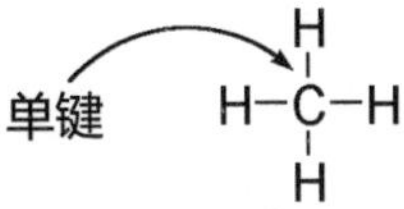

单键

H

H—C—H

H

甲烷

含有1个双键的最简单的有机化合物是乙烯，分子式为 C_2H_4，结构如图：

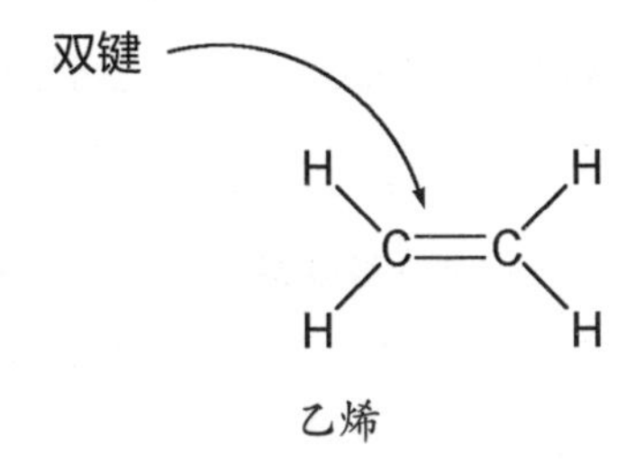

乙烯

这里，碳仍然有4个键，双键算2个键。乙烯尽管结构简单，但非常重要。它是一种植物激素，负责促进水果的成熟。比如说，如果苹果没有在适当的通风条件下储存，它所产生的乙烯气体就会积累起来，导致过度成熟。我们常常有这样的经验，把硬牛油果或硬猕猴桃与已经成熟的苹果放在一个袋子里，牛油果或猕猴桃很快就熟了，这是因为成熟苹果所产生的乙烯能加快其他水果的成熟速度。

有机化合物甲醇（也称为木醇）的分子式为 CH_4O，这个分子中包含1个氧原子，结构如图所示：

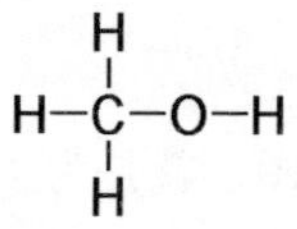

```
    H
    |
H — C — O — H
    |
    H
```

甲醇

在这里，氧原子（O）有2个单键，一个连接碳原子，另一个连接氢原子。可以看出，碳原子总是有4个键。

在有些化合物中，如乙酸（也就是醋酸），碳原子和氧原子之间有1个双键，分子式为 $C_2H_4O_2$，但这个分子式并不直接表明双键的位置。正因如此，我们才要画化学结构图，这样才能确切显示哪个原子与哪个原子相连，以及双键或三键所在的位置。

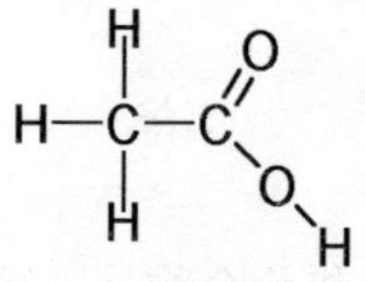

```
    H     O
    |    //
H — C — C
    |    \
    H     O
           \
            H
```

乙酸

此类结构图可以简化成较紧缩的形式。乙酸也可以这么画：

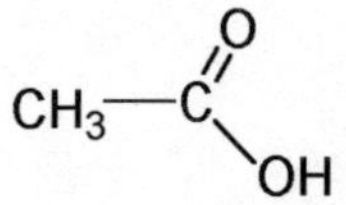

```
       O
      //
CH3 — C
       \
        OH
```

甚或是

$CH_3—COOH$

这两个结构图中并没有表示出每一个键。当然，没表示出来的键仍然存在，缩略式结构图的好处是画起来更简便，而且也能清晰地展示出原子之间的关系。

对较小的分子来说，这种画结构图的方法非常好用，但如果分子比较大，画起来就相当花时间，而且也不那么一目了然。比如，我们回过头来看一看蜂后发出的识别信号的分子：

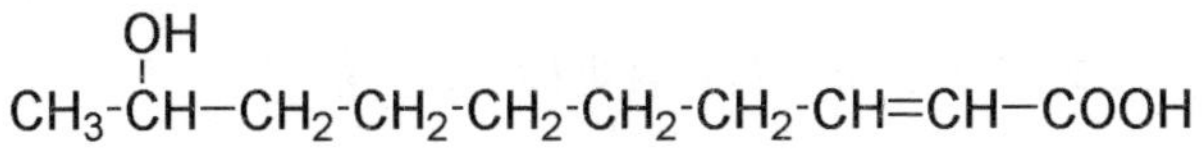

$$CH_3-\overset{OH}{\overset{|}{C}}H-CH_2-CH_2-CH_2-CH_2-CH_2-CH=CH-COOH$$

作为对比，我们可以看到全部展开的结构图能显示出所有的键，如下图所示：

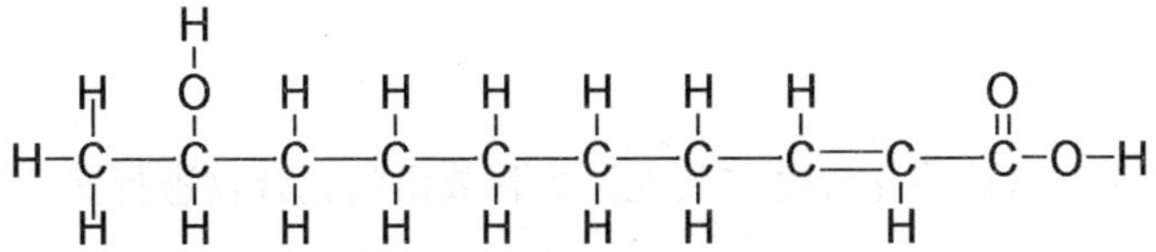

```
      H
      |
  H   O   H   H   H   H   H   H        O
  |   |   |   |   |   |   |   |        ||
H-C---C---C---C---C---C---C---C===C----C-O-H
  |   |   |   |   |   |   |       |
  H   H   H   H   H   H   H       H
```

蜂后分子的完全展开图

这种完整的结构画起来很麻烦，看上去也相当乱。出于这个原因，我们经常会采用一些简便办法，最常见的就是不显示全部氢原子。这并不是说有些氢原子就不存在了，只是没有画出来而已。1 个碳原子总是有 4 个键，所以如果有的碳原子看上去没有 4 个键，那么你就可以大胆得出结论：那些没有显示出来的键结合了氢原子。

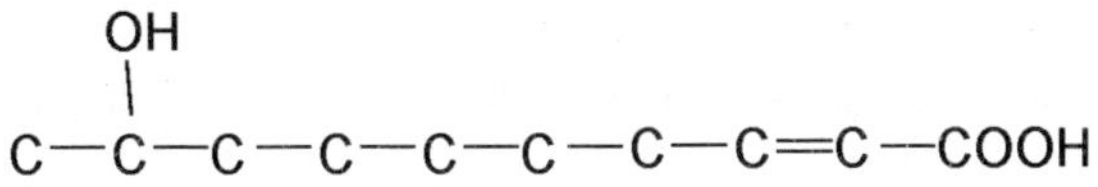

```
    OH
    |
C---C---C---C---C---C---C---C===C---COOH
```

蜂后的识别分子

另外，碳原子之间往往会形成某个角度，而不是画成直线，这样能够更直观地显示分子的真实形状。如果用这种方式来画，蜂后分子看起来就是这样的：

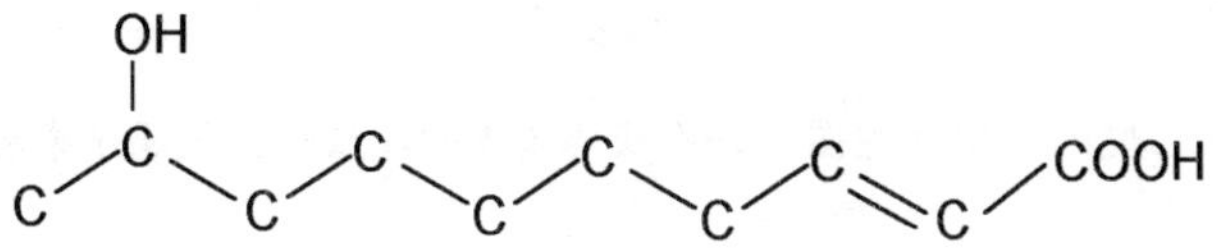

```
     OH
     |
     C       C       C       C       COOH
   /   \   /   \   /   \   // \\   /
  C      C       C       C       C
```

更加简化的画法是，把大多数碳原子省去：

在这样的结构图中，每条线的端点以及线与线的结合点都有 1 个碳原子。所有其他原子（除了大多数碳原子和氢原子）仍然要表示出来。通过这样的简化，蜂后分子与工蜂分子之间的差异就更加一目了然了。

蜂后分子　　　　工蜂分子

这样一来，将这些化合物与其他昆虫释放出的化合物进行比较也就更容易了。例如，雄性蚕蛾产生的信息素（也就是性引诱剂分子）蚕蛾醇有 16 个碳原子（相比之下，同为信息素的蜂后分子中有 10 个碳原子），有 2 个双键而不是 1 个，而且没有羧基（—COOH）这种组合。

蜂后分子　　　　蚕蛾醇分子

在处理环状化合物（碳原子相连形成一个圆环，这种结构相当常见）时，略去部分碳原子和氢原子特别有用。下面的结构代表环己烷分子（C_6H_{12}）。

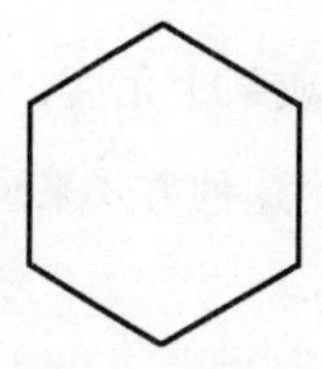

简略版环己烷的化学结构图。每个交点有1个碳原子，氢原子未标识出来

如果完整画出，环已烷的结构图是这样的：

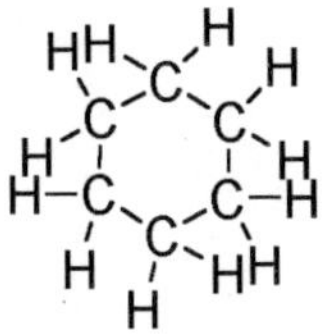

完整的环己烷结构图，所有原子及化学键都标识出来

可以看出，如果把所有键都画出来，把所有原子都标出来，最终形成的结构图简直让人头昏脑涨。如果要画出抗抑郁药百优解（Prozac）这样较为复杂的结构，其完整结构图（如下所示）反而很难让人看出它的结构。

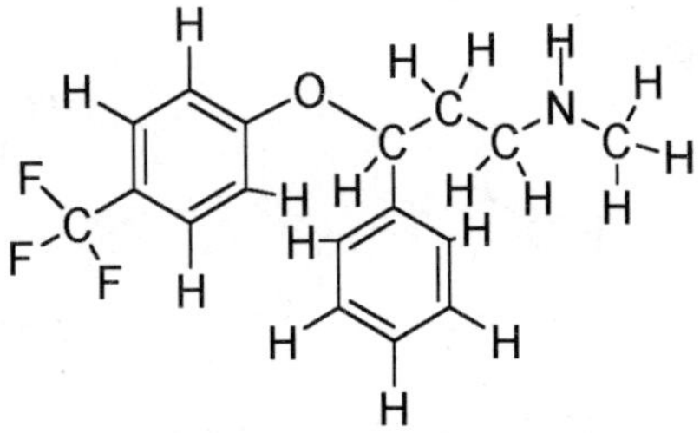

百优解的完整结构图

简略图看起来就清楚多了：

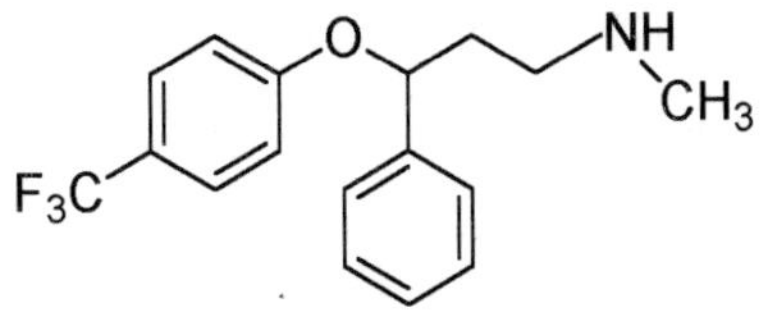

百优解

另外一个经常用来描述化学结构的术语是“芳香族”（aromatic）。字典对“芳香”的解释是“芬芳的、有香味的、刺激的或令人振奋的气味，暗指令人感到舒适的香味”。

从化学角度讲，芳香族化合物往往带有气味，尽管不一定是令人愉快的气味。“芳香”这个词如果用来描述一种化学品，意味着该化合物含有苯环结构（如下图所示），苯环结构通常以简略方式画出。

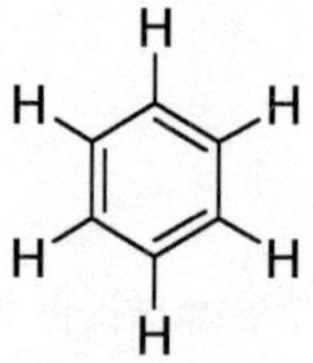

苯的结构图 　　　　苯的简略结构图

请看百优解的结构图，可以发现其中包含2个芳香环。因此，按照定义百优解是一种芳香族化合物。

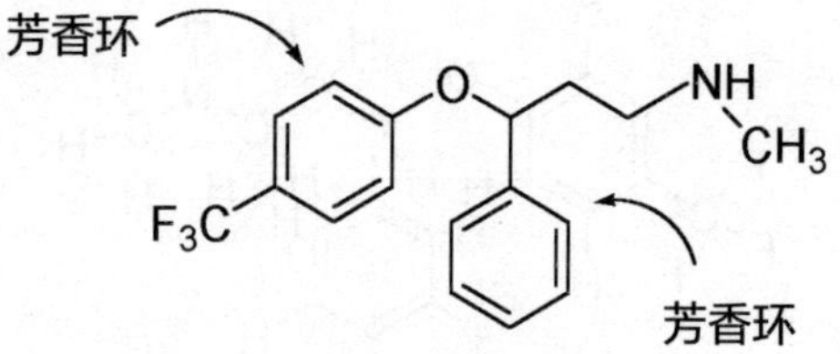

百优解结构中的2个芳香环

以上只是简单介绍了一下有机化学结构图，读者诸君如要理解本书所描述的内容，这些知识就足够了。我们将对化学结构进行比较，标明不同之处在哪里，以及相同之处又在哪里。我们还会展示，有时分子的极小变化就会产生深刻的影响。追寻各种分子的特定形状和相关性质之间的关联，将揭示出化学结构对人类文明发展所产生的影响。

第一章

胡椒、肉豆蔻与丁香

“为了基督与香料！”达伽马船上的水手们在即将抵达印度时这样欢呼着。时间是 1498 年 5 月，水手们知道，一旦到了印度，就能得到享用不尽的财富，因为这里有的是香料，而几个世纪以来，香料贸易一直被威尼斯商人所垄断。在中世纪的欧洲，胡椒作为一种香料售价极昂，1 磅干胡椒足以为富人庄园的一名农奴赎回自由。尽管在当今世界，家家户户的餐桌上都不缺胡椒，但对胡椒及肉桂、丁香、肉豆蔻和生姜等含芳香性分子的香料的需求，曾为全球性搜求活动提供动力，而正是这次搜求开启了大发现的时代。

胡椒简史

胡椒来自一种学名叫作黑胡椒（*Piper nigrum*）的热带藤本植物，原产于印度，如今仍然跻身最常见的香料之列。今天，胡椒的主要产地是印度、巴西、印度尼西亚和马来西亚等国的赤道地区。胡椒是一种强壮的木质攀缘植物，可以长到 20 英尺甚至更高。植株在 2 ~ 5 年内开始结出红色球状果实，如果条件适宜，可以连年结实达 40 年之久。每株胡椒藤每季可以生产 10 千克胡椒。

在所有出售的胡椒之中，约有 3/4 是黑胡椒（由未成熟的胡椒浆果经真菌发酵制成），其余大部分是白胡椒（去除果皮和果肉后从干燥的成熟浆果中获得）。只有很小比例的胡椒是作为绿胡椒（绿色浆果在开始成熟时即采摘，在盐水中腌制而成）出售的。其他颜色的胡椒粒，比如有时能在专卖店看到的那些，要么是人工染色的品种，要么根本就是其他种类的浆果。

据推测，阿拉伯商人把胡椒带入欧洲，最初是经由穿过大马士革和红海的古代香料之路。到了公元前 5 世纪，胡椒已经为希腊人所知，不过那时它的用途是入药，往往用来解毒，而非烹饪。而罗马人已经在食物中广泛使用胡椒和其他香料。

到了公元 1 世纪，从亚洲和非洲东海岸输入地中海的货物中有一半以上是香料，其中来自印度的胡椒占了相当大的部分。在食物中添加香料可以实现两个目的：防腐和提味。罗马城很大，交通运输缓慢，制冷设备尚未发明，获取新鲜食物并保持新鲜度必然面临重大挑战。要想判断食物是否已经变质，消费者所能依靠的只有他们的鼻子；"最佳食用期"的标签的发明得是几百年之后的事了。胡椒等香料可以掩盖食物腐烂或酸败的味道，而且可能有助于减缓变质的速度。大量使用这些调味品，还可以让干制、烟熏以及盐渍食品的味道更可口。

到了中世纪，欧洲与东方的大部分贸易都是通过巴格达（位于今天的伊拉克）进行的，然后通过黑海南岸运往君士坦丁堡（今天的伊斯坦布尔）。香料从君士坦丁堡运往港口城市威尼斯，在中世纪的最后 4 个世纪里，威尼斯几乎完全控制了这项贸易的主导权。

从公元 6 世纪开始，威尼斯就因为销售潟湖中出产的盐而得到了巨大的发展。几个世纪以来，通过明智的政治决策，该城在与各国进行贸易的同时保持了独立性，因而得以繁荣发展。从 11 世纪末开始的近 200 年的十字军东征，让威尼斯的商人巩固了他们作为世界香料大王的地位。向来自西欧的十字军提供运输工具、战船、武器和金钱是一项利润颇丰的投资，威尼斯共和国从中大受裨益。十字军在征途中喜欢上了异国香料，在从温暖的中东返回凉爽的北方家园时，他们都想着要把这些香料带回去。尽管最初胡椒被当作一种新奇的奢侈品，很少有人能买得起，但它有掩盖酸败的能力，能赋予味道寡淡的干粮以风味，而且似乎减少了腌制食品的咸味，因而很快就变得不可或缺。威尼斯商人获得了一个巨大的新市场，欧洲各地的商人蜂拥而至购买香料，特别是胡椒。

到了 15 世纪，威尼斯人已经彻底垄断香料贸易，也因此获得了巨大利润，其他国家开始认真研究寻找通往印度的其他路线——特别是环绕非洲的海上路线，从而与威尼斯相抗衡。葡萄牙国王若昂一世的儿子、航海家亨利王子委托进行了一项全面的造船计划，打造了一支由坚固的商船组成的舰队，能够抵御公海上的极端气候条件。大发现时代即将开幕，而启动大幕的力量很大程度上来自人们对胡椒粒的需求。

15 世纪中叶，葡萄牙探险家纷纷蹈海探险，最远曾向南到达非洲西北部海岸的佛得角。1483 年，葡萄牙航海家迪奥戈·康（Diago Cão）已经向南探索到了刚果河口。仅仅四年之后，另一名葡萄牙探险家巴尔托洛梅乌·迪亚士（Bartholomeu Dias）就绕过好望角，为他的同胞达伽马在 1498 年到达印度开辟了一条可行的航线。

卡利卡特是印度西南沿海的一个公国，该国的印度统治者希望用他们的胡椒粒换得黄金，而一心想要夺取胡椒贸易全球主导地位的葡萄牙并不希望看到这一局面。于是，五年之后，达伽马带着枪炮和士兵故地重游，击败卡利卡特，将胡椒贸易置于葡萄牙的控制之下。葡萄牙帝国由此肇始，这个帝国最终从非洲向东延伸，穿过印度和印度尼西亚，向西直达巴西。

西班牙也将目光投向了香料贸易，尤其是胡椒。1492 年，热那亚航海家克里斯托弗·哥伦布（Christopher Columbus）坚信，如果向西航行，一定可以找到一条通往印度东部边缘的替代航线，而且可能还更短，他说服了西班牙国王斐迪南五世和女王伊莎贝拉，两人同意出钱资助他的发现之旅。哥伦布的某些信念的确不虚，但并非完全正确。从欧洲向西可以到达印度，但这条路线并没有更短一些。当时还不为世人所知的北美和南美大陆，以及辽阔无际的太平洋构成了相当难以逾越的障碍。

胡椒到底有什么魅力，不但建起了伟大的威尼斯城，开启了大发现时代，还让哥伦布不辞劳苦去寻找新大陆？黑胡椒和白胡椒的活性成分都是胡椒碱，这种化合物的化学式为 $C_{17}H_{19}O_3N$，结构如下：

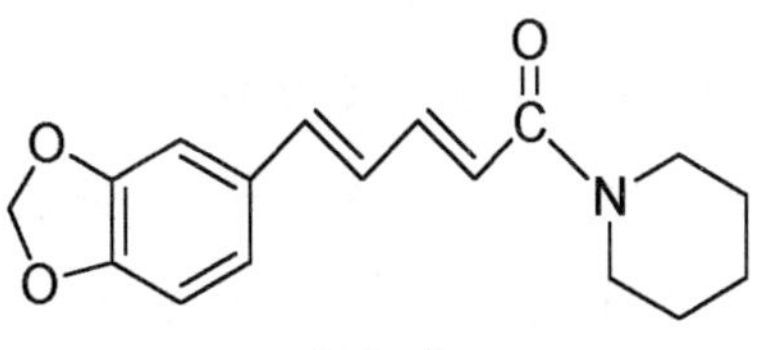

O C N O O

胡椒碱

我们在摄入胡椒碱时体验到的辛辣感并不是一种味道，而是痛感神经对化学刺激做出的反应。这到底是怎么一回事，其中的原理目前尚无法完全弄清楚，但有人认为，原因就在于胡椒碱分子的形状，这种分子能够与我们口腔和身体其他部位的痛感神经末梢上的一种蛋白质相结合。这会导致蛋白质改变形状，并沿着神经向大脑发送信号，告诉大脑“哎呀，好辣”。

哥伦布虽然未能找到一条向西通往印度的海上航线，但辛辣分子胡椒碱以及哥伦布的故事并没有就此结束。1492 年 10 月，哥伦布登上陆地，他认定（也许是希望）已经到达了印度的某个地方。尽管宏伟的城市和富庶的王国——他所期望在印度找到的东西——都杳无踪影，但他仍把自己发现的土地称为西印度群岛，还把生活在那里的人称为“印度人”。在第二次前往西印度群岛的航行中，哥伦布在海地发现了另一种辛辣的香料——辣椒，虽然这与他所知道的胡椒迥然不同，但他还是把辣椒带回了西班牙。

这种新香料随着葡萄牙人绕过非洲，向东传到了印度以及其他地方。在 50 年的时间里，辣椒就传播到了世界各地，并迅速融入当地的菜肴中，特别是非洲、东亚和南亚。对于数不胜数的无辣不欢的人士来说，毫无疑问，辣椒是哥伦布航海所带来的最重要且最持久的好处之一。

热辣化学

胡椒属于单一物种，与之相对，辣椒属中有多个辣椒种。辣椒原产于美洲热带地区，很可能源自墨西哥，人类使用辣椒的历史至少已经有 9000 年。就任何一个种的辣椒而言，都存在着巨大差异。例如，辣椒（*Capsicum annuum*）是一年生植物，其中包括灯笼椒、甜椒、甘椒、香蕉辣椒、红辣椒、卡宴椒和其他许多品种。塔巴斯科辣椒则属于多年生木本植物，即南美洲小米椒（*Capsicum frutescens*）。

辣椒的颜色多样，大小和形状也千差万别，但在所有的辣椒中，产生刺激性味道且往往产生强烈辣感的化合物只有一种，那就是辣椒素，它的化学式为 $C_{18}H_{27}NO_3$，结构与胡椒碱相近：

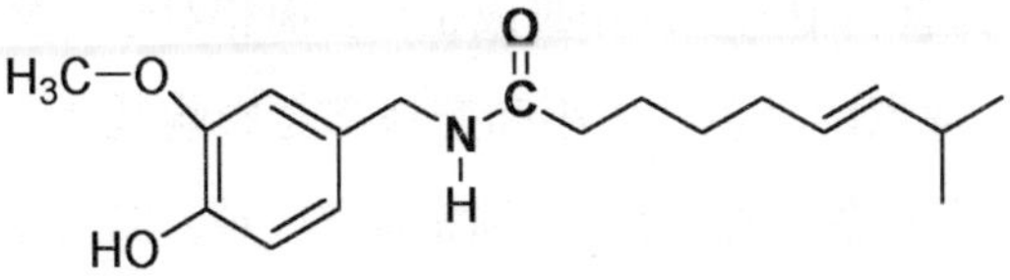

辣椒素 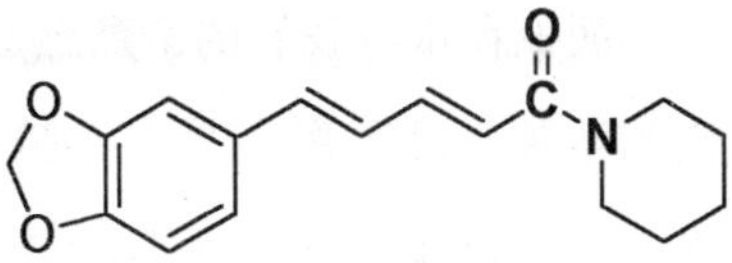　　　　　　　　　　　　胡椒碱

辣椒素与胡椒碱的结构中都包含 1 个氮原子（N），氮原子连着 1 个碳原子（C），碳原子通过双键与氧原子（O）相连，而且两种结构都包含 1 个由多个碳原子连接成的单芳香环。如果说辛辣感来自分子的形状，那么这两种分子都很“热辣”也就不足为奇了。

还有一种“热辣”分子也符合这种分子形状理论，那就是姜酮（$C_{11}H_{14}O_3$），它存在于姜科植物的地下茎中。虽然姜酮比胡椒碱或辣椒素都小（而且大多数人会认为它没有那么辣），但它也有 1 个芳香环，而且跟辣椒素一样，芳香环也连接着 HO 和 H_3C–O 这样的原子团，但不含氮原子。

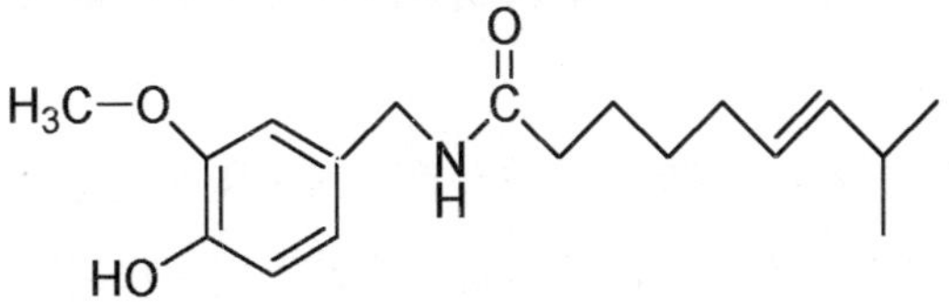

辣椒素 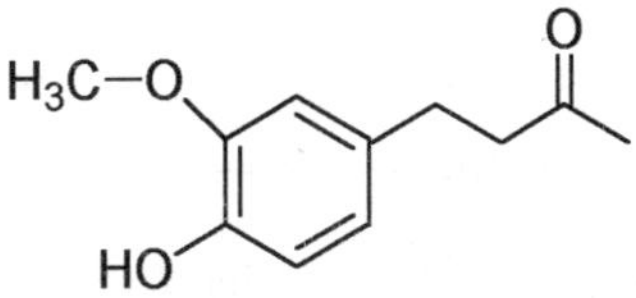　　　　　　　　　　　　姜酮

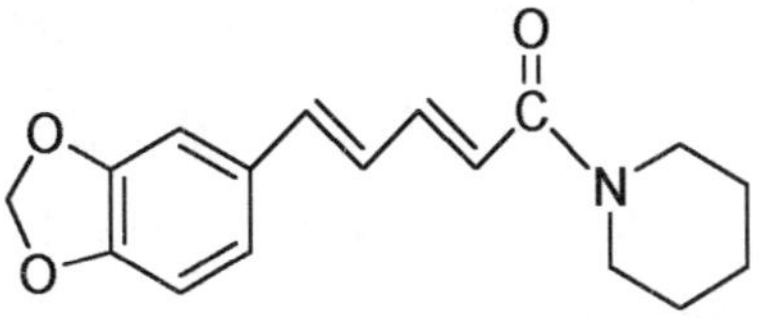

胡椒碱

为什么我们要食用这种会让人感到痛的分子呢？其背后或许有很合理的化学解释。辣椒素、胡椒碱和姜酮会增加我们口腔中唾液的分泌，帮助消化。人们还认为，这些分子能刺激肠道蠕动，让食物更容易通过肠道。哺乳动物的味蕾主要在舌头上，但能够检测这些分子的化学信息的痛感神经则存在于人体的其他部位。你有没有在切辣椒的时候不小心揉过眼睛？采摘辣椒的工人需要戴橡胶手套，眼睛也要保护起来，为的就是防止沾上含有辣椒素分子的辣椒油。

胡椒粒带给我们的辛辣感似乎与食物中胡椒的用量成正比。而相对地，辣椒的辛辣程度却可能具有欺骗性。辣椒的颜色、大小和产地都会影响其“辣度”，但依靠这些经验来判断辣度并不可靠；虽然小辣椒通常都比较辣，但大辣椒也并不总是那么温和。地理信息也不一定能提供线索，尽管据说世界上最辣的辣椒生长在东非部分地区。通常来说，辣椒越干，辣度越高。

我们在吃完火辣辣的一餐后，经常会体验到一种满意感或满足感，这种感觉可能与内啡肽有关。内啡肽是大脑中产生的类似鸦片的化合物，是身体对疼痛的自然反应。这可能是一些人嗜辣成瘾的原因。辣椒越辣，痛苦感就越强烈，产生的微量内啡肽就越多，最终感受到的快乐也就越大。

除了在匈牙利炖牛肉这样的食物中确立了地位的红辣椒之外，辣椒侵入欧洲菜肴的程度并不像非洲菜和亚洲菜那么深。对欧洲人来说，来自胡椒粒的胡椒碱仍然是首选的辛辣分子。葡萄牙人对卡利卡特的统治以及对胡椒贸易的控制持续了大约 150 年，但到了 17 世纪初，荷兰人和英国人逐渐崛起并取代了葡萄牙人在胡椒贸易中的地位，阿姆斯特丹和伦敦成为欧洲的主要胡椒贸易港口。

东印度公司——1600 年成立时的正式名称为“伦敦商人对东印度贸易联合体与管理者”——的成立是为了让英国在东印度香料贸易中发挥更大作用。资助一次前往印度的航行——货船返航时将带回一船胡椒——的风险很高，因此商人们最初会选择“入股”，这样一来，任何个人的潜在损失金额就有了一个上限。最终，这种做法演变成购买这家公司本身的股份，或许可以说，这可能导致了资本主义的萌芽。诚然，在当今世界，胡椒碱是一个相对而言不怎么重要的化合物，但如果说胡椒碱为当今全球股市复杂经济结构的肇始奠定了基础，是不是虽不中亦不远矣呢？

香料的诱惑

从历史的角度看，胡椒并不是唯一具有巨大价值的香料。肉豆蔻和丁香也很宝贵，而且比胡椒稀有得多。这两种香料都起源于远近闻名的香料群岛（摩鹿加群岛），如今这里是印度尼西亚的马鲁古省。肉豆蔻树（*Myristica fragrans*）

只生长于班达群岛——班达海中的7个岛屿组成的与世隔绝的岛群，位于雅加达以东约1600英里处。这些岛屿都很小，最大的长度不足10千米，最小的则只有几千米。在摩鹿加群岛北部还有两个小岛——特尔纳特和蒂多雷，这两个岛是世界上唯一可以找到丁香树（*Eugenia aromatica*）的地方。

几个世纪以来，这两个岛群的人们一直收获着岛上的树馈赠的芬芳礼物，将香料卖给前来的阿拉伯、马来亚和中国的商人，然后运往亚洲和欧洲。当时贸易路线已经确立，无论是通过印度、阿拉伯、波斯还是埃及运输，香料在到达西欧的消费者手中之前，都要多次转手，最多可达12次。差不多每次交易的价格都会比之前翻倍，难怪葡萄牙印度总督阿方索·德·阿尔布克尔克（Afonso de Albuquerque）要把目光投向更远的地方。葡萄牙人先是在锡兰（现斯里兰卡）登陆，后来又占领了马来半岛的马六甲，那里是当时东印度香料贸易的中心。1512年，他到达了肉豆蔻和丁香的产地，建立了葡萄牙与摩鹿加群岛直接贸易的垄断地位，很快就超越了威尼斯商人。

西班牙也对香料贸易垂涎三尺。1518年，葡萄牙航海家斐迪南·麦哲伦（Ferdinand Magellan）的远征计划在葡萄牙遭到拒绝，他转而说服了西班牙王室，让对方相信向西行驶不仅可以接近香料群岛，而且航线更短。西班牙有充分的理由支持这样一次远征。如果能够开辟一条通往东印度群岛的新航线，他们的船只就能避开葡萄牙港口，也不必经过非洲和印度的东部通道运输。此外，教皇亚历山大六世之前曾颁布一项法令，将佛得角群岛以西100里格（约300英里）的一条经线（教皇子午线）以东的所有非基督教土地授予葡萄牙。西班牙获准拥有该线以西的所有非基督教土地。地球是圆的，这是当时许多学者和航海家的共识，但梵蒂冈却忽视了这一点。因此，向西行进接近香料群岛，就让西班牙对该群岛的权益主张具备了正当性。

麦哲伦说服了西班牙王室，让他们相信他知道一条穿越美洲大陆的通道，他自己也对此信心满满。1519年9月，麦哲伦离开西班牙，向西南航行，穿越大西洋，然后沿着现在的巴西、乌拉圭和阿根廷的海岸线向南航行。当他发现140英里宽的拉普拉塔河河口——通往今天的布宜诺斯艾利斯市——原来真的只是一个河口时，麦哲伦简直不愿相信，心中充满了巨大的失望。但他继续向南航行，相信从大西洋到太平洋的航道总是会在下一个岬角附近。然而他的船

队 ——共有 5 艘小船和 265 名船员 ——的境况却日甚一日地恶化起来。麦哲伦越是向南航行，白天就越短，狂风天气就越多。潮水汹涌的危险海岸线、日益恶劣的天气、翻腾的巨浪加上接连不断的冰雹、冻雨和冰块，这还不算，冰冻的索具随时可能滑落，这个不得不提防的威胁令本已危机四伏的航程更添凄惨。到了南纬 50 度地带，他想象的航道看来仍遥不可及，而且经历了一次哗变后，他所率领的船只变为 4 艘，麦哲伦决定等待南半球的冬季过完之后继续航行，最终发现并通过了如今以他的名字命名的危机四伏的水域。

到了 1520 年 10 月，他的 4 艘船已经通过了麦哲伦海峡。由于补给不足，麦哲伦手下的船员认为应该返航。但丁香和肉豆蔻的诱惑，以及从葡萄牙人手中夺取东印度群岛香料贸易所带来的荣耀和财富，鼓动着麦哲伦带着 3 艘船继续向西航行。他们没有航海图，只有简陋的导航仪器，加上食物短缺、饮用水即将耗尽，要在这样的条件下穿越浩瀚的太平洋，这近 1.3 万英里的航程比他当初绕过南美洲南端时还要险恶。1521 年 3 月 6 日，探险队在马里亚纳群岛的关岛登陆，因为饥饿与坏血病而几乎陷入绝境的船员终于获得了喘息之机。

10 天后，麦哲伦最后一次登陆，地点是在菲律宾一个名为麦克坦的小岛上。在与当地人爆发小规模冲突后，麦哲伦被杀，他从未到达摩鹿加群岛，尽管他的船队和剩余船员继续航行到了丁香的故乡特尔纳特岛。阔别西班牙三年后，由 18 名幸存者组成的船员队伍 ——所有人都已精疲力竭 ——带着 26 吨香料，驾驶着麦哲伦小型舰队中仅余的维多利亚号逆流而上，航向塞维利亚。

丁香和肉豆蔻的芳香性分子

尽管丁香和肉豆蔻在植物分类中属于不同的科，并且来自远隔千百英里无人之海的偏远岛群，但两者间迥然不同的独特气味是由极其相似的分子造成的。丁香油的主要成分是丁香酚；肉豆蔻油中的芳香性化合物是异丁香酚。这两种芳香分子 ——不但气味是芳香的，化学结构也是芳香性的 ——的不同之处仅在于一个双键的位置：

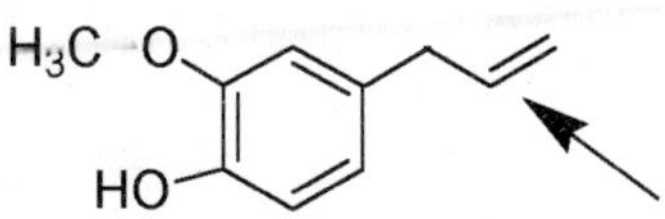

H_3C-O / HO

丁香酚（来自丁香） 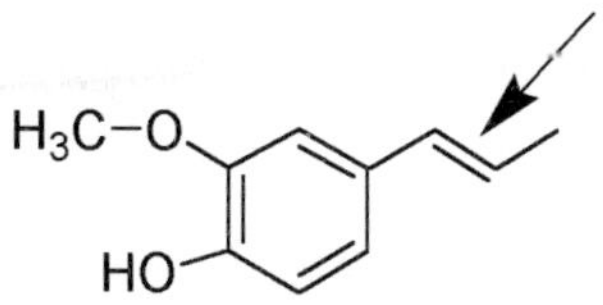　　　异丁香酚（来自肉豆蔻）

这两种化合物的唯一区别——双键的位置——如箭头所示

这两种化合物的结构与姜酮结构的相似性也很明显，尽管生姜的气味与丁香或肉豆蔻的气味都有很大差别。

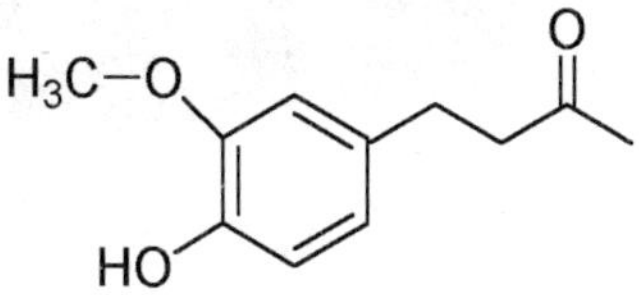

H_3C-O / O / HO

姜酮

植物并不是为满足人类的需求才产生如此芳香的分子的。在面对植食动物、吸食汁液和啃食叶片的昆虫或真菌的侵扰时，植物没有办法逃跑，只能发动"化学战"来保护自己，它们的武器就包括丁香酚和异丁香酚这样的分子，另外还有胡椒碱、辣椒素和姜酮等。这些分子都是天然杀虫剂，而且非常有效。人类可以少量食用这些化合物，因为我们的肝脏拥有高强的解毒本领。虽然从理论上讲，大量的特定化合物可能会加重肝脏的代谢负担，但令人欣慰的是，摄入如此大量的胡椒或丁香并不是件容易的事。

即使在离丁香树很远的地方，也能清楚无误地分辨出丁香酚的美妙气味。除了我们熟悉的干花蕾之外，这种化合物还存在于丁香树植株的很多部位。早在公元前 200 年，丁香就被中国汉朝的皇帝和大臣用作口气清新剂。丁香油被认为是一种强有力的防腐剂和治疗牙痛的药物。直到现在，丁香油有时还被用作牙科的局部麻醉剂。

肉豆蔻树可以产出两种香料，即肉豆蔻粉和肉豆蔻衣。肉豆蔻粉是由杏仁状果实中棕色闪亮的种子或坚果研磨而成的，而肉豆蔻衣则来自包裹着坚果的红色表皮，即假种皮。肉豆蔻粉入药的历史由来已久，在中国用于治疗风湿病和胃痛，在东南亚用于治疗痢疾或腹绞痛。在欧洲，肉豆蔻粉除了被认为是一

印尼的北苏拉威西省，晾晒在街上的丁香花

种催情药和镇静剂外，人们还常常将其装进香囊并戴在脖子上，以预防黑死病；1347 年，黑死病首次暴发，之后还曾数次席卷欧洲。虽然其他传染病（斑疹伤寒、天花）常常在欧洲的某些地区暴发并流行，但最令人恐惧的当数鼠疫。鼠疫可分为三种。腺鼠疫的表现是腹股沟和腋下出现疼痛性淋巴结肿大；50% 至 60% 的病例会出现致命性内出血和神经衰弱的症状。肺鼠疫发生的概率相对较低，但发作之后更为致命。败血型鼠疫是鼠疫杆菌大量入侵血液造成的，病死率几乎是 100%，感染之后通常会在一天之内死亡。

新鲜肉豆蔻粉中的异丁香酚分子也许真的能够对携带鼠疫细菌的跳蚤起到威慑作用，这是完全有可能的。肉豆蔻中的其他分子也可能具有杀虫特性。肉豆蔻粉和肉豆蔻衣中都含有一定数量的另外两种芳香性分子——肉豆蔻醚和榄香素。这两种化合物的结构非常相似，与我们已经在肉豆蔻、丁香和胡椒中看到的那些分子的结构也非常相似。

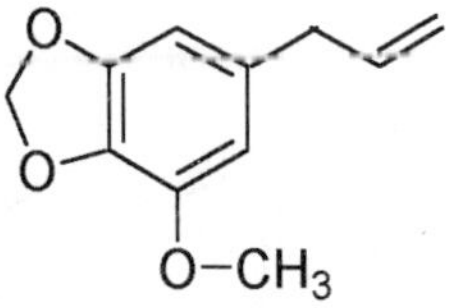

肉豆蔻醚 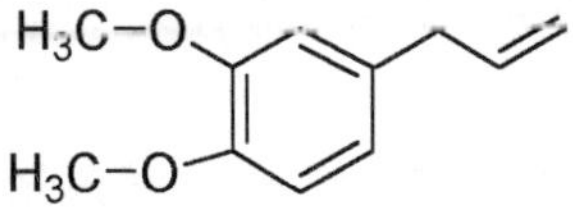　　　　　　　　榄香素

肉豆蔻除了被当成对抗鼠疫的护身符，还被认为是“疯狂的香料”。几个世纪以前，它的致幻特性——可能来自肉豆蔻醚和榄香素分子——就已经广为人知。1576年曾有报告称：“一名身怀六甲的英国女士吃了10颗或12颗肉豆蔻后神情狂乱，仿佛醉酒。”这个故事的准确性相当值得怀疑，特别是在那位女士所吃的肉豆蔻数量方面，按照当今的相关描述，仅吃一颗肉豆蔻就会导致恶心、暴汗、心悸和血压急剧上升，同时还伴有持续数日的幻觉。这可不是神情狂乱、如痴如醉那么简单；曾有记录显示，有人食用的肉豆蔻数量远远少于12颗，结果却导致了死亡。大量的肉豆蔻醚也会导致肝损伤。

除了肉豆蔻粉和肉豆蔻衣外，胡萝卜、芹菜、莳萝、欧芹和黑胡椒都含有微量的肉豆蔻醚和榄香素。通常来说，我们不会大量摄入这些物质，也就感受不到它们所能带来的迷幻效果。而且也没有证据表明，肉豆蔻醚和榄香素本身具有精神活性。一个可能的解释是，通过身体的某种我们尚不清楚的代谢途径，这些物质被转化为微量的苯丙胺（安非他明）类似物。

这种情形的化学解释取决于这样一个事实：黄樟素（分子结构与肉豆蔻醚的区别仅在于缺少1个OCH_3基团）是非法制造化学全名为3,4-亚甲基二氧基甲基苯丙胺的化合物的起始材料，这种化合物可缩写为MDMA，也叫摇头丸。

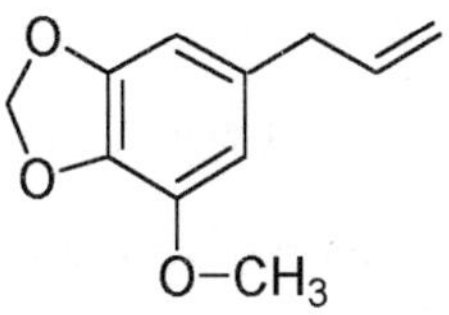

肉豆蔻醚

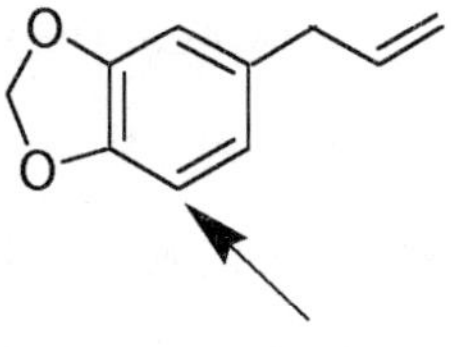

黄樟素。缺少的OCH_3基团的位置如箭头所示

从黄樟素到摇头丸的转变可以用下图来表示：

通过化学反应

黄樟素

3,4-亚甲基二氧基甲基苯丙胺，
也就是摇头丸

黄樟素来自黄樟树。在可可、黑胡椒、肉豆蔻衣、肉豆蔻粉和野姜中也可以发现痕量的黄樟素。从黄樟树树根提取的黄樟油中，黄樟素的含量约为 85%，曾经被人们用作根汁啤酒的主要调味剂。如今，黄樟素被认为是一种致癌物，与黄樟油一样被禁止用作食品添加剂。

肉豆蔻与纽约

在 16 世纪的大部分时间里，丁香贸易由葡萄牙人主导，但葡萄牙人从未实现完全垄断。他们与特尔纳特岛和蒂多雷的苏丹达成了贸易以及建筑要塞的协议，但事实证明，这样的联盟并不牢固。摩鹿加人继续向他们传统的贸易伙伴——爪哇和马来亚出售丁香。

到了 17 世纪，船只更多、人数更多、枪支更上乘、殖民政策更严厉的荷兰人成为丁香贸易的主导者，主要由 1602 年成立的势力强大的荷兰东印度公司主持。当时，无论是实现垄断还是维持垄断都绝非易事。直到 1667 年，荷兰东印度公司才完全控制了摩鹿加群岛，将西班牙人和葡萄牙人从他们仅存的几个前哨统统逐出，而当地人的反抗也被无情地镇压了。

为了彻底巩固自己的地位，荷兰人需要在班达群岛的肉豆蔻贸易中占据主导地位。1602 年，一项条约得以签署，该条约旨在赋予东印度公司购买班达群岛所有肉豆蔻的独家权利。然而，尽管该条约已经由村里的头人们签署，但对于排他性这一概念，班达人要么是不愿接受，要么（可能）是不能理解，他们继续向其他贸易商出售肉豆蔻，只要对方肯出最高的价格，而“最高价”这个概念，他们显然是能够理解的。

荷兰方面的反应毫不手软。一支船队，数百名士兵，以及数个大型要塞中的第一个出现在班达群岛，所有这一切都是为了控制肉豆蔻贸易。经过一系列的攻击、反击、屠杀、重签合同和再度毁约，荷兰人采取了更加果决的行动。除了荷兰人建造的要塞周遭地区，其余地方成片的肉豆蔻树林被摧毁。班达人的村庄被烧为平地，头人们被处决，剩下的人口成了为监督肉豆蔻的生产而前来的荷兰定居者手下的奴隶。

事到如今，距离东印度公司实现完全垄断就只剩下一块绊脚石，那就是英国人仍占据着班达群岛中最偏远的朗岛，多年前，朗岛的头人曾与英国人签订过贸易条约。在这个小小的环礁上，肉豆蔻树多得数不清，一直长到悬崖边上，也正是这个环礁，成为无数人流血牺牲的阵地。荷兰人对朗岛进行了残酷的围攻，给岛上的肉豆蔻树造成更多破坏。1667 年，《布雷达和约》得以签署，英国人交出了朗岛的所有权，作为交换，荷兰人正式宣布放弃曼哈顿岛的所有权。新阿姆斯特丹变成了纽约，而荷兰人则得到了肉豆蔻。

尽管付出了种种努力，荷兰人对肉豆蔻和丁香贸易的垄断并没有持续太久。1770 年，一名法国外交官将丁香树苗从摩鹿加群岛偷运到法国殖民地毛里求斯。从毛里求斯开始，丁香传遍了整个东非海岸，特别是桑给巴尔，在那里丁香迅速成为主要出口产品。

另一方面，事实证明，在班达群岛原产地之外，要想种植肉豆蔻树是极为困难的。这种树需要肥沃、湿润、排水良好的土壤，以及远离阳光和强风的湿热环境。尽管竞争对手在其他地方培育肉豆蔻树面临重重困难，荷兰人还是采取了预防措施，在出口前将所有肉豆蔻浸入石灰水（氢氧化钙，俗称熟石灰）中，防止其发芽。最终，英国人想方设法将肉豆蔻树引入新加坡和西印度群岛。加勒比海的格林纳达岛被称为“肉豆蔻岛”，如今成了这种香料的主要产地。

若非制冷技术的出现，世界范围内的香料贸易无疑将继续进行下去。由于不再需要胡椒、丁香和肉豆蔻作为防腐剂，对胡椒碱、丁香酚、异丁香酚以及其他那些曾经充满异国情调的香料的芳香性分子的巨大需求也已是明日黄花。今天，胡椒和其他香料仍然在印度生长，但已经不是主要出口产品。特尔纳特岛和蒂多雷岛以及班达岛群，现在都属于印度尼西亚的一部分，比以前更加与世隔绝。这些小岛在烈日下静静沉睡，再也没有想要装载丁香和肉豆蔻的庞大货船光顾这里，偶尔来到这里的，只有三三两两想要探寻破败的荷兰古堡或者想要在原始的珊瑚礁中潜水的游人。

香料的诱惑已经成为遥远的过去。我们仍然喜欢香料，是因为它们的分子给我们的食物带来了丰富的口感，但我们已经很少想到香料曾经事关巨大的财富，曾经引发冲突，也曾经激励无数人去探险，并成就惊人壮举。

第二章

抗坏血酸

大发现时代是由香料分子所推动的，但正是由于缺乏另一种迥然不同的分子，这个时代差点儿夭折。在麦哲伦 1519—1522 年的环球航行中，超过 90% 的船员未能生还，很大程度上是因为他们患了坏血病，一种由于缺乏抗坏血酸分子——膳食中的维生素 C 而造成的毁灭性疾病。

浑身无力、四肢肿胀、牙龈软化、大面积瘀伤、口鼻出血、口臭、腹泻、肌肉疼痛、牙齿脱落、肺部和肾脏出现毛病——坏血病的症状清单可以开列得很长，而且都很可怕。死亡通常是急性感染造成的，如肺炎或其他一些呼吸道疾病，或者是心脏衰竭，甚至年轻人也有可能出现这些症状。其中一种症状——抑郁，在早期阶段就会出现，但我们还不太清楚，抑郁是疾病造成的影响，还是对其他症状的反应。毕竟，如果你总是感到筋疲力尽，伤口经久不愈，疼痛和牙龈出血，口臭和腹泻，而且你知道还有更不堪的事情要发生，恐怕也会感到忧愁沮丧吧。

坏血病的历史相当悠久。人们发现，新石器时代一些遗骸的骨骼结构发生变化，可能就和坏血病有关，某些古埃及象形文字被解读为涉及坏血病。Scurvy（坏血病）这个词据说来自古诺斯语；古诺斯语是纵横海上的维京勇士的语言，自打 9 世纪以来，维京人就从北方的斯堪的纳维亚半岛老家侵袭欧洲的大西洋海岸。一到冬季，船上以及北方地区就缺乏富含维生素的新鲜水果和蔬菜，这种情形司空见惯。据称，维京人在经格陵兰岛前往美洲的路上用过坏血病草，这是一种北极水芹。最早的真正有关（很可能是）坏血病的描述，可以追溯到13世纪十字军东征时代。

海上坏血病

在14世纪和15世纪，随着更高效的帆和全索具船的发展，远洋航行成为可能，坏血病也随之成为海上的常见病。原本一直以来，以桨为动力的大帆船（希腊人和罗马人都曾使用过这种船）以及阿拉伯商人的小帆船，都不得不靠近海岸行驶。这些船只不足以抵御大洋上的汹涌波涛和巨浪，也就很少冒险远离海岸，而且每隔几天或几周就可以补充一次给养。能定期获得新鲜食物，意味着坏血病算不上什么大问题。但在15世纪，乘坐大型帆船进行远洋航行，不仅预示着大发现时代的到来，也意味着海上船员们不得不依赖预先储存的食物。

船只变大之后，就必须装载货物和武器，需要更多船员来操作更复杂的索具和船帆，还得配备足以在海上支撑数月的食物和水。甲板和船员的数量增多，补给品也更多，这不可避免地导致了船员睡眠和生活的空间都相当狭小，而且通风不良，随之而来的就是传染病和呼吸道疾病增多。肺结核和"血痢"（一种恶性腹泻）很常见，而且毫无疑问，体虱和头虱、疥疮和其他传染性皮肤病也都屡见不鲜。

给船员搭配的标准伙食对改善他们的健康状况毫无帮助。两个重要因素决定了漂泊在海上的人们的食谱。首先，在木制的大船上，不管是食物，还是其他什么东西，想要保持干燥不发霉可谓千难万难。木制船体会吸水，而唯一能防水的材料只有沥青，这种黑色黏稠的树脂是制炭的副产品，可以涂抹在船体外侧。船体内部，特别是通风不良的地方，会非常潮湿。许多关于海上旅行的记载都描述过这样的情形：潮湿从无间断，衣服、皮靴、皮带以及床上用品和书上都长了霉斑。船员的标准伙食是咸牛肉或咸猪肉，以及在船上吃的"硬饼干"，这种面粉和水的混合物不含盐，烤得坚硬无比，用来替代面包。硬饼干有个非常好的特点，那就是几乎不会发霉。这种饼干非常硬，就算放上几十年仍然可以食用，但同时也非常难咬，那些因坏血病发作而牙龈发炎的人就更咬不动了。通常情况下，船餐饼干会滋生象鼻虫，对这种事情，船员不但不反感，还喜闻乐见，因为象鼻虫钻的洞增加了孔隙率，这样一来饼干就咬得动了，咀嚼起来也省些力气。

决定木船食谱的第二个因素是防火需求。船体的木制结构和大量涂抹高度可燃的沥青，意味着人们必须时刻小心，提防发生火灾。鉴于此，船上只有厨房允许生火，而且只在相对平静的天气里生火。一旦出现恶劣天气的迹象，厨房的火就要扑灭，直到风暴结束。船上常常连续几天都无法生火做饭。咸肉也没法在水中慢炖，而要降低咸肉的咸度，必须炖上几个小时；船餐饼干如果浸在热汤或炖肉汤里，至少也能有点儿滋味，但往往就连这样的条件也不具备。

在启程之初，船上往往会装载这些食物：黄油、奶酪、醋、面包、干豌豆、啤酒和朗姆酒。用不了多久，黄油就酸败了，面包发霉了，干豌豆被象鼻虫蛀了，奶酪变硬了，啤酒也变质了。这些东西都不提供维生素 C，所以坏血病的迹象往往在驶离港口六周后就明显看得出来了。为了给船只配备人手，欧洲国家的海军竟然采用过“拉壮丁”的手段，想想也就不足为奇了。

在早期的航海日志中，我们可以看到坏血病对船员的生命和健康造成的危害。1497 年，葡萄牙探险家达伽马绕过非洲南端时，他的 160 名船员中已有 100 人死于坏血病。有报告称，在海上曾发现无人操纵、随波漂浮的船只，全部船员都已死于这种疾病。据估计，几个世纪以来，在海上因坏血病而死亡的人不计其数，甚至要比海战、海盗袭击、沉船以及其他疾病所造成死亡人数的总和还要多。

然而，令人惊异的是，在那些年里，预防和治疗坏血病的方法众所周知，但基本没有得到重视。早在 5 世纪，中国人就已经在船上用盆盆罐罐种植生姜。毫无疑问，新鲜水果和蔬菜可以缓解坏血病症状的理念，在与中国商船接触的东南亚其他国家也有。这种理念当时可能已经传给了荷兰人，并由他们传给其他欧洲人，人们已知的一个事实是，到了 1601 年，英国东印度公司的第一支舰队在前往东方的路上，曾在马达加斯加收集了橙子和柠檬。这个由 4 艘船组成的小船队由詹姆斯·兰开斯特（James Lancaster）船长指挥，他在他的旗舰“龙”船上装载了瓶装柠檬汁。任何有坏血病迹象的人每天早上都会服用 3 茶匙的柠檬汁。抵达好望角时，“龙”船上没有一个人患坏血病，但其他 3 艘船的人员损失却很大。尽管有兰开斯特的指示和以身作则，这次远航的全部船员仍有近 1/4 死于坏血病，而这些人中没有一个是在他的旗舰上。

在此之前大约 65 年，法国探险家雅克·卡蒂埃（Jacques Cartier）第二次远征纽芬兰和魁北克时，大量船员患上了坏血病，不少人因此丧生。当地印第安人建议用云杉树的针叶浸泡液进行治疗，该疗法取得了奇迹般的效果。据说几乎在一夜之间，患者们的症状就减轻了，而且他们的病很快就好了。1593 年，英国海军上将理查德·霍金斯（Richard Hawkins）爵士声称，根据他的经验，至少有 1 万人在海上死于坏血病，但柠檬汁的疗效可谓立竿见影。

更有甚者，一些公开出版物已经记载了有关成功治疗坏血病的描述。1617 年，约翰·伍德尔（John Woodall）的《外科医生的搭档》（*The Surgeon's Mate*）就提到，医生开的处方中包括柠檬汁，既可用于治疗，也可用于预防。80 年后，威廉·考克本（William Cockburn）博士的著作《海洋疾病：本质、原因及治疗》（*Sea Diseases,or the Treatise of their Nature,Cause and Cure*）推荐了新鲜水果和蔬菜。其他建议，如使用醋、盐水、肉桂和乳清，则非但无用，而且还可能让人无法知晓哪些措施才是有效的。

直到 18 世纪中叶，柑橘汁的效用才在第一个有对照组的坏血病临床研究中得到证实。虽然此项研究的参与人数不多，但结论清楚无误。1747 年，索尔兹伯里号上的苏格兰海军外科医生詹姆斯·林德（James Lind）从罹患坏血病的船员中挑选了 12 名进行试验。他选择的都是那些症状看起来非常相似的人，并给所有受试者都安排了同样的食谱：不是通常食用的咸肉和硬饼干（这些病人可能根本嚼不动），而是甜粥、羊肉汤、煮饼干、大麦、西米、大米、葡萄干、醋栗和葡萄酒。在这个以碳水化合物为主的食谱中，林德医生还加入了各种补充剂。两名船员每人每天饮用 1 夸脱苹果酒。另外两个人要喝醋，还有两名不走运的家伙接受了稀释的硫酸盐酏剂。至于其他人，有两人被要求每天喝半品脱的海水，有两人要服用肉豆蔻、大蒜、芥末籽、没药、塔塔粉和大麦水的混合物。最后剩下的两个人则非常幸运，每人每天获发 2 个橙子和 1 个柠檬。

结果来得相当突然，而且肉眼可见，也与当今具有相应知识储备的人们的期望相符。在六天的时间里，拿到柑橘类水果的人已经恢复健康，可以干活了。另外 10 名船员也有望能从海水、肉豆蔻或硫酸等疗法中解脱出来，并获得柠檬和橙子。林德的研究结果发表在《坏血病论》（*A Treatise of Scurvy*）一文，但又过了 40 年，英国海军才开始强制配发柠檬汁。

如果存在治疗坏血病的有效方法，而且已经为世人所知，那为什么不立刻推行，把这种疗法当作常规疗法来使用呢？令人颇感遗憾的是，虽然坏血病的治疗方法已经得到证实，但似乎并没有获得认可，人们也不怎么相信。一种广泛流传的理论认为，罹患坏血病的原因在于饮食中盐渍肉过多，或鲜肉不足，而不是缺少新鲜水果和蔬菜。此外，这还涉及后勤问题：新鲜的柑橘类水果或果汁很难一次性保鲜数个星期。人们曾试图把柠檬汁浓缩后保存，但这种方法耗时长、成本高，而且效果也许不会太好，因为我们现在知道，维生素 C 受热或受光照很容易遭到破坏，而且长期储存会降低水果和蔬菜中维生素 C 的含量。

由于耗费不菲和颇多不便，海军军官、医生、英国海军部和船主都认为，并没有办法在人员密集的船上种植足够的蔬菜或柑橘类水果。如果非要种，就不得不占用宝贵的货物空间。新鲜的柑橘类水果或果脯价格昂贵，如果作为预防措施每天配给，花费尤其高昂。少花钱、多赚利润才是王道——尽管事后看来，这实际上并没有节约开销。船只必须超员配备人手，留出 30%、40% 甚至 50% 的船员因坏血病而死的余量。就算死亡率不高，罹患坏血病的船员的工作效率也非常低。另外还得考虑人道主义因素，虽然当时这一因素很少有人考虑。

还有一个因素就是普通船员的顽固态度。他们习惯了标准伙食，虽然总在抱怨海上饮食过于单调，除了咸肉就是船餐饼干，但他们一到了港口，想要的便是大量的鲜肉、新鲜面包、奶酪、黄油和好啤酒。即使有新鲜的水果和蔬菜，大多数船员也不会对快速翻炒制作出来的嫩脆的绿色蔬菜感兴趣。他们想要大快朵颐，尽情享用肉食——煮肉、炖肉以及烤肉。船上管事的通常来自较高的社会阶层，他们的饮食通常更加多样化，在他们看来，在港口吃水果和蔬菜是一件再正常不过的事，而且还可能非常喜欢吃。对他们来说，尝尝在登陆地发现的异国食物，这种兴趣算不上不同寻常。罗望子、酸橙和其他富含维生素 C 的水果可能会被用于当地菜肴中，船员虽然不吃，但管事的可能会希望尝尝鲜。因此，对这些管事的来说，坏血病通常算不上什么问题。

库克船长：坏血病零纪录

英国皇家海军的詹姆斯·库克（James Cook）保持着这样一项纪录：他是第一名能确保手下船员不患坏血病的船长。还有人认为库克与抗坏血病食物的发现有关，但他真正了不起的成就在于，他所指挥的所有船只一直保持着非常高的饮食标准和卫生水平。他一丝不苟地按标准执行，这样做的结果是，他手下船员的健康水平超乎寻常，死亡率超低。库克27岁时才进入海军，按说这个年纪有点儿大，但他之前曾在北海和波罗的海当过商船大副，拥有9年航海经验，他的聪明才智和与生俱来的航海技术相结合，使他在海军得以快速晋升。他第一次接触坏血病是在1758年，当时他在彭布罗克号上，那还是他第一次横跨大西洋前往加拿大，目的是要夺得当时由法国人掌握的圣劳伦斯河的控制权。这种常见疾病所造成的惨状让库克触目惊心：那么多船员死亡，工作效率下降到危险的程度，有时候连船都保不住。然而，人们竟然普遍认为这种情况不可避免并听之任之，他对此感到非常震惊。

库克曾经在新斯科舍省、圣劳伦斯湾和纽芬兰省一带勘测并绘图，以及他对日食的准确观察和描述，这些都给英国皇家学会留下了深刻的印象；英国皇家学会成立于1645年，宗旨是“促进自然知识”。他被授予奋进号的指挥权，并按照指示去勘测南部海洋，绘制海图，调查新的植物和动物，并对行星凌日这种天象进行天文观测。

库克这次航行以及后续数次航行的原因，虽然不怎么为人所知，但有着相当重要的政治动机。以不列颠的名义占有已经发现的土地；对尚待发现的新土地提出权利主张，包括“未知的南方大陆”；还有找到西北航道，这些都是海军部念念不忘的想法。库克能否实现这么多目标，在很大程度上要取决于抗坏血酸。

我们想象一下1770年6月10日的情形，当时奋进号在澳大利亚昆士兰州北部的大堡礁珊瑚上搁浅。这是一场近乎灾难性的事件。这艘船在高水位时被撞，船体破了一个洞，必须当机立断采取措施予以补救。为了减轻船的重量，全体船员把所有能不要的东西都扔到了海里。连续23个小时，海水不可阻挡地从破洞涌入船舱，船员一刻不停地往外排水，拼命地拖着缆绳和锚，试图用“海上堵漏”的办法来堵住洞口；所谓海上堵漏，是指把下桅帆拉到船体下面临时堵住漏洞。令人难以置信的努力、高超的航海技术和好运气救了他们。这艘船最终滑离礁石，被船员们拖到岸边进行维修。这次九死一生的经历让人们明白，如果当时船员们患有坏血病，个个虚弱无力，那就不可能自救并生还。

库克曾多次出海，并且圆满完成任务，之所以能够如此，是因为拥有一支健康状况良好、能够胜任本职工作的船员队伍，这至关重要。这一事实得到了英国皇家学会的认可，该学会授予他最高荣誉——科普利金质奖章，不是因为他在航海方面取得了成就，而是因为他证明了坏血病在远洋航行中并非不可避免。库克的方法很简单。他坚持要求，整条船的每个角落都要保持干净，特别是窄小的船员舱内。所有船员都要定期洗衣服，在天气允许的情况下晾晒寝具，对甲板缝还要熏蒸消毒。总之，完全达到了“shipshape”[①]这个词的标准。当库克无法获得他认为均衡饮食所需的新鲜水果和蔬菜，他就让手下吃酸菜；酸菜在他的船上是标配。库克利用一切可能的机会接触陆地，补充物资，并收集当地的各种草（芹菜草、坏血病草）和其他植物，制作植物茶。

船员们可不喜欢这些东西，他们已经习惯了船员标准餐，不愿意尝试新东西。不过在这一点上，库克态度坚定、绝不通融。他和手下的军官们也坚持这种饮食安排，正是因为他以身作则，再加上他的权威和不肯妥协的态度，他制定的饮食安排得到了遵守。没有记录表明库克曾因船员拒绝吃酸菜或芹菜草而令其挨鞭子，但船员们都知道，如果反对他立下的规矩，船长肯定会毫不犹豫地动用鞭刑。库克还使了一点儿小手段。根据他的记录，一种用当地植物制作的“酸味菜”最初只有军官才能吃到，不到一周时间，级别较低的船员就已经吵着也要吃了。

毫无疑问，库克在对抗坏血病方面取得的成功，让船员们确信，船长让他们吃各种奇奇怪怪的东西是有道理的。库克从未因坏血病而折损过一个人。在他持续了近三年的第一次航行中，1/3 的船员在荷属东印度群岛（现在的印度尼西亚）的巴达维亚（现在的雅加达）感染了疟疾或痢疾后死亡。在 1772—1775 年的第二次航行中，他的一名船员因病死亡，但不是坏血病。不过在那次航行中，他的伴航船的船员却深受坏血病的困扰。伴航船指挥官叫托比亚斯·弗诺

① 指船上一切按部就班，整洁有序。——译者注

（Tobias Furneaux），库克对他严加申斥，并再次指示他准备抗坏血病食物，而且要求船员食用。正是因为有了维生素 C，即抗坏血酸分子的存在，库克才能够完成一系列令人印象深刻的壮举：发现夏威夷群岛和大堡礁，第一次环新西兰航行，第一次测绘西北太平洋海岸线，以及第一次穿越南极圈。

小分子的大作用

这种对世界版图产生过如此重大影响的小分子就是维生素 C。Vitamin（维生素）这个词是两个词缩写后拼在一起而成的，即 vital（必要的）和 amine（胺，一种含氮有机化合物——最初人们认为所有的维生素至少含有 1 个氮原子）。维生素 C 中的“C”表示它是有史以来人们认识的第三种维生素。

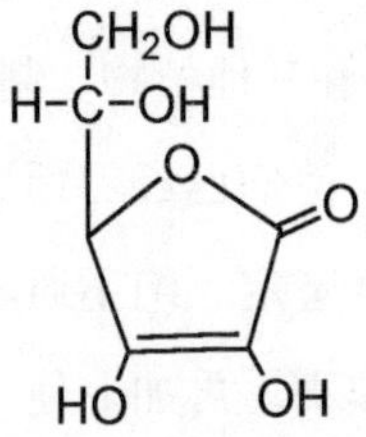

抗坏血酸（也就是维生素C）的结构

这种命名系统有许多缺陷。在所有维生素中，只有 B 族维生素和维生素 H 是真正含有氮原子的。而且后来人们发现，B 族维生素包含不止一种化合物，因此就有了维生素 B_1、维生素 B_2 等。此外，几种原本被认为是不同的维生素，却被发现是同一种化合物，因此也就没有维生素 F 或维生素 G。

在哺乳动物当中，只有灵长类、豚鼠和印度果蝠需要从饮食中摄取维生素C。所有其他脊椎动物，比如狗或猫，都可在肝脏中由单糖葡萄糖通过一系列的四种反应生成抗坏血酸，每种反应都由一种酶催化。因此，对这些动物来说，饮食中不一定非要含有抗坏血酸。据推测，人类在进化过程中失去了通过葡萄糖合成抗坏血酸的能力，似乎是由于失去了能够制造古洛糖酸内酯氧化酶的遗传物质，而这种酶正是合成抗坏血酸的最后一步所必需的。

工业制备抗坏血酸的现代合成方法（同样来自葡萄糖）基于一系列类似的

反应，不过反应发生的顺序略有不同。第一步是氧化反应，也就是 个分了中加入了氧，或脱去了氢，或者既加氧又脱氢。与此相反的过程称为还原反应，也就是一个分子脱去了氧，或加入了氢，或者既脱氧又加氢。

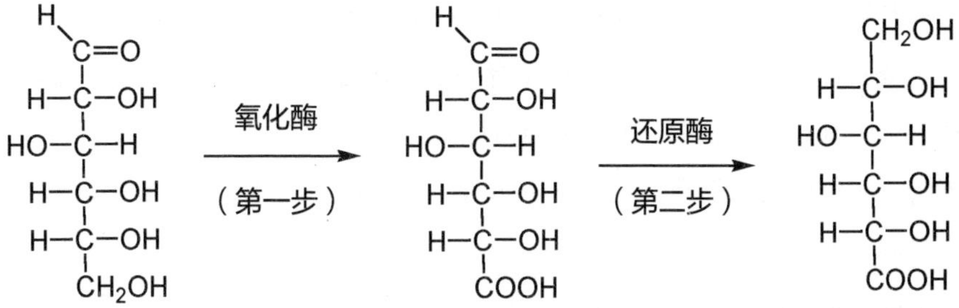

氧化酶（第一步）　还原酶（第二步）

葡萄糖　葡萄糖醛酸　葡萄糖酸

第二步是在该葡萄糖分子的另一端进行还原反应，形成一种名为葡萄糖酸的化合物。流程的第三步是让葡萄糖酸形成一个环状分子，也就是葡萄糖酸内酯。最后一个步骤是氧化，产生抗坏血酸分子的双键。我们人类缺少的正是这第四步也就是最后一步所需的酶。

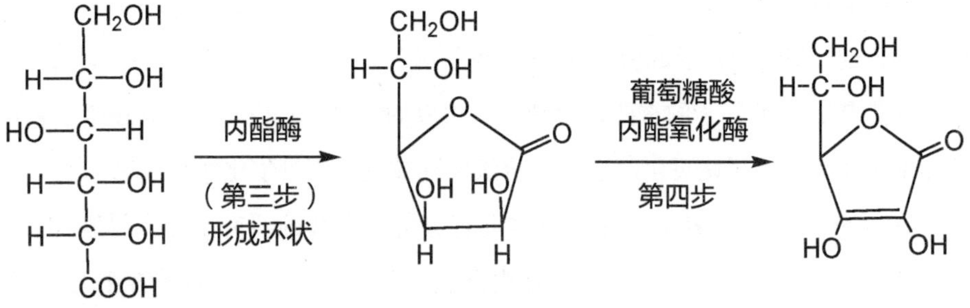

内酯酶（第三步）形成环状　葡萄糖酸内酯氧化酶 第四步

葡萄糖酸　葡萄糖酸内酯　抗坏血酸

试图分离并确定维生素 C 的化学结构的初期努力未取得成功。其中一个主要难点是，尽管柑橘类果汁中存在一定量的抗坏血酸，但将抗坏血酸与果汁中存在的许多其他糖类和类糖物质分离非常困难。因此，人们分离出来的第一个抗坏血酸纯样品并不是来自植物，而是来自动物，也就没什么可奇怪的了。

1928 年，在英国剑桥大学工作的匈牙利博士、生物化学家阿尔伯特·圣捷尔吉（Albert Szent-Györgyi）从奶牛的肾上腺皮质（位于牛肾附近的一对内分泌腺的内侧含脂肪部分）中提取了不到 1 克的结晶物质。圣捷尔吉认为他已经分离出一种新的类糖激素，并建议将其命名为 ignose，其中 ose 是用于命名糖类（如葡萄糖和果糖）分子的后缀，ig（取自 ignorance，意为无知）则表示他对该物质的结构一无所知。圣捷尔吉对名称的第二个建议是 God-nose（God 意为上帝），同样也被《生物化学杂志》的编辑拒绝了（这名编辑显然不太能欣赏他的幽默感），他只好选择了一个四平八稳的名字——己糖醛酸（hexuronic acid）。圣捷尔吉所提取样品的纯度符合要求，通过精密的化学分析，人们发现这种分子中有 6 个碳原子［所以它的名称中含有“己（hex-）”字］，分子式为 $C_6H_8O_6$。四年后人们发现，正如圣捷尔吉所逐渐怀疑的那样，己糖醛酸和维生素 C 是同一种物质。

了解抗坏血酸的下一步是确定它的结构，在如今的科技条件下，只需非常微量的抗坏血酸就能相对容易地完成这项任务，但在 20 世纪 30 年代，如果没有大量的抗坏血酸，这项工作几乎无法完成。圣捷尔吉再一次交了好运。他发现匈牙利红辣椒含有特别丰富的维生素 C，更重要的是，这种红辣椒中特别缺乏其他糖类（这些糖类使得从果汁中分离葡萄糖酸困难重重）。仅仅经过一周的工作，他就分离出了超过 1 千克的纯维生素 C 晶体，对他的合作者、伯明翰大学的化学教授诺曼·哈沃斯（Norman Haworth）来说，要确定其分子结构已经绰绰有余，他们最终取得了成功，“抗坏血酸”这个名字也是圣捷尔吉和哈沃斯提出的。1937 年，这种分子的重要性得到了科学界的认可。圣捷尔吉因其在维生素C方面的工作而被授予诺贝尔医学奖，哈沃斯则被授予诺贝尔化学奖。

60 多年来，科学界一直在不断推进有关抗坏血酸的研究工作，尽管如此，我们仍然不能完全确定抗坏血酸在体内所起到的全部作用。它对产生胶原蛋白起到了至关重要的作用；胶原蛋白是动物界中最丰富的蛋白质，存在于结缔组织（结合并支持其他组织）中。当然，缺乏胶原蛋白也解释了坏血病的一些早期症状：四肢肿胀、牙龈软化和牙齿松动。据信，每天只需服用 10 毫克抗坏血酸就足以让这些症状消失，尽管在这种症状水平上可能已经存在亚临床坏血病（在细胞水平上缺乏维生素C，但没有明显症状）。免疫学、肿瘤学、神经学、内分泌学和营养学等不同领域的研究仍在进行，人们发现抗坏血酸在人体内通过多种生化途径扮演着重要角色

长期以来，这种小分子不仅引发了种种争议，还引发了不少匪夷所思的猜测。英国海军将詹姆斯·林德的建议拖延了 42 年之久才付诸实施，令人齿冷。

据称，东印度公司故意不配给抗坏血酸的食物，目的就是要让船员身体虚弱，容易控制。当前还有人质疑，在治疗一系列病症时大剂量使用维生素 C 是否能起到作用。1954 年，莱纳斯・鲍林（Linus Pauling）因为在化学键方面的工作获得了诺贝尔化学奖，并因反对核武器试验的活动于 1962 年再次获得诺贝尔和平奖。1970 年，这位双料诺贝尔奖获得者发表了一系列关于维生素 C 在医学中的作用的文章中的第一篇，建议使用大剂量的抗坏血酸来预防和治疗感冒、流感和癌症。尽管鲍林是一位杰出的科学家，但他的这一观点在医学界并没有得到普遍接受。

成人维生素 C 的 RDA（推荐每日摄取量）一般为 60 毫克，大约是一个小橙子的含量。然而在不同时期以及不同国家，RDA 也有所不同，这也许表明我们对这种不那么简单的分子的完整生理作用还不够了解。人们一致认为，在孕期和哺乳期有必要提高 RDA，还建议老年人按照 RDA 最高限量摄入维生素 C，因为在这个年龄段，维生素 C 的摄入量往往会因为饮食不当或对烹饪和饮食缺乏兴趣而减少。时至今日，老年人罹患坏血病的情形仍时有发生。

每天 150 毫克的抗坏血酸摄入量通常相当于饱和水平，再多摄入对增加血浆中的抗坏血酸含量没有什么作用。过量的维生素 C 会通过肾脏排出，有人据此声称，大剂量使用维生素 C 的唯一好处是为制药公司创造利润。然而，在人们感染、发烧、伤口愈合、腹泻以及罹患某些慢性病（这个名单可以开列很长）的情况下，似乎确实需要加大维生素 C 的剂量。

有关维生素 C 对 40 多种疾病的治疗作用的研究仍在继续，例如滑囊炎、痛风、克罗恩病、多发性硬化症、胃溃疡、肥胖症、骨关节炎、单纯疱疹感染、帕金森氏综合征、贫血、冠心病、自身免疫性疾病、流产、风湿热、白内障、糖尿病、酒精中毒、精神分裂症、抑郁症、阿尔茨海默病、不孕不育、感冒、流感和癌症，这里列举的仅是其中一部分。看到这个清单后，你可能会明白为什么这种分子有时被称为“瓶中的青春”，尽管研究结果尚不能支持所有那些归功于维生素 C 的奇迹。

全世界每年的抗坏血酸产量超过 5 万吨。以葡萄糖为原料、以工业化方式生产出来的合成维生素 C 在任何方面都与天然维生素 C 完全相同。天然抗坏血酸和合成抗坏血酸之间不存在物理或化学性质上的差异，因此没有理由购买高价版本，尽管有的号称“天然维生素 C，从生长在喜马拉雅山下原始山坡上的稀有大叶蔷薇的纯蔷薇果中小心提取而成”。就算这种产品真的是这么得来的，只要它是维生素 C，那就跟通过葡萄糖生产出来的维生素 C 没什么两样。

当然，这并不是说，人工生产的维生素片可以取代食物中的天然维生素。吞下 70 毫克的抗坏血酸片剂，可能不会产生与吃一个普通大小的橙子所获得的 70 毫克维生素 C 完全一样的好处。在水果和蔬菜中发现的其他物质，如那些造成其鲜艳颜色的物质，可能有助于维生素 C 的吸收，或以某种方式（目前尚不清楚）增强其功效。

如今，维生素 C 的商业用途主要是作为食品防腐剂，它既是抗氧化剂也是抗菌剂。近年来，食品防腐剂已被贴上了“有害”的标签。许多食品包装上都在显眼位置印着“不含防腐剂”的字样。然而，如果没有防腐剂，许多食品就会变质，气味难闻，不堪食用，甚至有可能让我们丧命。失去化学防腐剂，会像没有了制冷剂和冷藏技术那样，对我们的食品供应造成巨大的灾难。

在罐头加工过程中，在水沸腾的温度下安全地保存水果是有可能的，因为水果的酸度通常足以防止致命的微生物——肉毒杆菌的生长，这种微生物之所以有这样的名字，是因为它能产生一种毒素，令食物具有毒性。含酸量较低的蔬菜和肉类必须在更高的温度下加工，才能杀死这种常见的微生物。家庭在自制罐装水果的过程中通常会用到抗坏血酸，作为防止褐变的抗氧化剂。它还可以增加食物的酸度，防止肉毒杆菌滋生。肉毒杆菌无法在人体内存活，真正给人类带来危险的，是这种微生物在未经正当方法罐装的食物中产生的毒素，只有食用了这种有毒的食物，才会对人体造成威胁。如果在皮肤下注射微量的提纯过的肉毒杆菌毒素，可以中断神经脉冲并诱发肌肉麻痹。这种操作会暂时消除皱纹，肉毒素疗法越来越受欢迎，原因就在于此。

尽管化学家们已经合成了很多种有毒的化学物质，但最致命的物质却是大自然创造的。由肉毒杆菌产生的 A 型肉毒杆菌毒素，是已知的最致命的毒物，比人造毒物里致命性最强的二噁英的致命性高 100 万倍。对 A 型肉毒杆菌毒素而言，能够杀死 50% 的试验对象的致命剂量（LD_{50}）是每千克 3×10^{-8} 毫克，也就是说受试者每千克体重仅需 0.000 000 03 毫克的 A 型肉毒杆菌毒素就足以致死。对二噁英而言，LD_{50} 是每千克 3×10^{-2} 毫克，也就是每千克体重 0.03 毫克。据估计，1 盎司 A 型肉毒杆菌毒素可以杀死 1 亿人。这些数字应该能够让我们重新思考我们对所谓的“防腐剂之恶”所持的态度。

坏血病与极地探险

甚至在 20 世纪初，一些南极探险家仍然支持这样的理论：储存的食物腐烂、血液酸中毒以及细菌感染是造成坏血病的原因。尽管强制配给柠檬汁在 19 世纪初几乎消除了英国海军的坏血病，尽管人们已观察到极地地区的因纽特人食用富含维生素 C 的海豹鲜肉、脑、心脏和肾脏而从未患过坏血病，尽管许多探险家积累了相当的经验（他们预防坏血病的措施包括尽可能多地食用新鲜食物），英国海军指挥官罗伯特·福尔肯·斯科特（Robert Falcon Scott）仍坚持认为坏血病是由受污染的肉引起的。另一方面，挪威探险家罗尔德·阿蒙森（Roald Amundsen）从不敢对坏血病的威胁掉以轻心，他的南极探险获得成功，新鲜的海豹肉和以狗肉为主的饮食功不可没。1911 年，他从南极返回，全部行程大约 1400 英里，却没有任何人生病或发生事故。相比之下，斯科特的团队就没有这么幸运了。他们在 1912 年 1 月到达南极点，但在回程途中，因为天气恶劣（现在看来那是多年来南极出现的最糟糕天气）而耽搁了行程。由于几个月来缺乏新鲜食物和维生素 C，坏血病的症状开始在船员中出现，他们为返程所做的努力也大大受阻。在距离一个食品和燃料存放地只有 11 英里的地方，他们耗尽了力气，无法继续前进。对斯科特和他的同伴来说，区区几毫克抗坏血酸就可能完全扭转境况。

如果抗坏血酸的价值早一点儿得到认识，今天的世界可能会非常不同。如果船员能保持健康，麦哲伦可能就不会在菲律宾停留。他本可以继续为西班牙占领香料群岛的丁香市场，一路高歌猛进、逆流而上，驶向塞维利亚，享受第一个环球航海家应得的荣耀。如果西班牙垄断了丁香和肉豆蔻市场，荷兰东印度公司可能就无从建立，现代印度尼西亚的面貌将大为改观。如果欧洲最早开始海上远途冒险的葡萄牙人获悉抗坏血酸的秘密，他们可能会在詹姆斯·库克之前几个世纪就已经探索了太平洋。葡萄牙语现在可能已经是斐济和夏威夷的官方语言，这两个地方可能已经跟巴西一样，成为无远弗届的葡萄牙帝国的殖民地。如果伟大的荷兰航海家阿贝尔·扬松·塔斯曼（Abel Janszoon Tasman）在1642年和1644年的航行中掌握了预防坏血病的知识，就能登陆后来被称为新荷兰（澳大利亚）和斯塔顿岛（新西兰）的土地，并宣称这些土地归荷兰所有。南太平洋的后来者英国人后来建立的帝国也就不会那么庞大，对全世界的影响力也会小得多，甚至连今天的影响力也会大大地减弱。上述种种推测或许可以让我们得出这样一个结论，那就是抗坏血酸理应在全球史以及全球地理格局的塑造中占据显要位置。

第三章

葡萄糖

一首童谣中有这样一句话："糖和香料，以及所有美妙的东西。"把糖和香料并列，这是一种经典的烹饪搭配，苹果派和姜饼等美食总会令我们笑逐颜开，其中就有糖和香料。与香料一样，糖曾经也是有钱人才消费得起的奢侈品，用来给肉类和鱼类菜肴调味，在今天的人们看来，那时候的肉类和鱼类菜肴都偏咸，而不是偏甜。而且跟香料分子一样，糖分子曾经影响了某些国家和大陆的命运——它带来了工业革命，改变了世界各地的商业和文化。

蔗糖的主要成分是葡萄糖，当我们提到糖的时候，指的就是葡萄糖。依据来源的不同，糖的名称也不同，比如蔗糖、甜菜糖和玉米糖。糖也分很多种类，包括红糖、白糖、细砂糖、幼砂糖、原糖、德梅拉拉糖。这些不同种类的糖当中都含有葡萄糖，葡萄糖分子是一种小分子，只有 6 个碳原子、6 个氧原子和 12 个氢原子，总数量与造成肉豆蔻和丁香味道的分子的原子总数相同。但就像这两种香料分子一样，正是葡萄糖分子（和其他糖类）的原子空间排列产生了味道——甜味。

许多植物中都能提取出糖；在热带地区通常从甘蔗中获得，在温带地区则从甜菜中获得。甘蔗（*Saccharum officinarum*）的来源并不确定，有人认为来自南太平洋，也有人认为来自印度南部。甘蔗种植通过亚洲向中东传播，最终传到非洲北部和西班牙。13 世纪，第一批十字军战士从战场返回，并把从甘蔗中提取的结晶糖带回欧洲。在接下来的 3 个世纪里，糖在欧洲一直都是一种充满异国情调的商品，受到的待遇与香料基本相同：糖的贸易中心最初在威尼斯，随着蓬勃发展的香料贸易一起发展起来。糖也可以入药，通常用以掩盖其他成分令人不快的味道，既可以作为药物的结合剂，并且其本身也是一种药物。

到了15世纪，糖在欧洲已经比较容易获得，尽管仍然很昂贵。人们对糖的需求不断增加，糖价则不断下降，与此同时，蜂蜜的供应减少，而此前欧洲和世界其他大部分地区一直都用蜂蜜做甜味剂。到16世纪，糖迅速成为大众的首选甜味剂。到了17世纪和18世纪，人们发现用糖可以制作果脯，还可以制作果酱、果冻和橘子果酱，于是糖越发受到追捧。据估计，在1700年的英国，每年人均糖消费量约为4磅。到1780年，这个数字上升到12磅，到18世纪90年代上升到16磅，其中大部分可能是搭配新近流行的茶、咖啡和巧克力等饮料消费的。糖还被用于制作甜食：糖浆包裹的坚果和种子、杏仁蛋白软糖、蛋糕和糖果。这时糖已经成为人们日常生活中不可或缺之物，成为一种必需品，而不是奢侈品，在整个20世纪糖的消费量不断上升。

1900年至1964年期间，世界糖产量增加了700%，许多发达国家的人均年消费量达到了100磅。近年来，由于人们更多地使用人工甜味剂，而且越发关注高热量饮食所引起的健康问题，这一数字有所下降。

奴隶制与甘蔗种植

如果没有对糖的需求，我们今天的世界可能会大为不同。正是糖助长了奴隶贸易，将数百万非洲黑人带到了新大陆，而且正是糖贸易的利润在18世纪初帮助刺激了欧洲的经济增长。新大陆的早期探险家带回了有关热带土地的信息，这些地方堪称种植甘蔗的理想之地。没过多久，渴望打破中东糖业垄断的欧洲人就开始在巴西种植甘蔗，继而又拓展到西印度群岛。甘蔗种植需要大量劳动力，而劳动力有两个可能的来源——新大陆的土著居民（已经被新传入的天花、麻疹和疟疾等疾病消灭殆尽）和来自欧洲的契约奴工，然而这甚至不够所需劳动力的零头。新大陆的殖民者们把目光投向了非洲。

在此之前，非洲西部地区的奴隶基本输入到了葡萄牙和西班牙的国内市场，这是地中海周边摩尔人跨撒哈拉贸易的产物。但是，新大陆对劳动力的需求大大使得当时原本不起眼的奴隶贸易变得日渐兴盛。从甘蔗种植中获得巨大财富的前景，足以让英格兰、法兰西、荷兰、普鲁士、丹麦和瑞典（最终还有巴西和美国）成为将数以百万计非洲人从他们的家园运走的庞大系统的一部分。尽管糖不是唯一依赖奴隶劳动的商品，但可能是其中最主要的商品。据估计，新大陆的非洲奴隶约有三分之二在甘蔗种植园劳动。

1515 年，第一批来自西印度群岛的由奴隶种植生产的糖被运往欧洲，此时距离哥伦布在第二次航行中把甘蔗引入伊斯帕尼奥拉岛仅过了 22 年。到 16 世纪中期，西班牙和葡萄牙在巴西、墨西哥和许多加勒比海岛屿的定居点开始生产糖。每年从非洲运往这些种植园的奴隶数量约为 1 万人。然后到了 17 世纪，英国、法国和荷兰在西印度群岛的殖民地开始种植甘蔗。人们对糖的需求迅速扩大，糖的加工技术水平不断提高，再加上从炼糖的副产品中开发出了一种新的酒精饮料——朗姆酒，所有这些因素综合到一起，使得从非洲被带到甘蔗田劳作的人数爆炸性增长。

到底有多少奴隶在非洲西海岸被装上帆船又在新大陆被卖掉，确切数字已经无法考证。现有记录不够完整，而且还有可能是伪造的；伪造记录是为了规避拖延了很久才制定的一些法律，法律对船只可装载的奴隶数量做了限制，目的是要改善运输船上的生存条件。迟至 19 世纪 20 年代，在巴西奴隶船上不到 900 英尺见方、3 英尺高的地方就要挤下 500 多人。据一些历史学家计算，在 3 个半世纪的奴隶贸易中，有逾 5000 万非洲人被运往美洲。这个数字还不包括那些在掠奴突袭中被杀害的人，也不包括那些在从非洲大陆内陆到非洲海岸的途中死亡的人，以及那些没有在惨绝人寰的海上航程——后来被称为“中间通道”——中幸存下来的人。

所谓的“中间通道”，是指“大三角贸易”的第二条边。这个三角形的第一条边是从欧洲到非洲海岸，主要是几内亚的西海岸，商贩们带来用以换取奴隶的制成品。第三条边是从新大陆回到欧洲的通道。到那时，奴隶船会用奴隶换取矿石和种植园的出产，通常是朗姆酒、棉花和烟草。三角形的每一条边都会产生巨大的利润，对英国而言尤其如此：到 18 世纪末，英国从西印度群岛获得的收入远远超过与世界其他地区贸易的收入。事实上，糖和糖制品是资本巨量增长和经济快速扩张的源泉，而对 18 世纪末和 19 世纪初的英国工业革命以及后来的法国工业革命而言，如此规模的资本增长和经济扩张乃是必要条件。

甜蜜的化学

葡萄糖是最常见的单糖，单糖的英语通常拼作 monosaccharide，源于拉丁语中的糖（saccharum）。mono 这个前缀的意思是一个单元，如果是两个单元，那就是双糖（disaccharide），如果是多个单元那就是多糖（polysaccharide）。葡萄糖的结构可以画成一条直链，也可以对这条直链做一些轻微的调整，每个垂直线和水平线的交点都代表一个碳原子。给碳原子编号有一整套规范，不过在这里我们不需要关心这些规范，只需要知道编号为 1 的碳原子总是在最上面。

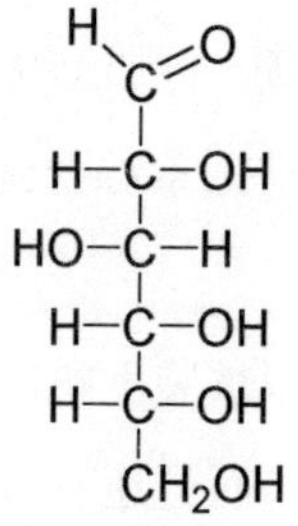

葡萄糖

这种表示单糖链状结构的方法被称作费歇尔投影式，是以德国化学家埃米尔·费歇尔（Emil Fischer）的姓氏命名的，他在 1891 年确定了葡萄糖和其他一些相关糖类的结构。尽管费歇尔当时可以利用的科学工具和技术都非常简陋，但他得出的结果今天仍可称为化学逻辑最优雅的范例之一。1902 年，他因为在糖类方面所做的工作获得了诺贝尔化学奖。

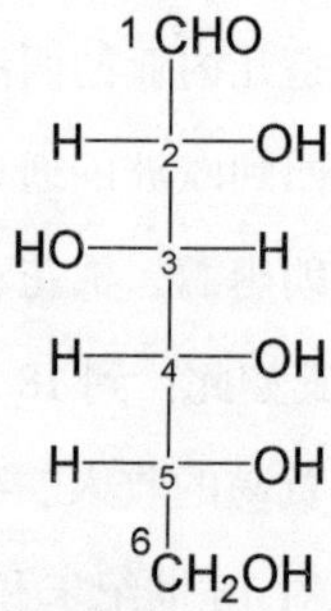

葡萄糖的费歇尔投影式，碳链标示出序号

尽管我们仍然可以用这种直链形式画出葡萄糖等糖类的分子结构，但现在我们知道，糖类通常以一种不同的形式存在——环状结构。这种画成环状的结构式被称为哈沃斯投影式，以英国化学家诺曼·哈沃斯的姓氏命名，他在 1937 年获颁诺贝尔奖，以表彰他在维生素 C 和碳水化合物结构方面所做的工作（见第二章）。葡萄糖的六元环结构由 5 个碳原子和 1 个氧原子组成，它的哈沃斯投影式如下图所示，数字表示每个碳原子与前述费歇尔投影式中的碳原子的对应关系。

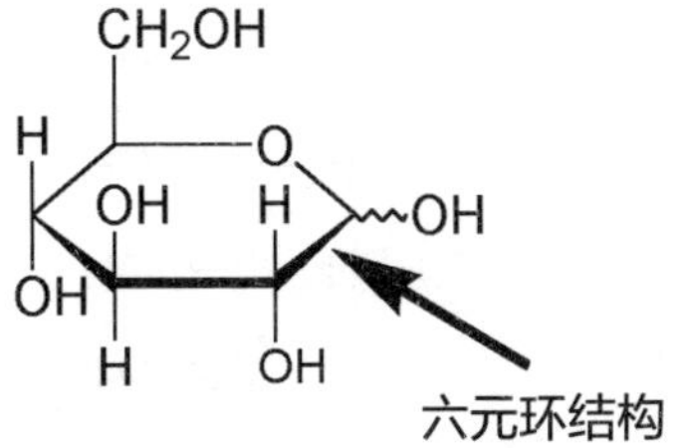

六元环结构

葡萄糖的哈沃斯投影式，标示出所有氢原子

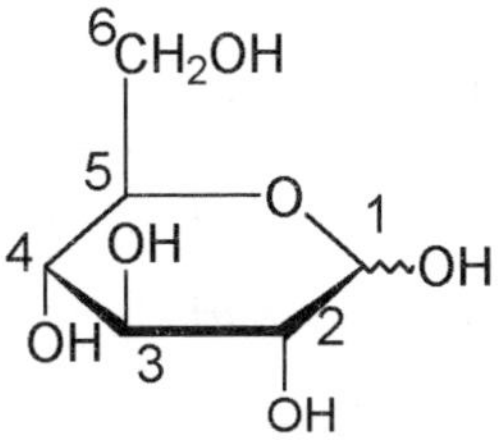

葡萄糖的哈沃斯投影式，未标示出所有氢原子，但标示了碳原子序号

实际上，环状葡萄糖结构有两种画法，取决于 1 号碳原子连接的羟基（—OH）是在环的上方还是下方。这看上去是一个不起眼的区别，却非常值得注意，因为这对含有葡萄糖单元的较复杂的分子的结构有着重要影响，如复杂的碳水化合物。如果 1 号碳原子连接的羟基结构在环的下方，就称作 α－葡萄糖。如果在环的上方，就称作 β－葡萄糖。

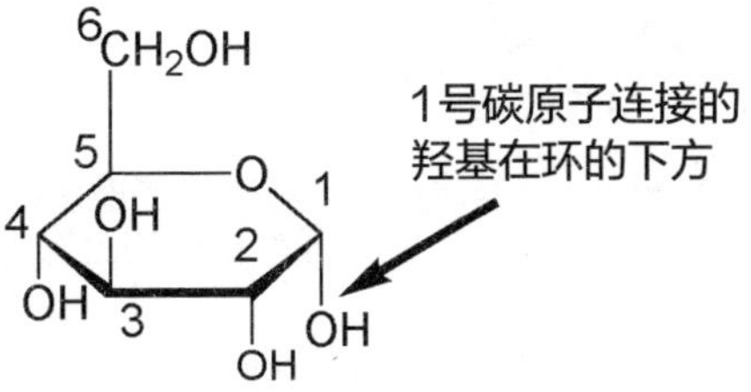

1号碳原子连接的羟基在环的下方

α－葡萄糖

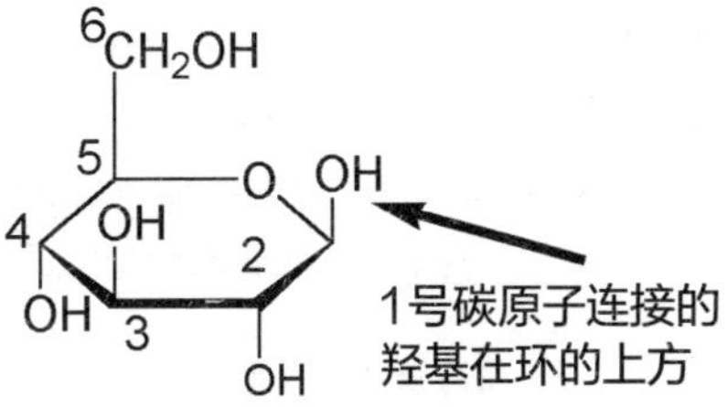

1号碳原子连接的羟基在环的上方

β－葡萄糖

当我们使用“糖”这个词时，通常指的是蔗糖。蔗糖是一种双糖，之所以称为双糖，是因为它由两个简单的单糖单元组成：一个是葡萄糖单元，另一个

是果糖单元。果糖的分子式与葡萄糖相同，都是 $C_6H_{12}O_6$，二者原子的数量和类型也相同（6 个碳、12 个氢和 6 个氧）。但果糖的结构与葡萄糖不同，果糖的原子以不同的顺序排列。用化学术语来说，果糖和葡萄糖互为同分异构体。所谓同分异构体，是指分子式相同（每种原子的数目都相同）但原子排列不同的化合物。

葡萄糖　　　　果糖

葡萄糖和果糖的费歇尔投影式，标示出1号碳原子和2号碳原子上氢氧原子的不同顺序。果糖的2号碳原子上没有连接氢原子

果糖主要以环状形式存在，但看上去与葡萄糖略有不同，因为果糖形成的是五元环（哈沃斯投影式如下图所示），而葡萄糖是六元环。与葡萄糖一样，果糖也有 α 和 β 两种形式，但由于果糖中与环氧相连的是 2 号碳原子，因此我们以这个碳原子为基准，如果羟基在环下面称作 α，在环上面称作 β。

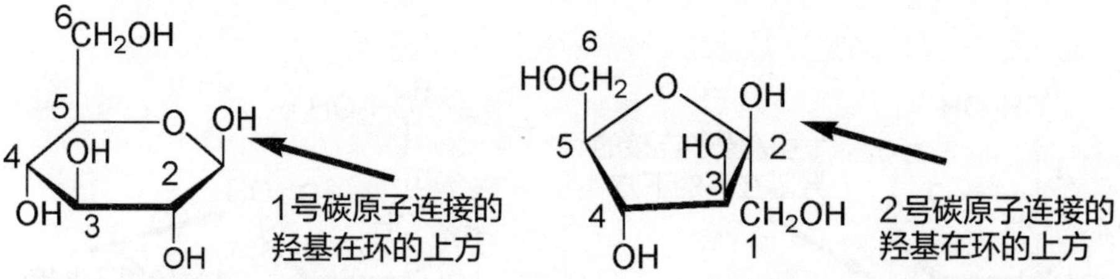

1号碳原子连接的羟基在环的上方

β-葡萄糖的哈沃斯投影式

2号碳原子连接的羟基在环的上方

β-果糖的哈沃斯投影式

蔗糖中的葡萄糖和果糖含量相同，但并不是这两种不同分子的混合物。在蔗糖分子中，一个葡萄糖和一个果糖通过在 α-葡萄糖的 1 号碳原子的羟基和 β-果糖的 2 号碳原子的羟基之间脱去一个水分子（H_2O）而连接在一起。

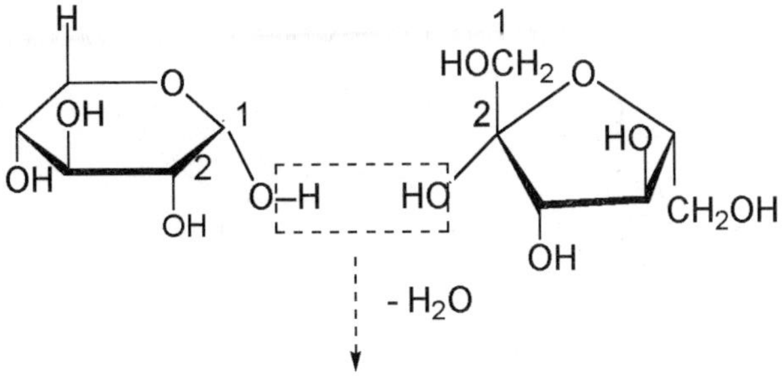

果糖和葡萄糖脱去1个分子的H_2O。本图中的果糖分子从右向左翻转了180°

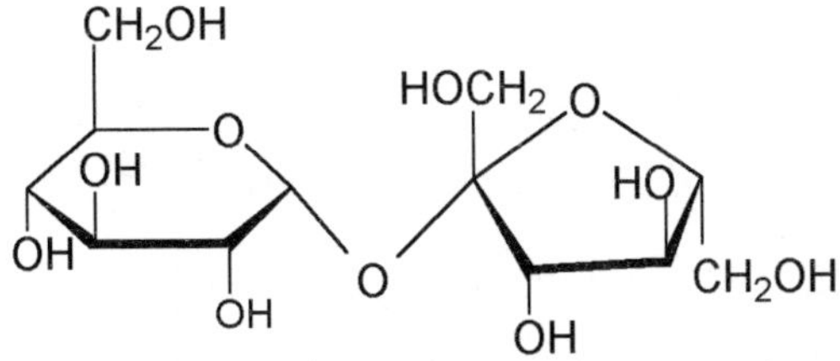

蔗糖分子的结构

果糖主要存在于水果中，但也存在于蜂蜜中，蜂蜜中约有38%的果糖和31%的葡萄糖，另有10%的其他糖类，包括蔗糖。其余的主要是水。果糖比蔗糖或葡萄糖更甜，蜂蜜之所以比蔗糖更甜，就在于它含有果糖成分。枫糖浆的蔗糖含量约为62%，而果糖和葡萄糖仅各占1%。

乳糖是由一个单元葡萄糖和一个单元半乳糖——也是一种单糖——结合成的双糖。半乳糖是葡萄糖的同分异构体，两者唯一的区别是，半乳糖中的4号碳原子的羟基在环的上方，而葡萄糖的则是在环的下方。

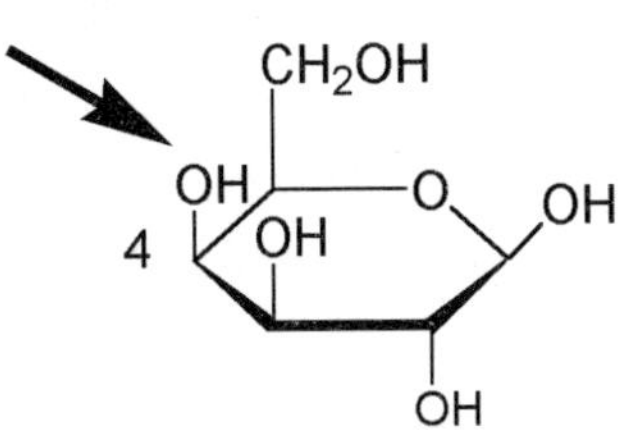

β-半乳糖 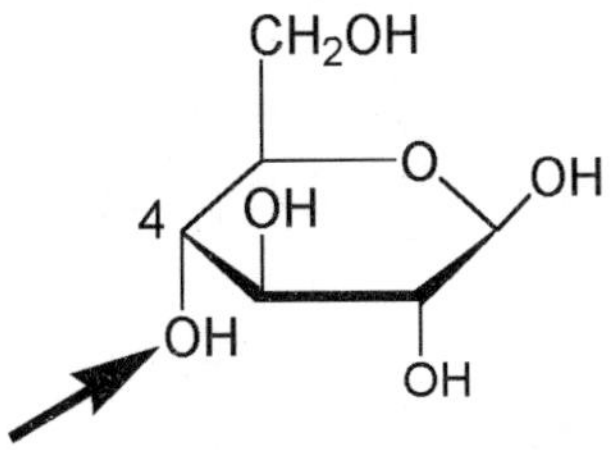　　β-葡萄糖

β-半乳糖，箭头标示4号碳原子连接的羟基位于环的上方；β-葡萄糖，4号碳原子连接的羟基位于环的下方。这两种分子结合形成乳糖

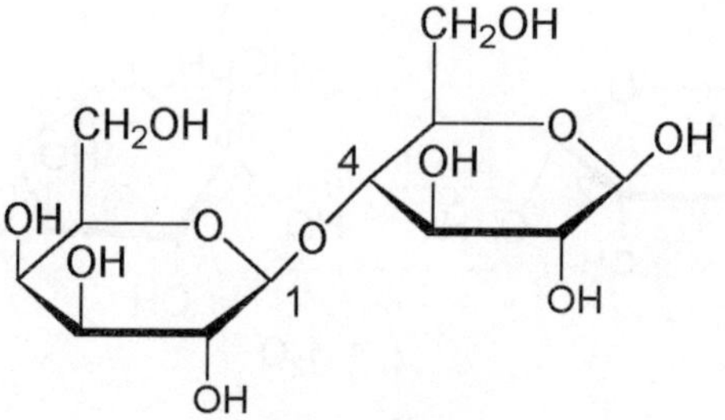

乳糖分子的结构

左侧半乳糖的1号碳原子与右侧葡萄糖的
4号碳原子通过氧原子相连

我们再一次发现，羟基在环的上方或下方看起来不过是一个微不足道的差别，但对患有乳糖不耐受症的人来说，这个差别干系重大。人们要消化乳糖等双糖或分子式更大的多糖需要特定的酶，这些酶首先会将此类复杂分子分解成单糖。消化乳糖需要的就是乳糖酶，某些成年人体内仅能分泌少量的这种酶。（通常来说，儿童体内分泌的乳糖酶要比成人更多。）如果乳糖酶不足，就难以消化牛奶和奶制品，并导致乳糖不耐受有关的症状：腹胀、痉挛和腹泻。乳糖不耐受是一种遗传性状，人们可以很方便地利用乳糖酶这种非处方药予以治疗。某些种族群体的成人和儿童（但不包括婴儿），如一些非洲部落，完全无法分泌乳糖酶。对这些人来说，食品援助项目通常所提供的奶粉和其他奶制品不但无法消化，甚至可能有害。

正常、健康的哺乳动物的大脑，其能量来源只有葡萄糖。基本而言，大脑中既没有能量储备，也无法储存能量，因而脑细胞依赖于血液中时刻不停的葡萄糖供应。如果血糖水平下降到正常水平的50%，就会出现某些脑功能障碍的症状。若血糖降至正常水平的25%时（可能是由于胰岛素过量，胰岛素是负责维护血液中葡萄糖水平的激素），人就可能会昏迷。

甜之味

所有这些糖类都有甜味，所以才如此让人着迷，毕竟人类是喜欢甜食的。甜味是四种主要味道之一，另外三种是酸味、苦味和咸味。获得区分这些味道的能力，是人类进化过程中的重要一步。甜味通常意味着“可口”。甜味表明水果是成熟的，而酸味则告诉我们还有很多酸存在，因而水果还不够成熟，没有成熟的水果可能会引起腹痛。植物中的苦味往往表明存在一种被称为生物碱的化合物。生物碱通常是有毒的，有时非常少量的生物碱就能导致中毒，因此，能检测出微量生物碱的能力是一个明显的优势。甚至有人认为，恐龙之所以灭绝，一个可能的原因就是它们无法检测到一些开花植物中存在的有毒生物碱，开花植物在白垩纪末期已经演化出来，与恐龙灭绝的时机基本吻合。不过，这种恐龙灭绝的理论并未得到普遍接受。

人类似乎天生就不喜欢苦味。事实上，人类偏好的恰恰是甜味。苦味引发的反应之一是唾液分泌增多，这是一种有益的反应，如果嘴里吃到了有毒的东西，分泌唾液能够让人尽可能将其全部吐掉。然而，许多人确实学会了欣赏——甚至是喜欢——苦味。茶和咖啡中的咖啡因以及汤力水中的奎宁就是非常好的例子，尽管许多人仍然需要在这些饮料里加点糖才喝得下去。“又苦又甜”这个词意味着快乐中混合着悲伤，同时也很好地表达了我们对苦味的矛盾心理。

人类的味觉存在于味蕾中，味蕾是专门感受味道的细胞群，主要分布在舌头上。舌头的不同部位能感受不同的味道，程度也就不相同。舌尖对甜味最敏感，而舌头两侧后部对酸味感受最强烈。我们自己就可以做个测试，先用舌头侧部接触糖溶液，然后再用舌尖接触，你可以明确无误地感受到，舌尖的感受更强烈。如果用同样的方式尝柠檬汁，结果会更明显。用舌尖接触柠檬汁感觉似乎不是很酸，但如果把刚切好的柠檬片放在舌头的一侧，你肯定会发现那里对酸味的反应最敏感。反复做这个实验，我们会发现，舌根对苦味最敏感，舌尖两侧对咸味的感受最强烈。

一直以来，人们对甜味的探究远远多于其他味道，原因无疑在于，甜味仍是一宗大生意，这与奴隶贸易时代的情形并无二致。化学结构和甜味之间的关系很复杂。据 A–H,B 模型，甜味取决于分子内一组原子的排列。这些原子（图中的 A 和 B）具有特殊的几何形状，使得原子 B 受到附着在原子 A 上的氢原子的吸引。这样一来，甜味分子与味觉感受器的蛋白质分子短暂结合，由此（通过神经传递）向大脑发送一个信号，告诉大脑“这东西有甜味”。A 和 B 通常是氧原子或氮原子，不过其中之一也可能是硫原子。

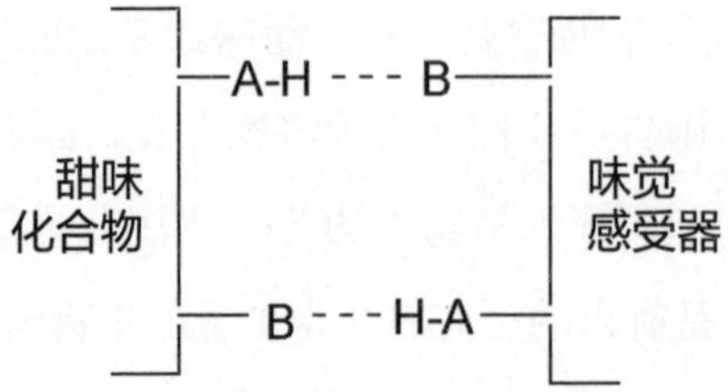

甜味化合物 —A-H ··· B— 味觉感受器
—B ··· H-A—

甜味的A–H, B模型

除了糖以外，还有许多甜味化合物，但不是所有甜的东西都对人体有益。例如，乙二醇是汽车散热器所用防冻剂的主要成分。乙二醇分子可溶于水，柔顺性强，再加上氧原子之间的距离因素（类似于糖类中氧原子之间的距离），因此具有甜味。但乙二醇毒性很大，对人类以及家庭宠物来说，区区一汤匙的剂量就足以致死。

有趣的是，乙二醇本身不具备毒性，在人体内发生反应后才会变成有毒物质。乙二醇在体内被酶氧化会产生草酸。

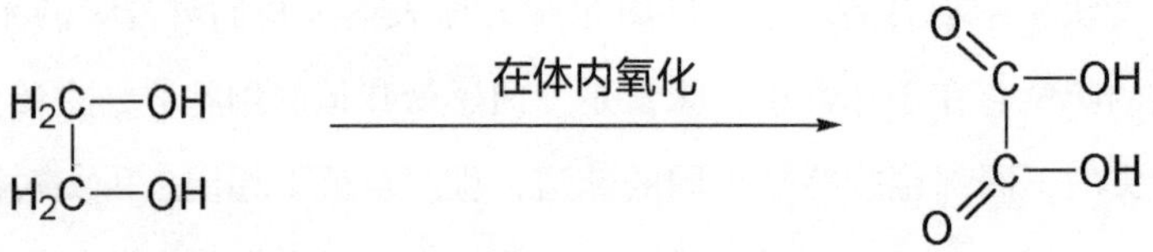

$$HOCH_2{-}CH_2OH \xrightarrow{\text{在体内氧化}} HOOC{-}COOH$$

乙二醇　　　　草酸

一些植物会产生天然草酸，其中包括我们吃的一些植物，如大黄和菠菜。通常情况下，吃这些食物不会导致草酸摄入过量，我们的肾脏足以应付来自这些来源的微量草酸。但如果口服乙二醇，体内突然出现大量的草酸会导致肾脏衰竭甚至死亡。在一餐中食用菠菜沙拉和大黄派并不会对人体造成伤害。单纯靠吃菠菜和大黄，直至可以伤身的程度可能非常困难，除非你容易长肾结石；肾结石的形成需要数年时间，其主要成分是草酸钙，这种钙盐不溶于水。容易长肾结石的人士通常会被建议不要食用草酸含量高的食物。对其他人来说，遵循适度适量的原则可保无虞。

甘油在化学结构上与乙二醇非常相似，也有甜味，但适量的甘油对人体没有危害。由于黏性好、水溶性高，甘油被用作许多预制食品的添加剂。近年来，“食品添加剂”这个词在媒体被大加挞伐，很多报道暗示食品添加剂基本上是非有机、不健康、非天然的。甘油毫无疑问是有机且无毒的，葡萄酒等产品天然就会产生甘油。

H_2C-OH
$|$
$HC-OH$
$|$
H_2C-OH

甘油

摇一摇葡萄酒杯，你会发现“挂杯”现象，原因就在于其中含有甘油，年份好的葡萄酒既要有黏度，也要有顺滑度，而甘油可以增加葡萄酒的黏度，让口感更顺滑。

甜的并不都是糖

另外，还有一些非糖类分子尝起来也很甜，其中一些化合物为规模数以十亿美元计的人工甜味剂产业奠定了基础。人工甜味剂不仅在化学结构上要模仿糖的几何形状，从而能够与甜味受体相结合，此外人工甜味剂还必须可溶于水、无毒以及通常不会在人体内代谢。这些物质通常比糖的甜度高数百倍。

人们开发出的第一种现代人工甜味剂是糖精。糖精是一种细粉末，与它打过交道的人会发现，如果手指不经意间碰到了嘴，就会尝到甜味。糖精非常甜，只需非常微小的量就能引发甜味反应。1879 年，位于巴尔的摩的约翰·霍普金斯大学的一名化学研究人员注意到，他正在吃的面包有一种不寻常的甜味。他回到实验台前，逐一品尝了他在当天的实验中使用的化合物（这种做法不乏风险，但在发现新分子方面是一种常见做法），发现了有强烈甜味的糖精。

糖精不含热量，没过多久（1885 年），这种有甜味但无热量的化合物就得到了商业应用。最初是作为糖尿病患者饮食中的代糖，随后很快就成为普通人也能接受的糖的替代品。但由于人们担心糖精可能有毒性及其金属余味，其他人工甜味剂又陆续被开发出来，如环已酸和阿斯巴甜。可以看到，这些分子的结构都很不同，而且与糖有很大区别，但它们都有适当的原子，以及特定的原子位置、几何形状和灵活性，从而能产生出甜味。

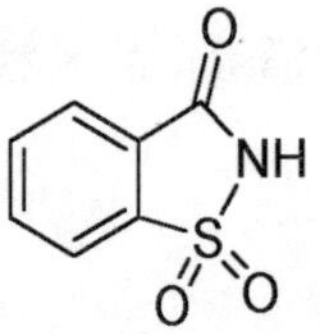

糖精 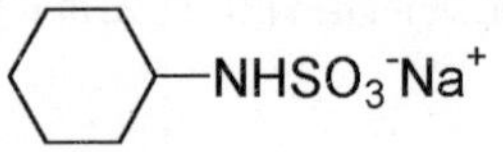　　环己酸钠 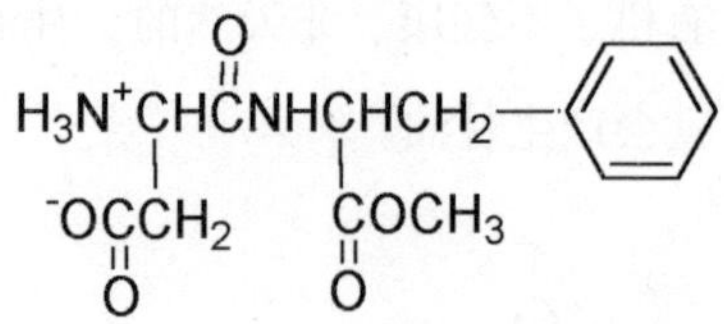　　阿斯巴甜

没有一种人工甜味剂是完全没有问题的。有些在加热后会分解，因此只能用于软饮料或冷食；有些不是很容易溶解；还有一些除了甜味还掺杂着某种可察觉的异味。阿斯巴甜虽然是合成的，却是由两种天然存在的氨基酸结合而成。它可以被人体代谢，但由于甜度是葡萄糖的200多倍，要产生令人满意的甜度，需要的量要少得多。那些患有苯丙酮尿症（PKU）的遗传性疾病的人，无法代谢苯丙氨酸（氨基酸的一种），这是阿斯巴甜的分解产物之一，对这种人工甜味剂他们只能敬谢不敏了。

1998年，美国食品药物监督管理局（FDA）批准了一种新的甜味剂，这种甜味剂通过一种完全不同的方式来人工创造甜味。三氯蔗糖的结构与蔗糖非常相似，但存在两个重要的不同之处。葡萄糖单元（下图左侧）被半乳糖取代（乳糖中也含有半乳糖）。3个氯原子（Cl）取代了3个羟基（—OH）：一个在半乳糖单元上，另外两个在右侧的果糖单元上，如图所示。这3个氯原子并不影响这种糖的甜度，但能阻止人体对它的代谢。因此，三氯蔗糖是一种不含热量的糖。

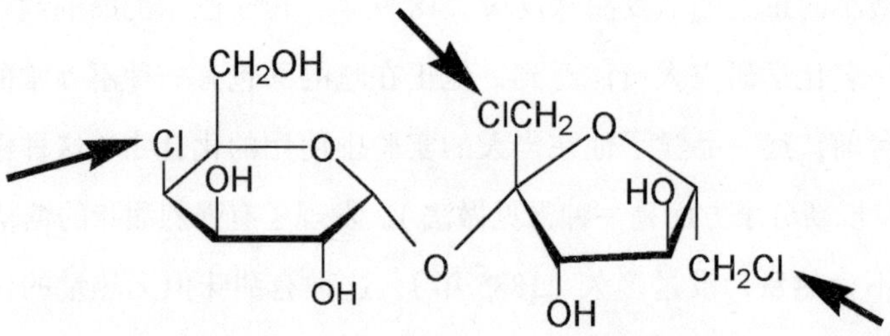

三氯蔗糖的结构，标示出3个氯原子（箭头所示）取代了3个羟基

现在，人们正在从含有“高效甜味剂”的植物来源中寻找天然的非糖甜味剂，这些化合物的甜度可能达到蔗糖的1000倍。不少地区的原住民对有甜味植物的求索已经持续了数个世纪，例如南美洲的甜叶菊（*Stevia rebaudiana*）、光果

甘草（*Glycyrrhiza glabra*）的根、墨西哥马鞭草家族成员甜舌草（*Lippia dulcis*）以及西爪哇的蕨类植物修蕨（*Selliguea feei*）的根茎。天然来源的甜味化合物已显示出商业应用的潜力，但仍需克服一系列问题，比如浓度小、毒性大、水溶性低、不可接受的余味、不够稳定以及质量不易控制，等等。

糖精尽管已经被人们使用了100多年，但远非第一种被用作人工甜味剂的物质。这一殊荣可能属于醋酸铅，分子式为$Pb(C_2H_3O_2)_2$，在罗马帝国时代，醋酸铅被用来给葡萄酒增甜。醋酸铅常被称为“铅制成的蔗糖”，能够在不引起进一步发酵的情况下使葡萄酒变甜，而加入蜂蜜等甜味剂则会引起发酵。众所周知，铅盐有甜味，很多种铅盐都不溶于水，但所有铅盐都有毒。醋酸铅可溶性很强，而且显然它的毒性并不为罗马人所知。说到这里，我们是否应该反思一下，有些人神往的“食物和饮品不受添加剂污染的美好时代”是否真的存在呢？

罗马人还将葡萄酒和其他饮料储存在铅容器中，并使用铅管道为住宅供水。铅中毒是累积性的。铅的毒性会影响到人的神经系统、生殖系统以及其他器官。早期铅中毒的症状不是很明确，但包括睡眠不安、食欲不振、烦躁、头痛、腹痛和贫血。久而久之就会出现脑损伤，导致严重的精神不稳定和瘫痪。一些历史学家将罗马帝国的灭亡归因于铅中毒，因为据说包括皇帝尼禄在内的许多罗马领导人都出现了这些症状。只有富裕的贵族统治阶级才会用铅制管道将水输送到住宅里，并使用铅制容器来储存葡萄酒。普通人会自己打水，把葡萄酒储存在别的容器中。如果铅中毒确实导致了罗马帝国的灭亡，这将是又一个化学物质改变历史进程的范例。

糖，或者说对甜味的渴望，塑造了人类历史。正是欧洲兴起的庞大的糖业市场的利润，促使非洲奴隶被运往新大陆。如果没有糖，奴隶贸易的规模就会大大下降；如果没有奴隶，糖贸易的规模就会大大下降。奴隶制肇始于糖，而糖带来的收入又维持了奴隶制的运作。西非国家的财富——它们的人民——被转移到新大陆，为他人铸就财富帝国。

即使在奴隶制废除以后，对糖的渴望仍然影响着全球各地的人员流动。19世纪末，大量来自印度的契约劳工前往斐济群岛，在甘蔗田里劳作。这件事的结果，就是这个太平洋岛群的种族构成发生了彻底的变化，土著的美拉尼西亚人不再占据多数。经过了近些年来的三次政变，斐济仍然是一个政治动荡不断、种族构成不断变化的国家。其他热带地区人口的种族构成也在很大程度上归功于糖。今天夏威夷最大的少数民族群体的祖先，有很多是从日本渡海而来在夏威夷的甘蔗田里做工的移民。

糖仍在影响着人类社会。糖是一种重要的大宗商品，变幻莫测的天气和虫害影响着糖生产国的经济和全球股票市场。糖价如果上涨，整个食品行业都会产生连锁反应。糖还曾被用作政治工具，苏联购买古巴糖的贸易持续了几十年，支持了菲德尔·卡斯特罗领导下的古巴的经济。

我们吃的喝的很多东西都含糖。孩子们喜欢糖果。我们在招待客人时也倾向于提供甜食，所谓“款待”已经不能草草给对方一块面包了事。在世界各地的文化中，含糖的食物和糖果都与重大节日和庆祝活动有关。与前几代人相比，现在人们对葡萄糖分子及其异构体的消费量要高出许多倍，肥胖、糖尿病和龋齿等健康问题已经反映出了这样一个现实。我们的日常生活，还将不断接受糖的塑造。

第四章

纤维素

糖的生产促进了美洲奴隶贸易的发展，但奴隶贸易绵延3个多世纪，其背后的动力并非只有糖。为欧洲市场种植的其他农作物也依赖于奴隶制，其中一种作物就是棉花。运往英国的原棉可以制成廉价的制成品，然后运到非洲，换取奴隶后再送往新大陆的种植园，特别是美国南部的种植园。糖的利润是贸易大三角的原初推动力量，它为英国不断发展的工业化提供了初始资本。但在18世纪末和19世纪初，为英国经济的快速扩张提供动力的却是棉花和棉花贸易。

棉花与工业革命

棉花的果实是球状的蒴果，称为棉铃，棉铃中含有棉籽，可以提取油脂，棉籽被一团棉花纤维包裹着。棉花属于锦葵科棉属，有证据表明，大约5000年前，印度、巴基斯坦、墨西哥和秘鲁就已经开始种植棉花，但这种植物在欧洲并不为人所知，直到公元前300年左右，亚历山大大帝军队的士兵从印度带回了棉袍。中世纪时，阿拉伯商人将棉花植株带到了西班牙。棉花植株不耐寒，适宜生长于湿润但排水良好的土壤和漫长的炎热夏季，欧洲的温带地区不具备这样的条件。英国和其他北方国家的棉花都不得不依靠进口。

英国的兰开夏郡成为围绕棉花加工而发展起来的大型工业综合体的中心。这一地区潮湿的气候有助于棉花纤维聚拢在一起，这对棉花加工来说堪称完美，因为这意味着纺纱和织布过程中断线的可能性下降，气候较干燥地区的棉纺厂的生产成本相对更高。此外，兰开夏郡有大片土地可供建造工厂，安置成千上万的棉花产业工人，还有充足的软水可供漂白、染色和印花，另外这里煤炭供应丰富，随着蒸汽时代的到来，这个因素变得非常重要。

1760年，英国进口了250万磅原棉。过了不到80年，该国棉纺厂的加工量已经是这个数字的140多倍。这一增长对工业化产生了巨大影响。对廉价棉纱的需求推动了机械创新，最终棉花加工的所有阶段都实现了机械化。18世纪时，出现了将棉花纤维与种子分离开来的机械轧花机、加工棉纤维的梳棉机、抽出棉纤维并将其捻成线的纺纱机，以及各式各样的织布机械梭。很快，这些最初由人力驱动的机器开始转由畜力或水力驱动。詹姆斯·瓦特（James Watt）改良后的蒸汽机使蒸汽逐渐成为主要动力来源。

棉花贸易产生了巨大的社会影响。英格兰中部的大片区域从拥有许多小贸易中心的农业区，摇身一变成了拥有近300个城镇和村庄的工厂区。这里工作条件和生活条件都非常恶劣。工人们要长时间劳作，工厂规则非常苛刻，违反纪律的惩罚也非常严厉。虽然与大西洋彼岸的棉花种植园盛行的奴隶制不太一样，但棉花贸易让成千上万在尘土飞扬、嘈杂危险的棉花厂工作的人体验到了奴役、污秽和艰辛。工资往往以定价远高于实际价值的商品支付，对于这种做法，工人们敢怒而不敢言。他们的居住条件更是惨不忍睹，在工厂周边地区，建筑沿着狭窄、黑暗、排水不良的小巷拥挤在一起。工人们和其家人挤在这些寒冷、潮湿、肮脏的住处，而且往往两三个家庭挤在一幢房子里，而地下室里通常还住着另外一个家庭。在这种条件下出生的孩子，能活到5岁的只有不到一半。某些政府部门感到忧心忡忡，不是因为婴儿死亡率高得惊人，而是因为这些儿童“在能够从事工厂劳动或任何其他劳动之前就死掉了”。儿童到了一定年龄就会到棉纺厂工作，因为个子小，他们能在机器下面爬行，用灵活的手指修理断线，但他们经常遭到殴打，这是为了让他们在一天12至14个小时的工作时间内保持清醒。

虐待儿童的行为，再加上其他压榨工人的做法，引起了人们极大的愤慨，一场波及广泛的人道主义运动由此展开，人们要求制定法律，对工作时间、童工、工厂安全和健康予以规范，我们今天有关工业的立法大多是以此为源头的。

这种状况鼓励许许多多的工厂工人发挥个人力量，参与行业工会运动，以及其他大量社会、政治和教育改革运动。然而，改变从来不会一蹴而就。工厂主和他们的股东掌握着巨大的政治权力，改善工作条件就可能导致棉花贸易的巨额利润减少，而这是他们所不愿意接受的。

数以百计的棉纺厂产生的黑烟堆积成的穹顶，是曼彻斯特城恒久不变的标志，这穹顶与棉花贸易同步成长，一道壮大。棉花的利润被用来进一步促进该地区的产业化。运河得以开凿，铁路得以铺建，原材料和煤炭运往工厂，制成品则运往附近的利物浦港。支撑起规模庞大的制造业需要多种技能，因而对工程师、机械师、建筑工人、化学家和工匠的需求不断增加，同时，制造业所提供的产品和服务也多种多样，比如染料、漂白剂、铸铁作坊、金属制品厂、玻璃制造、造船和铁路设施建造等。

尽管英国在 1807 年立法废除奴隶贸易，但在从美国南部进口奴隶种植的棉花方面，工业家们丝毫没有犹豫。从 1825 年到 1873 年期间，英国进口规模最大的商品就是来自埃及和印度等其他产棉国以及美国的原棉，但在第一次世界大战期间，原棉供应被切断，棉花加工量下降。自此，英国的棉花工业从未恢复到鼎盛时期的规模，因为棉花种植国安装了更多的现代化机器，能够使用更廉价的当地劳动力，从而成为棉织物的重要生产国和重要消费国。

蔗糖贸易为工业革命提供了原始资本，但 19 世纪英国的繁荣主要植根于对棉花的需求。棉织品不但价格便宜，而且穿着舒适，是制作服装和家居饰品的理想选择。棉花纤维与其他纤维混纺也完全不存在问题，并且易于清洗和缝纫。棉制品迅速取代了价格更高昂的亚麻制品，成为普罗大众的首选。欧洲，特别是英国对原棉需求的巨大增长，导致了美国奴隶制的极大扩张。当时的棉花种植需要大量劳动力，农业机械化、杀虫剂和除草剂要等到很久之后才会出现，棉花种植园所能依靠的是奴隶提供的人力劳动。据估计，1840 年美国的奴隶人口约为 150 万。仅仅 20 年后，当原棉出口占美国出口总值的 2/3 时，奴隶人口的数量就激增到了 400 万。

纤维素——一种结构多糖

与其他植物纤维一样，棉花中的纤维素含量超过了 90%，纤维素是一种葡萄糖聚合物，也是植物细胞壁的主要成分。“聚合物”（polymer）这个词通常会让人联想到合成纤维和塑料，但实际上天然存在的聚合物也不少。polymer 这个词来自两个希腊词，poly 意为“许多”，meros 意为“部分”或“单元”，由此可知聚合物是许多单元结合而成的。葡萄糖的聚合物也称为多糖，根据多糖在细胞中所承担的功能，可以分为结构多糖和贮存多糖。纤维素这样的结构多糖能起到支持有机体的作用，贮存多糖则可以把葡萄糖储存起来，以备不时之需。结构多糖的单元是 β－葡萄糖；贮存多糖的单元是 α－葡萄糖。我们在第三章已经提到过，β 指的是葡萄糖环 1 号碳原子的上方连接着羟基，而 α 指的是葡萄糖环 1 号碳原子的下方连接着 OH 基团。

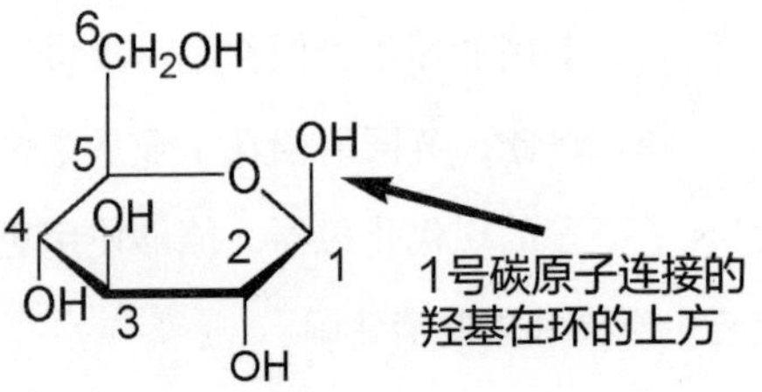

1号碳原子连接的羟基在环的上方

β－葡萄糖结构图

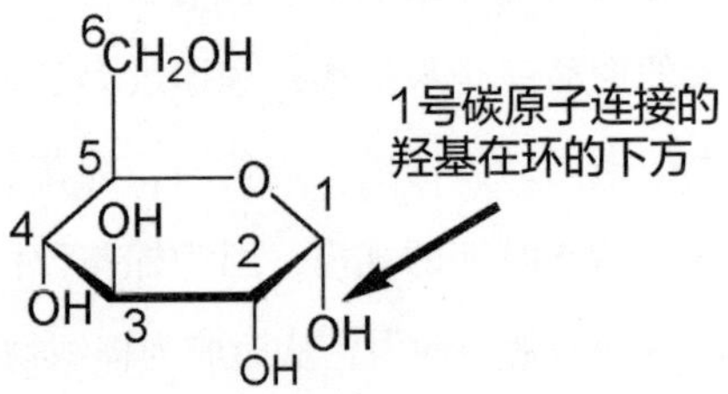

1号碳原子连接的羟基在环的下方

α－葡萄糖结构图

α－葡萄糖和 β－葡萄糖之间的差异看起来虽然不大，但每种葡萄糖衍生出的各种多糖的功能和作用大相径庭，根源就在于这种差异：在环的上方，就是结构多糖，在环的下方，就是贮存多糖。一个分子在结构上的微小变化就能对化合物的性质产生如此深远的影响，这种情形在化学中屡见不鲜，葡萄糖的 α 和 β 聚合物极好地阐明了这一观点。

在结构多糖和贮存多糖中，葡萄糖单元通过一个葡萄糖分子上的 1 号碳原子和相邻的葡萄糖分子上的 4 号碳原子彼此连接。这种连接是通过脱掉 1 个水分子（1 个葡萄糖分子脱掉氢原子，另一个葡萄糖分子脱掉羟基）实现的。这个过程称为缩合，以这种方式形成的聚合物称为缩合聚合物。

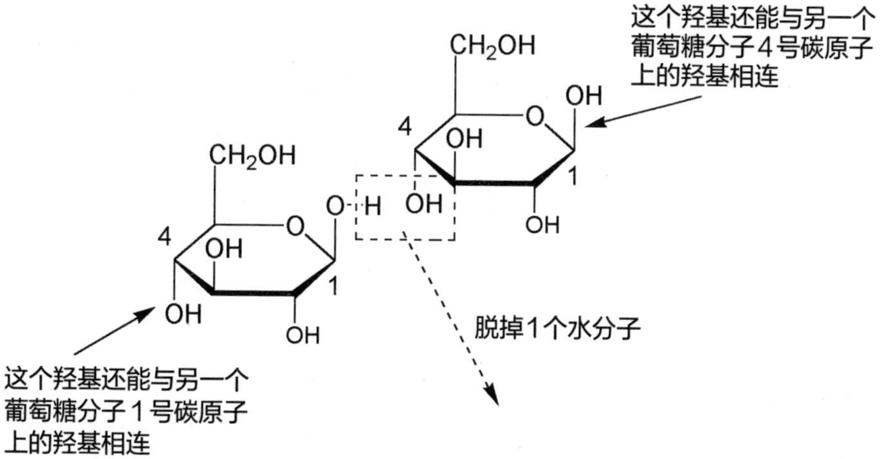

两个β－葡萄糖分子缩合。每个分子都能在另一端再次重复这一过程

葡萄糖分子的每一端都能通过缩合与另一个葡萄糖分子相连，形成葡萄糖链，未脱掉的羟基分布在链的外侧。

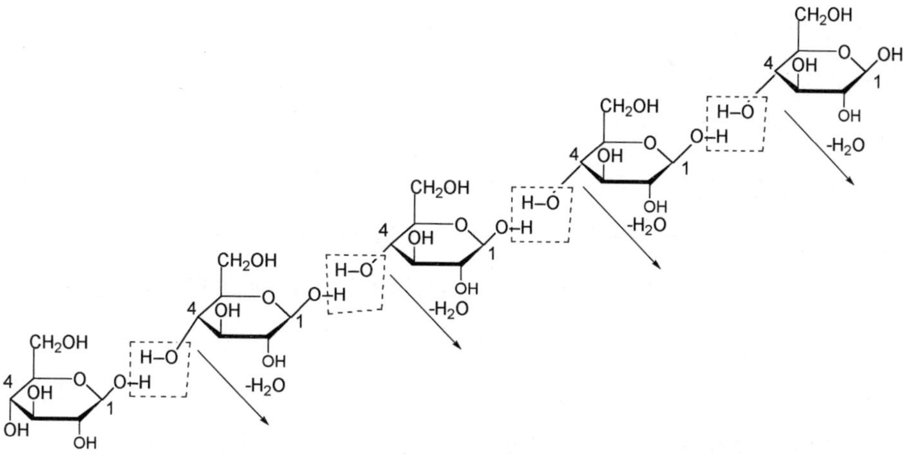

一个β－葡萄糖分子的1号碳原子与下一个β－葡萄糖分子的4号碳原子脱掉1个H_2O分子，形成葡萄糖长链聚合物。本图显示了5个β－葡萄糖单元

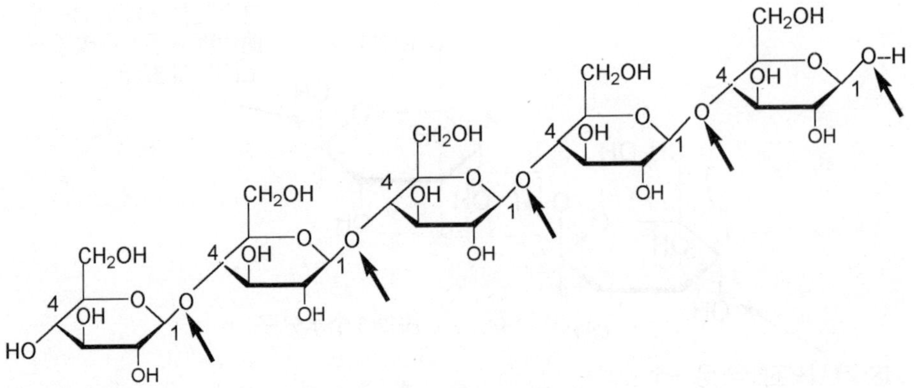

葡萄糖长链片段的结构。每个1号碳原子连接的氧原子（如箭头所示）都是β结构，也就是说，氧原子在左侧环的上方

棉花能够成为一种理想的织物，要归功于它与生俱来的一些特质，而其中很多特质都与纤维素的独特结构有关。纤维素长链紧紧地结合在一起，形成坚硬的不溶性纤维，植物的细胞壁就是由这种纤维构成的。在确定物质的物理结构时，通常要用到X射线和电子显微镜，分析发现，纤维素链并排排列成束。β连接为结构赋予形状，使纤维素链能足够紧密地结合在一起，形成这些束，这些束随后又扭结在一起，形成肉眼可见的纤维。纤维素链束的外层是没有参与形成长纤维素链的羟基，这些羟基可以吸引水分子。因此，纤维素能吸收水分，这也是棉花和其他纤维素产品吸水性特别好的原因。“棉花会呼吸”的说法与空气流通无关，而完全是棉花吸水能力的体现。在炎热的天气里，身体的汗水在蒸发过程中会被棉质衣料吸收，让身体的温度降下来。尼龙或聚酯材质的衣服不吸收水分，所以汗水不会被“吸走”，潮湿感会让人很不舒服。

另一种结构多糖是几丁质，这是纤维素的一种变体，存在于螃蟹、虾和龙虾等甲壳类动物的外壳中。几丁质和纤维素一样，是一种β-多糖。几丁质与纤维素的不同之处仅在于，每个β-葡萄糖单元的2号碳原子位置上，其中的羟基被一个乙酰氨基（$—NHCOCH_3$）所取代。因此，这种结构性合物的每个单元都是一个乙酰氨基取代了2号碳原子上的羟基的葡萄糖分子。这种分子叫作N-乙酰氨基葡萄糖。我知道，这个名字看上去颇让人提不起兴趣，但对患有关节炎或其他关节疾病的人士来说，这个名字可能已经烂熟于心了。N-乙酰氨基

纤维素的聚集地——棉田

几丁质结构的一部分。纤维素2号碳原子上的羟基被乙酰氨基所取代

葡萄糖及其密切相关的衍生物氨基葡萄糖，都是由甲壳类动物的外壳制成的，大大缓解了许多关节炎患者的病痛。

尽管植物界有数以十亿计的葡萄糖单元以纤维素的形式存在，但因人类和所有其他哺乳动物体内没有分解这些结构多糖中 β 链所需的消化酶，也就不能将其作为食物来源。但是，有一些细菌和原生动物却拥有分解 β 链所需的酶，因此能够将纤维素分解成葡萄糖分子。有些动物的消化系统中有临时储存区，在储存区中就活跃着这类可以分解纤维素微生物，这些动物就能以这种方式获得营养。举例来说，马有盲肠，也就是小肠和大肠交界处连接的囊状袋，就可以进行这样的活动。反刍动物，包括牛和羊，有一个四室胃，其中一个室就寄生着这种细菌。这类动物还会定期反刍，不断咀嚼自己的反刍物，这是其消化系统做出的另一种适应性调整，目的是要获取更多的 β 链酶。

对兔子和其他一些啮齿动物来说，这些必不可少的细菌寄生在大肠中。由于小肠是吸收大部分营养物质的地方，而大肠在小肠之后，这些动物通过吃粪便获得了分解 β 链的产物。当营养物质第二次通过消化道时，小肠就能够吸收第一次通过消化道的纤维素所释放出的葡萄糖单元。在我们看来，用这种方法来解决羟基指向性的问题，未免太重口味了，但对这些啮齿类动物来说，这个办法非常有效。一些昆虫，比如白蚁、木匠蚁和其他吃木头的害虫，体内都有某种微生物，使得它们能够以纤维素为食，而对人类的住宅和各种建筑来说，这有时会产生灾难性后果。尽管我们无法代谢纤维素，但它在我们的日常饮食中仍然非常重要。比如能够促进消化道废物移动的植物纤维，就包含着纤维素，以及其他难以消化的物质。

贮存多糖

尽管我们人类体内没有分解 β 链所需的酶，却有一种消化酶可以分解 α 链。α 链多存在于贮存多糖、淀粉和糖原中。我们从日常饮食中摄入的葡萄糖，很大一部分就来自淀粉，许多植物的根部、块茎和种子中都含有淀粉。淀粉是由两种略微不同的多糖分子组成的，这两种分子都是 α – 葡萄糖单元的聚合物。20% 至 30% 的淀粉是由直链淀粉构成的，直链淀粉由几千个葡萄糖单元相连而成（一个葡萄糖单元的 4 号碳原子与下一个的葡萄糖单元的 1 号碳原子连在一起），没有支链。直链淀粉和纤维素之间的唯一区别在于，直链淀粉是 α – 葡萄糖连在一起形成的，而纤维素则是 β – 葡萄糖连在一起形成的。然而，纤维素和直链淀粉这两种多糖的作用却大相径庭。

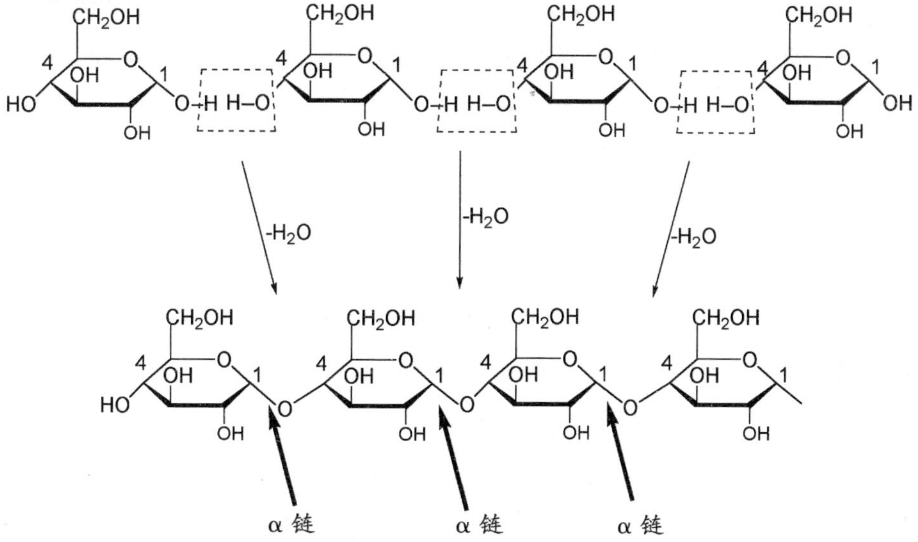

α－葡萄糖单元脱去H_2O后形成的直链淀粉的一部分

另外，70%至80%的淀粉是由支链淀粉构成的。这种淀粉也是α－葡萄糖单元通过1号碳原子与4号碳原子相连形成的长链，但支链淀粉有分支，一个葡萄糖单元的1号碳原子会与另外一个葡萄糖单元的6号碳原子交叉相连，这种情形每隔20到25个葡萄糖单元就会出现。支链淀粉长链中往往含有多达100万个葡萄糖单元，因此成为我们在自然界中发现的最大分子之一。

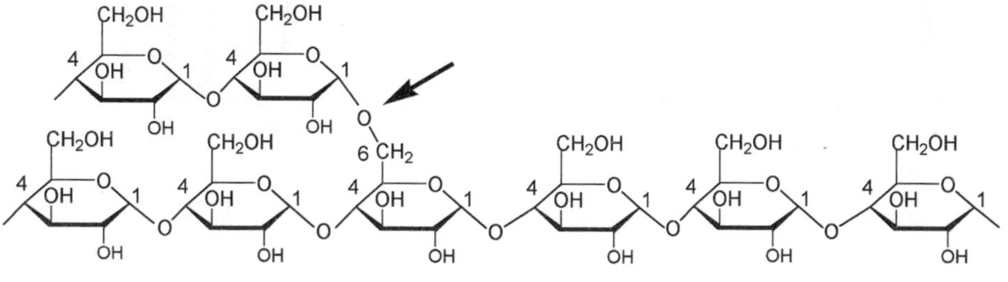

支链淀粉结构的一部分。箭头标示的是1号碳原子与6号碳原子交叉相连

淀粉中的α链除了能够被人类消化外，还有其他一些重要特性。直链淀粉和支链淀粉的链形成螺旋状，而不是纤维素那种紧密排列的线性结构。当水分子有足够的能量时，就能够渗透到较开放的螺旋线圈中；因此淀粉可溶于水，而纤维素则不溶于水。所有厨师都知道，淀粉的水溶性与温度之间存在强相关

关系。如果加热淀粉和水的悬浮液，淀粉颗粒吸收的水会越来越多，到了某一温度，淀粉分子就会打开，呈网格状分布在溶液中，这就是所谓的凝胶。浑浊的悬浮液随后变得澄清，混合物开始变稠。因此，厨师们使用淀粉源，如面粉、木薯和玉米淀粉，来让酱汁变得更浓稠。

动物的贮存多糖是糖原，主要在肝细胞和骨骼肌细胞中形成。糖原与支链淀粉非常相似，但支链淀粉每隔 20 或 25 个葡萄糖单元才有一个 1 号碳原子与 6 号碳原子交叉连接，而糖原每隔 10 个葡萄糖单元就会产生交叉连接。由此产生的分子是高度分支化的。对动物来说，这产生了一个非常重要的后果。一条没有分支的链只有两个端点，但在葡萄糖单元总数相同的情况下，一条高度分支化的链则有大量的端点。在动物急需能量时，许多葡萄糖单元可以同时从这些端点移除。与动物不同的是，植物不需要瞬间的能量爆发来逃避捕食者或追逐猎物，所以通过分支化程度较低的支链淀粉或是无分支的直链淀粉来储存能量就足以满足代谢需求了。植物和动物之间存在诸多基本差异，其中之一就源自这种化学方面细微的差异（只关乎交叉连接的数量，不关乎类型）。

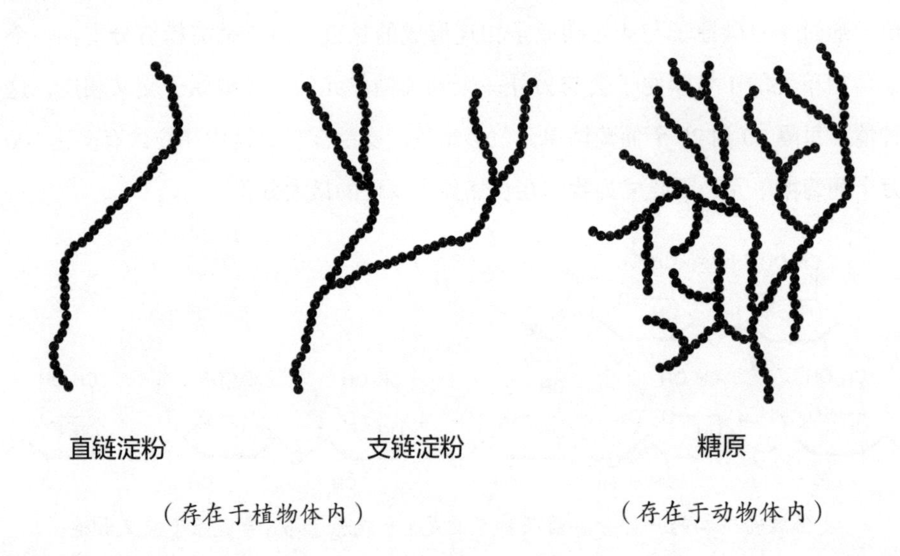

纤维素与大爆炸

放眼全球，虽然贮存多糖数量极为庞大，但结构多糖——纤维素的数量更多。有人通过统计得出结论，全球大约一半的有机碳以纤维素的形式存在。据估计，每年有 10^{14} 千克（约 1000 亿吨）的纤维素被生物合成及降解。作为一种资源，纤维素不仅极为丰富，而且可以再生，因此，化学家和企业家长期以来都在思考，如何利用纤维素这种廉价且易得的起始材料创造出新产品。

到 19 世纪 30 年代，人们发现纤维素可以溶解于浓硝酸，而且这种溶液倒入水中会形成一种高度易燃易爆的白色粉末。不过，这种化合物的商业化要等到 1845 年，瑞士巴塞尔的弗里德里希·尚班（Friedrich Schönbein）做出一项发现。当时，尚班正不顾妻子的反对，在家中厨房里用硝酸和硫酸的混合物做实验，本来妻子是严禁他在住所进行这种活动的，个中理由不难理解。这一天，他的妻子不在家，尚班失手打翻了一些硝酸和硫酸混合物。急于收拾烂摊子的尚班随手拿起一件东西——妻子的棉围裙。他把溅出来的液体擦抹干净，然后把围裙挂在炉子上方晾干。没过多久，伴随着一声巨响和一道强烈的闪光，围裙爆炸了。尚班的妻子回家后发现丈夫居然又在厨房进行棉花和硝酸混合物的实验，她的反应如何，没有留下记录。不过，尚班对这种材料的称呼却保留了下来：枪棉。棉花中纤维素的含量达 90%，我们现在知道，尚班所称的枪棉是硝化纤维素，是硝基（$—NO_2$）取代了纤维素分子上若干位置的羟基中的氢原子后形成的化合物。并非所有这些位置的羟基都需要硝化，但纤维素的硝化程度越高，枪棉的爆炸性就越强。

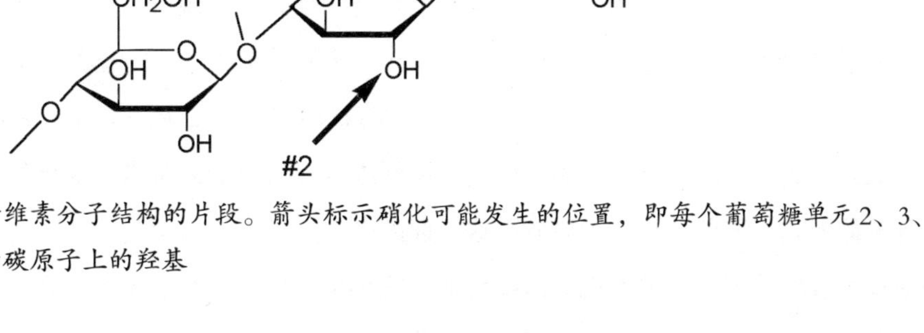

纤维素分子结构的片段。箭头标示硝化可能发生的位置，即每个葡萄糖单元2、3、6号碳原子上的羟基

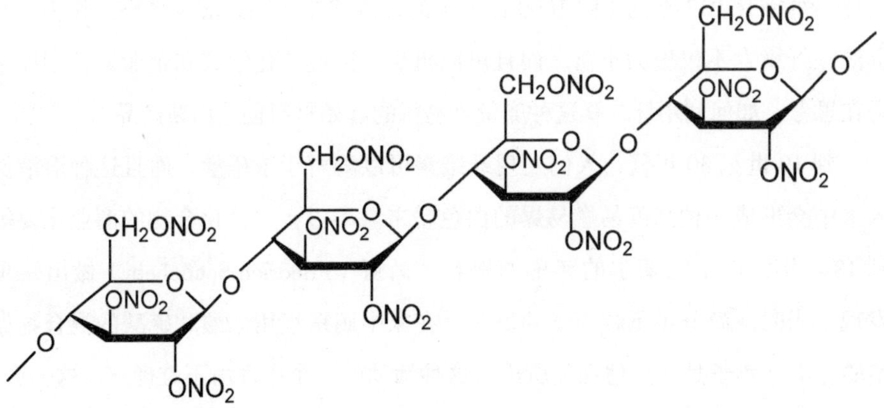

硝化纤维素结构的片段。每个葡萄糖单元可能被硝化的位置上的氢原子都被硝基取代了

意识到这项发现可能带来的利润之后，尚班建起了生产硝化纤维素的工厂，希望这种产品能够替代火药。但硝化纤维素是一种极危险的化合物，必须保持干燥，操作的时候也要极为小心。当时，人们并不了解残留的硝酸对这种材料会产生怎样的作用，因此，有几家工厂发生事故，被剧烈的爆炸摧毁，尚班的生意也因此宣告终结。直到 19 世纪 60 年代后期，人们才发现了行之有效的洗涤方法，除去残留的硝酸，这种化合物才足够稳定，可用作商业炸药。

后来，人们对硝化过程加以控制，生产出了不同的硝化纤维素，包括含硝量较高的枪棉，以及含硝量较低的火棉胶和赛璐珞等材料。火棉胶是硝化纤维素与酒精和水混合后形成的，在早期广泛用于摄影。赛璐珞是硝化纤维素与樟脑混合形成的，是最早获得成功的塑料制品之一，最初用作电影胶片。醋酸纤维素是另一种纤维素衍生物，人们发现醋酸纤维素不像硝化纤维素那么易燃，于是迅速在很多场合用醋酸纤维素取而代之。今天市场规模巨大的两个产业——摄影业和电影业之所以能够出现，都要归功于纤维素分子的化学结构。

纤维素几乎不溶于所有溶剂，但溶于一种有机溶剂——二硫化碳的碱性溶液，从而形成一种纤维素衍生物，即黄原酸纤维素，黄原酸纤维素呈黏稠的胶状分散体形式，因此获得了“黏胶”这一商品名。将黏胶挤压穿过小孔，产生的细丝经过酸处理，纤维素就会以细线的形式再生，用这种细线织成的面料在商业上称为人造丝。如果让黏胶通过一个狭窄的缝隙，就会产生玻璃纸。人造丝和玻璃纸通常被认为是合成织品，但其实并不完全是人造的，因为这两种材料只是天然存在的纤维素不同形式的衍生物而已。

葡萄糖的 α 聚合物（淀粉）和 β 聚合物（纤维素）都是我们日常饮食的重要组成部分，因此在人类社会中曾经扮演——并将一直扮演——不可或缺的角色。但真正创造了历史上里程碑的，却是纤维素及其各种衍生物的非饮食用途。纤维素——以棉花这种形式——是 19 世纪最具影响力的两个事件的导火索：工业革命和美国内战。棉花是工业革命的重要推动力，促使大量农村人口流向城市继而实现了城市化；它加速了工业化进程，并催生了多项创新和发明；它引发了社会变革，促进社会繁荣，从而改变了英国的面貌。棉花造成了美国历史上最大的危机之一；奴隶制是美国内战中最重要的议题，北方各州要求废除奴隶制，而南方各州则要保留奴隶制——这些州的经济体系正是建立在奴隶种植的棉花之上。

硝化纤维素（枪棉）是人类最早制造的具有爆炸性的有机分子之一，它的发现标志着许多现代产业的开端：炸药、摄影和电影业，这些产业最初都建基在各种硝化纤维素之上。在过去的一个世纪里，肇始于人造丝——另一种形式的纤维素——的合成纺织业在塑造经济的过程中发挥了重要作用。如果没有纤维素分子的这些应用，我们的世界将非常不同。

第五章

硝基化合物

尚班妻子的那件“爆炸围裙”并不意味着人类有史以来第一次制造出爆炸物分子，也不是最后一次。一旦化学反应发生得非常迅速，就有可能产生巨大的威力。为了产生爆炸反应，除了纤维素，人类还改变了很多分子的结构，探索它们的爆炸潜能。其中一些化合物给人类带来了巨大的利益，但也有一些化合物曾造成巨大的破坏。正因为具备爆炸特质，这些化合物才在世界历史上留下了难以磨灭的痕迹。

尽管炸药分子的结构差异很大，但大多数情况下这种分子都含有 1 个硝基（$—NO_2$）。1 个氮原子和 2 个氧原子，这种连接在适当位置的原子组合，极大提高了人类发动战争的能力，改变了许多国家的命运，并且使得人类终于具备了移山填海的能力。

火药——最早的炸药

火药（俗称黑火药）是人类发明的第一种爆炸性混合物，古代的中国人、阿拉伯人和印度人都曾使用过它。中国早期的文献就记有“火药”的表述。直到公元 1000 年初，火药的成分才得以记录下来，而即使在那时，也没有给出硝酸盐、硫黄和碳这些成分的实际比例。这里的硝酸盐（称为硝石或“中国雪”）是指硝酸钾，化学式为 KNO_3。火药中的碳来自木炭，因而火药呈现出黑色。

火药最初用于鞭炮和烟花，但到了11世纪中叶，人们开始用火药发射燃烧的物体，这种武器被称为火箭。1067年，当时中国的统治者决定由官府管控硫黄和硝石的生产。

我们无法确切知道火药何时到达欧洲。出生于英国并在牛津大学和巴黎大学接受过教育的方济各会修士罗杰·培根（Roger Bacon），曾在1260年左右记载了火药的信息，比马可·波罗带着中国火药的故事返回威尼斯要早上好几年。培根还是一名医师，对实验抱有浓厚的兴趣，对我们现在所称的天文学、化学和物理学等方面的知识都有着广泛的涉猎。他还通晓阿拉伯语，而且他很有可能是从游牧民族萨拉森人那里知道了火药的事；萨拉森人当时充当着东西方沟通的中介。培根肯定已经知道了火药的破坏性威力，因为他在描述火药的成分时使用了密语，必须先破译才能揭示出各成分的比例：7份硝石、5份木炭和5份硫黄。在之后650年的时间里，没人能解开他的谜题，直到后来一名英国陆军上校破译了密语。当然，那时人们已经使用火药好几个世纪了。

现今的火药成分已经有所不同，与培根所记载的配方相比，硝石含量更高。火药爆炸的化学反应可用如下方程式表示：

$$4KNO_{3(s)} + 7C_{(s)} + S_{(s)} \rightarrow 3CO_{2(g)} + 3CO_{(g)} + 2N_{2(g)} + K_2CO_{3(s)} + K_2S_{(s)}$$

硝酸钾　碳　硫　二氧化碳　一氧化碳　氮气　碳酸钾　硫化钾

通过这个化学方程式，我们可以看出反应物以及生成物的比例。图示所标（s）表示该物质是固体，（g）表示气体。我们可以从方程式中看到，所有的反应物都是固体，生成物中则包括8个气体分子：3个二氧化碳、3个一氧化碳和2个氮气。正是火药快速燃烧所产生的高温且迅速膨胀的气体，推动了炮弹或子弹高速前进。反应得到的固体碳酸钾和硫化钾会分散成微小的颗粒，形成火药爆炸时特有的浓烈烟雾。

火铳被认为是人类制造出来的最早的火器，时间大约在1300年至1325年期间，基本来说，火铳就是一个铁管，里面装满火药，点火的方式是插入一根烧得红热的金属丝。随着更先进的火器（火绳枪、燧发枪、簧轮枪）的出现，对火药燃烧速度的需求也越发突出。对随身的手枪来说，火药燃烧的速度要快；对步枪而言，火药需燃烧得慢一点儿才好；如果是加农炮或者火箭，那燃烧速度还要更慢。人们用酒精和水的混合物来生产结块的火药，这种火药块经碾碎并过筛后可以得到细、中、粗三种粒度的粉末。粉末越细，燃烧越快，这样一来就可以制造出适合各种用途的火药。在火药作坊里，用于生产火药的水通常会被工人的尿代替；人们认为，用酒鬼的尿制造出来的火药威力特别强。神职人员的尿——尤其是主教的尿——也被认为能生产出品质上佳的火药。

爆炸化学

爆炸反应会产生气体，而反应热又会让气体快速膨胀，这是炸药具有爆炸性的内在原因。在分子数量差不多的情况下，气体的体积要比固体或液体大得多。爆炸的破坏力就来自气体形成时体积迅速膨胀而引起的冲击波。火药冲击波的速度约为 100 米 / 秒，但对高性能炸药（例如 TNT 或硝化甘油）来说，冲击波的速度最高可达 6000 米 / 秒。

所有爆炸反应都会释放大量的热，这种反应称作高度放热反应。大量的热使得气体的体积急速膨胀——温度越高，气体的体积就越大。热量来自爆炸反应方程式两侧分子之间的能量差。与起始分子（方程式左侧）相比，产生的分子（方程式右侧）的化学键中所束缚的能量更少。反应所产生的化合物更加稳定。在硝基化合物的爆炸反应中，会形成极其稳定的氮气（N_2）分子。氮气分子之所以稳定，是因为将 2 个氮原子连在一起的三键的强度非常高。

$$N \equiv N$$

氮气分子的结构

这个三键强度非常高，也就意味着要打破这个键需要大量能量。相反，在氮气分子的三键形成时，会释放出大量能量，而这恰恰是爆炸反应所需要的。

除了产生热量和气体，爆炸反应的第三个重要性质，就是反应必须非常迅速。如果爆炸反应缓慢发生，产生的热量就会消散，气体就会扩散到周围的环境中，而不会出现爆炸所特有的压力剧增、破坏性冲击波和高温。这种反应所需的氧气必须来自正在爆炸的分子，而不能来自空气，因为空气中的氧气无法迅速参与到爆炸反应中来。这就是为什么硝基化合物（氮和氧结合在一起）通常具有爆炸性，而其他同时含有氮和氧但这两种原子没有结合在一起的化合物却不具有爆炸性。

这可以用同分异构体来说明。所谓同分异构体，是指分子式相同但结构不同的化合物。对硝基甲苯和对氨基苯甲酸都有 7 个碳原子、7 个氢原子、1 个氮原子和 2 个氧原子，化学式同为 $C_7H_7NO_2$，但在这两种化合物中，原子的排列方式存在差异。

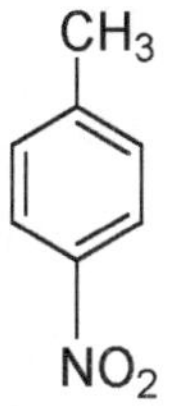

CH_3 $COOH$

NO_2 NH_2

对硝基甲苯 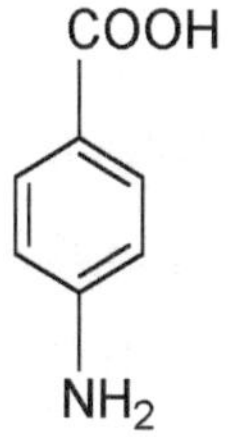 对氨基苯甲酸

对硝基甲苯（这里的“对”字意味着 CH_3 和 NO_3 基团连接在该分子位置相对的两端）非常易爆，而对氨基苯甲酸则完全没有爆炸性。事实上，在夏季你可能还曾往皮肤上涂抹过这种分子；对氨基苯甲酸就是 PABA，是许多防晒品的活性成分。像 PABA 这样的化合物能吸收某些波长的紫外线，而研究发现这类紫外线对皮肤细胞的损伤最大。吸收特定波长的紫外线取决于化合物中是否存在单双键交替的排列，键上可能还连有氧原子和氮原子。这种交替出现的键的数量或原子数量的变化会改变吸收的波长。能够吸收特定波长的其他化合物也可以用作防晒剂，前提是不容易被水洗掉，没有毒性，也不易引发过敏反应，没有令人不愉快的气味或味道，而且在阳光下不会分解。

硝化分子的爆炸威力取决于硝基的数量。硝基甲苯只有 1 个硝基，经过进一步硝化可以增加硝基的数量，产生二硝基甲苯或三硝基甲苯。虽然硝基甲苯和二硝基甲苯都具爆炸性，但威力与高爆炸性的三硝基甲苯（TNT）完全不可同日而语。

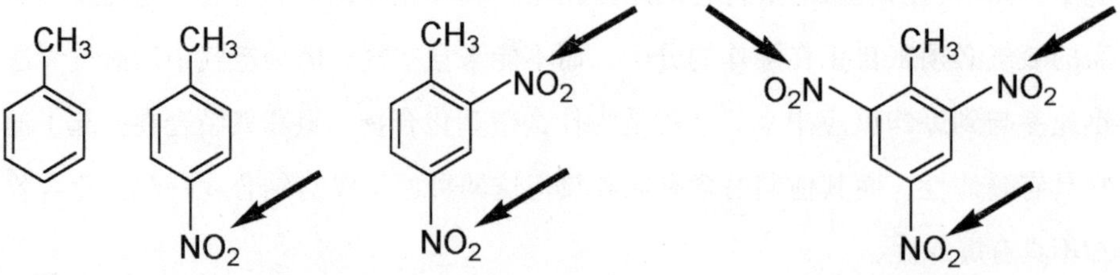

甲苯　硝基甲苯　二硝基甲苯　三硝基甲苯（TNT）

硝基基团用箭头标出

19 世纪，炸药研究领域取得进展，当时的化学家们开始研究硝酸对有机化合物的影响。就在尚班“爆炸围裙”实验事件发生的几年后，来自都灵的意大利化学家阿斯卡尼奥·索布雷洛（Ascanio Sobrero）制备了另一种高爆炸性硝基分子。索布雷洛一直在研究硝酸对其他有机化合物的影响。他将甘油（很容易从动物脂肪中获得）滴入冷却的硫酸和硝酸混合液中，并将所得混合物倒入水中，由此分离出一层油性的东西，现在称为硝酸甘油。他做了一个当时很正常但在今天看来却不可思议的操作：他品尝了这种新化合物，并记录了自己的感受，“取极少量放在舌上，但未吞下，产生了非常剧烈的搏动性头痛，同时四肢极度虚弱”。

后来，由于炸药生产行业的工人常常患有严重的头痛，研究人员进行了调查，发现头痛的原因是工人在作业时直接接触了硝酸甘油，从而导致血管扩张。这一发现的结果是硝酸甘油后来被用于治疗心绞痛。

$$\begin{array}{l} CH_2-OH \\ CH-OH \\ CH_2-OH \end{array} \qquad \begin{array}{l} CH_2-O-NO_2 \\ CH-O-NO_2 \\ CH_2-O-NO_2 \end{array}$$

甘油　硝酸甘油

对心绞痛患者来说，在使用硝酸甘油后，为心肌供血的血管会从收缩变为扩张，带来足够的血液流输，而且能缓解疼痛。我们现在知道，硝酸甘油在人体内会释放一种简单的分子——一氧化氮（NO），它会产生扩张效果。对一氧化氮这方面的研究导致了抗阳痿药物万艾可（Viagra）的发明，因为万艾可的功效也依赖于一氧化氮的血管扩张作用。

一氧化氮的其他生理作用还包括维持血压，充当信使分子在细胞之间传递信号，建立长期记忆，以及帮助消化。人们根据相关研究开发出了治疗新生儿高血压以及治疗休克的药物。1998 年的诺贝尔医学奖被授予罗伯特 · F. 佛契哥特（Robert F.Furchgott）、路易 · 伊格纳罗（Louis Ignarro）和费瑞 · 慕拉德（Ferid Murad），以表彰他们发现了一氧化氮在人体内发挥的作用。然而，化学界从不缺少充满反讽意味的转折。通过硝酸甘油积累了大量财富——这些财富后来被用于设立诺贝尔奖——的阿尔弗雷德 · 诺贝尔本人却拒绝服用硝酸甘油，因为在他看来，硝酸甘油只会导致头痛，而不会对心脏病引起的胸痛有什么治疗作用。

$$4C_3H_5N_3O_{9(l)} \longrightarrow 6N_{2(g)} + 12CO_{2(g)} + 10H_2O_{(g)} + O_{2(g)}$$

硝酸甘油　　　　氮气　　二氧化碳　　水　　氧气

硝化甘油分子极不稳定，在加热或用锤子敲击时会发生爆炸。爆炸反应会产生迅速膨胀的气体云和大量的热。火药爆炸产生的冲击波能在千分之一秒内产生 6000 个大气压的压强，而相比之下，同样数量的硝酸甘油能在数百万分之一秒的时间内产生 270 000 个大气压的压强。火药处理起来相对安全，但硝酸甘油却非常不可控，可能因受冲击或加热而自发爆炸。我们需要用安全可靠的方法来处理和引爆硝酸甘油这种爆炸物。

诺贝尔与安全炸药

1833 年出生于斯德哥尔摩的阿尔弗雷德 · 贝恩哈德 · 诺贝尔（Alfred Bernhard Nobel）曾设想过这样的爆炸场景：用极少量的火药来引爆硝酸甘油，制造规模更大的爆炸，而不是用导火索，因为导火索只能让硝酸甘油缓慢燃烧。这是一个了不起的想法，而且行之有效，直到今天这个理念仍然被用于采矿和建筑业中许多常规的爆破作业中。然而，尽管“制造出想要的爆炸”这个问题得以解决，诺贝尔仍然要面对这样一个问题：如何防止不想要的爆炸。

诺贝尔家族有一家制造和销售炸药的工厂，到 1864 年已经开始制造商用的硝酸甘油，用于隧道开掘和矿井爆破等领域。同年 9 月，他们在斯德哥尔摩的一个实验室发生爆炸，造成 5 人死亡，其中包括阿尔弗雷德·诺贝尔的弟弟埃米尔。虽然造成这起事故的原因一直都没有调查清楚，但斯德哥尔摩的官员禁止了硝酸甘油的生产。诺贝尔不甘就此放弃，在浮筒船上建造了一间新实验室，并将船停泊在斯德哥尔摩市区外的梅拉伦湖。人们逐渐发现，相比于威力小得多的火药，硝酸甘油的确更具优势，对这种化合物的需求迅速增加。到 1868 年，诺贝尔已经在欧洲的 11 个国家开设了炸药制造厂，甚至还扩张到了美国，在旧金山设立了一家公司。

硝酸甘油往往会被制造过程中所使用的酸污染，而且容易慢慢分解。硝酸甘油是装在锌罐中运输的，而分解产生的气体会让锌罐的塞子突然爆开。此外，不纯的硝酸甘油中的酸会腐蚀锌罐，导致泄漏。诸如锯末之类的包装材料会被用来隔绝锌罐，并吸收泄漏或溢出的硝酸甘油，但这种程度的预防措施是不够的，也根本无法提高安全性。无知以及错误的知识往往会导致可怕的事故。处置不当的情况很常见。在一个案例中，液体硝酸甘油甚至被用作运输这种爆炸品的手推车车轮的润滑剂，并因此造成了灾难性后果。1866 年，一批硝酸甘油在旧金山的富国银行仓库被引爆，导致 14 人死亡。同年，一艘 1.7 万吨重的蒸汽船“欧洲号”在巴拿马的大西洋海岸卸载硝酸甘油时发生爆炸，造成 47 人死亡，损失超过 100 万美元。同样在 1866 年，德国和挪威的硝酸甘油工厂也发生了爆炸。世界各地的政府部门开始关注这件事。尽管全世界对这种威力惊人的炸药的需求在不断增加，法国和比利时仍实施了硝酸甘油禁令，其他国家也曾提议采取类似措施。

诺贝尔开始寻找既能让硝酸甘油稳定下来，又不减损其威力的方法。固体化看起来是一个直截了当的方法，因此他开始进行实验，把硝酸甘油油性液体与锯末、水泥和木炭粉等中性固体混合。人们一直在猜测，我们现在所知的“黄色炸药”到底是像诺贝尔声称的是按部就班的科学探索所得出的结果，还是一次妙手偶得的发现？即使这一发现纯属偶然，诺贝尔也毫无疑问是个非常敏锐的人，他能够意识到，硅藻土不仅能吸收溢出的液态硝酸甘油，还能保持自身多孔的特性；硅藻土是一种天然粉末状硅质材料，有时被用来代替锯末当作包装材料。硅藻土由微小的海洋动物的遗骸堆积而成，还有许多其他用途，比如在炼糖厂用作助滤剂，也可以用作绝缘材料，还能给金属抛光。进一步的测试表明，将液态硝酸甘油与大约 1/3 体量的硅藻土混合在一起，能形成一种具有腻子般一致性的可塑团状物。硅藻土稀释了硝酸甘油；硝酸甘油颗粒彼此分离，也能降低分解速度。现在，人们已经可以控制爆炸效果了。

诺贝尔将硝酸甘油与硅藻土的混合物命名为“dynamite”，也就是黄色炸药，该词来源于希腊语的 dynamis，意思是“力量”。黄色炸药可以塑造成人们所需的任何形状或尺寸，不容易分解，也不会意外爆炸。到 1867 年，诺贝尔公司（Nobel and Company）——这个家族企业现在仍沿用着这个名字——开始销售黄色炸药，并且申请了专利，名为“诺贝尔安全炸药”。很快，世界各国都建起了诺贝尔炸药厂，诺贝尔家族自此生意兴隆、财源滚滚。

阿尔弗雷德·诺贝尔是军火制造商，同时也是和平主义者，表面看来，这两个身份之间存在着矛盾，恰如诺贝尔的整个人生都充满着矛盾。他幼时体弱多病，人们甚至担心他无法活到成年，但他比父母和兄弟都更长寿。在众人眼里，他性格腼腆、极其善解人意、对工作痴迷、疑心重、孤僻、乐善好施，这些特质不免有自相矛盾之处。诺贝尔坚信，发明一种真正可怕的武器可能会起到威慑作用，为世界带来持久的和平，然而一个多世纪过去了，在人类拥有多种真正可怕的武器的当下，这一愿望仍然没有实现。他于 1896 年辞世，死前仍独自一人在他位于意大利圣雷莫的家中的书桌前工作。他留下了巨大的财富，每年为化学、物理、医学、文学以及和平方面的研究提供奖金。1968 年，为纪念阿尔弗雷德·诺贝尔，瑞典中央银行设立了一个经济学奖项，虽然现在也被称为诺贝尔奖，但其实不在诺贝尔最初所设奖项之列。

战争与爆炸物

诺贝尔的发明无法用来发射弹丸，因为枪支承受不了黄色炸药巨大的爆炸力。但军方领导人仍希望有一种比火药威力更强的爆炸物，既不会产生黑烟，搬运处置也很安全，而且可以快速装填。从 19 世纪 80 年代初开始，各种硝化纤维素（枪棉）或硝化纤维素与硝酸甘油混合的配方曾被用于制作“无烟火药”，而且至今仍是枪支炸药的基础。加农炮和其他重型火炮则在发射火药的选择方面没有那么多限制。到第一次世界大战的时候，弹药的主要成分是苦味酸和三硝基甲苯。苦味酸是一种明亮的黄色固体，首次合成于1771年，最初用作丝绸和羊毛的人造染料。苦味酸是有3个硝基的苯酚分子，相对而言容易制造。

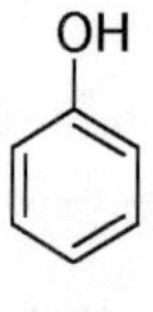

苯酚 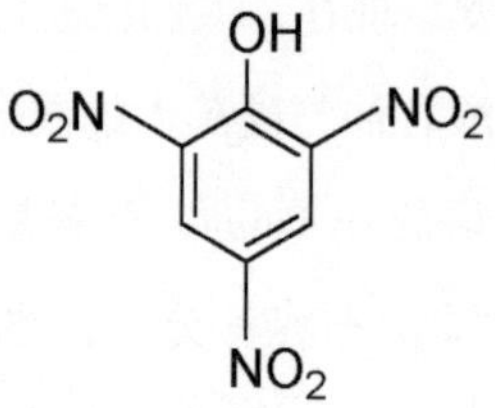　　苦味酸

1871年，人们发现，如果使用足够强力的引爆物，就能让苦味酸爆炸。1885年，法国人首次在炮弹中使用了苦味酸，之后英国人在1899—1902年的布尔战争中也使用了苦味酸。然而，受潮的苦味酸很难引爆，在雨天或潮湿的条件下会导致哑火。苦味酸呈酸性，会与金属发生反应，形成对冲击敏感的苦味酸盐。这种冲击敏感性会让炮弹在发生接触时爆炸，导致无法穿透厚装甲板。

三硝基甲苯（TNT）在化学结构上与苦味酸类似，更适合用作弹药。

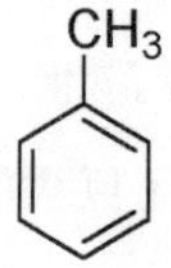

甲苯 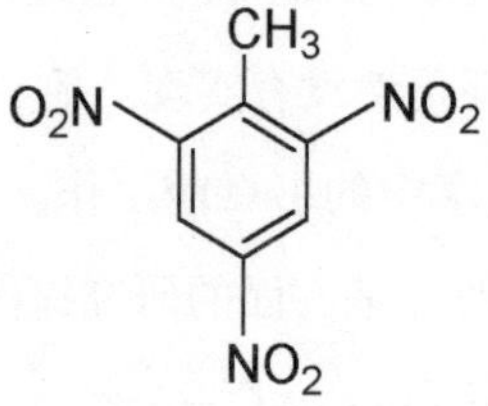　　三硝基甲苯 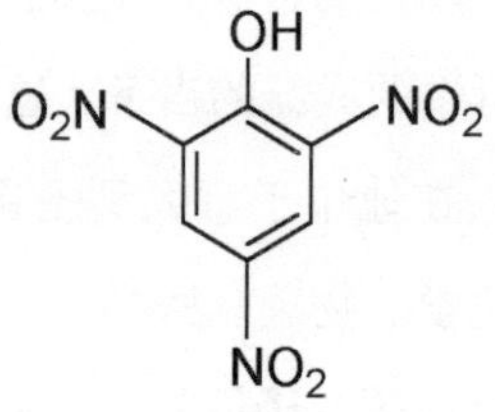　　苦味酸

TNT不是酸性的，不会受潮，而且熔点相对较低，所以很容易被熔化并装入炸弹和炮弹之中。由于比苦味酸更难引爆，TNT可以承受更大的冲击力，也就具备了更强的穿甲能力。在TNT中，氧相对于碳的比例比硝酸甘油低，因此其中的碳不能完全转化为二氧化碳，氢也不能转化为水。该反应可以表示为：

$$\underset{\text{TNT}}{2C_7H_5N_3O_{6(s)}} \longrightarrow \underset{\text{二氧化碳}}{6CO_{2(g)}} + \underset{\text{氢气}}{5H_{2(g)}} + \underset{\text{氮气}}{3N_{2(g)}} + \underset{\text{碳}}{8C_{(s)}}$$

该反应产生的碳会造成大量的烟雾，因此TNT爆炸时产生的烟雾要比硝酸甘油和枪棉爆炸时产生的烟雾更多。

第一次世界大战开始时，相较于使用苦味酸弹药的法国和英国，使用 TNT 弹药的德国拥有绝对优势。在这种情况下，英国不得不匆忙制订计划，开始生产 TNT，再加上从美国的制造厂运来的大量 TNT，英国也终于能够迅速开发出含有这种关键分子、质量相差无几的炮弹和炸弹。

另一种分子，氨（NH_3），在第一次世界大战期间变得更加不可或缺。氨虽然不是硝基化合物，却是制造硝酸（HNO_3）的起始材料，而制造炸药需要硝酸。硝酸可能很早就已经为人所知了。生活在公元 800 年左右的伟大的伊斯兰炼金术士贾比尔·伊本·哈扬（Jabir ibn Hayyan）应该知道硝酸，而且很可能已经通过加热硝石（硝酸钾）和硫酸亚铁（一种绿色晶体，当时被称为绿矾）来制造硝酸。这一反应会产生二氧化氮（NO_2）气体，二氧化氮注入水中就可以形成硝酸稀溶液。

硝酸盐在自然界中并不常见，因为这种化合物非常易溶于水，很容易消于无形。但是在智利北部极其干旱的沙漠中，过去两个世纪以来，人们一直在大量开采硝酸钠（也就是所称的智利硝石），用于直接制备硝酸。硝酸钠与硫酸一起加热，因为它的沸点比硫酸低，故产生的硝酸以气体形式存在。接下来就可以将硝酸气体浓缩并收集到冷却容器当中。

$$NaNO_{3(s)} + H_2SO_{4(l)} \longrightarrow NaHSO_{4(s)} + HNO_{3(g)}$$

硝酸钠　　硫酸　　硫酸氢钠　　硝酸

第一次世界大战期间，英国海军封锁了智利对德国的硝石供应线。硝酸盐是战略化学品，是制造炸药必不可少的原料，德国不得不寻找替代来源。

硝酸盐的储量虽然说不上丰富，但构成硝酸盐的两种元素——氮和氧在世界范围内大量存在，甚至可以说取之不尽。地球的大气层是由大约 20% 的氧气和 80% 的氮气组成。氧气（O_2）具有较强的化学活性，很容易与许多其他元素结合，但氮气（N_2）则是一种惰性气体。在 20 世纪初，“固氮”——通过化学方法令氮气与其他元素相结合，从而将其从大气中移除——的方法已经众所周知，但不够先进。

一段时期以来，德国化学家弗里茨·哈伯（Fritz Haber）一直在研究一种工艺，想要将空气中的氮气与氢气结合起来形成氨。

$$\underset{\text{氮气}}{N_{2(g)}} + \underset{\text{氢气}}{3H_{2(g)}} \longrightarrow \underset{\text{氨}}{2NH_{3(g)}}$$

对哈伯来说，利用惰性气体氮气已经不是什么难题，他采用的反应条件能够以尽可能低的成本产生大量氨气：高压、大约400℃至500℃的温度，而且氨气一旦形成就立刻收集。哈伯的工作主要是寻找一种催化剂，以提高原本特别缓慢的反应速度。他做这个实验的目的是要为化肥工业生产氨。当时，世界上2/3的化肥需求是由智利的硝石矿床来满足的；随着这些矿床的枯竭，需要另辟蹊径来合成氨。到1913年，世界上第一家合成氨工厂在德国建立，等到后来英国封锁了来自智利的硝酸盐供应线的时候，哈伯制氨法（直到现在这种工艺仍然称为哈伯法）就迅速扩展到其他工厂，所生产的氨不仅用于化肥，而且用于弹药和炸药生产。用哈伯法制成的氨再与氧气反应就可以形成二氧化氮，这是硝酸的前体。对德国来说，有了用于化肥的氨和用于制造爆炸性硝基化合物的硝酸，英国的封锁就不足为患了。从此之后，固氮就成为发动战争时需要考虑的一个重要因素。

1918年，诺贝尔化学奖被授予弗里茨·哈伯，以表彰他在合成氨方面所做的贡献，合成氨最终使得化肥产量大增，由此全球农业也就能养活更多的人口。该奖项甫一宣布，立即引发了一场抗议风暴，抗议的原因是，德国在第一次世界大战中曾发动毒气战，而弗里茨·哈伯参与了该行动。1915年4月，在比利时伊珀尔附近的3英里战线上，德军投放了桶装氯气。毒气导致5000人死亡，另有1万人因接触氯气以致肺部功能严重受损。在哈伯的领导下，毒气战计划还测试了一些新物质，包括芥子气和光气，这些物质后来被投入实战。从最终结果而言，毒气战并非战争胜负的决定性因素，但在他的许多同辈人眼中，尽管哈伯早前做出的伟大创新对世界农业至关重要，仍无法弥补毒气对成千上万人造成的可怕后果。许多科学家认为，在这种情况下将诺贝尔奖授予哈伯，无疑是对该奖项本身的嘲弄。

在哈伯看来，常规战争与毒气战之间几乎没有区别，这场风波让他不堪其扰。1933年，身为著名的威廉皇帝物理化学和电化学研究所（Kaiser Wilhelm Institute for Physical Chemistry and Electrochemistry）所长的哈伯接到来自纳粹德国政府的命令，要他解雇工作人员中的所有犹太人。哈伯拒绝了，在那个时代，这需要异乎寻常的勇气。他在辞职信中说："40多年来，我选择合作者从来都是依据他们的智力和性格，而不是他们的祖母，我认为这是一种非常好的办法，并且也不打算在余生中做出改变。”

如今，人们仍然在用哈伯法制氨，全世界每年的氨产量大约 1.4 亿吨，其中大部分用于生产硝酸铵（NH_4NO_3）。硝酸铵不仅可能是世界上最重要的化肥，在矿井爆破方面也有用武之地（使用的是 95% 的硝酸铵和 5% 的燃油的混合物）。爆炸反应会产生氧气以及氮气和水蒸气。氧气会令混合物中的燃油发生氧化反应，增强爆炸释放的能量。

$$\underset{\text{硝酸铵}}{2NH_4NO_{3(s)}} \longrightarrow \underset{\text{氮气}}{2N_{2(g)}} + \underset{\text{氧气}}{O_{2(g)}} + \underset{\text{水}}{4H_2O_{(g)}}$$

如果处置得当，硝酸铵可以说是一种非常安全的爆炸物，但由于安全程序不当或恐怖组织的蓄意引爆，硝酸铵也曾制造过一些灾难事件。1947 年，在得克萨斯州的得克萨斯城港口，一艘船的船舱起火，当时这艘船正在装载纸袋包装的硝酸铵化肥。为了阻止火势蔓延，船员关闭了舱门，不幸的是，这恰好满足了引爆硝酸铵所需的温度和压力条件，逾 500 人在随后发生的爆炸中丧生。20 世纪涉及恐怖分子使用硝酸铵炸弹造成的灾难，包括 1993 年纽约世贸中心爆炸事件以及 1995 年俄克拉何马城艾尔弗雷德·P. 默拉联邦大楼爆炸事件。

遗憾的是，较新近开发的一种炸药——季戊四醇四硝酸酯（缩写为 PETN）也因某些特点受到了恐怖分子的青睐，而正是因为这些特点，它在合法应用的时候非常有用。PETN 可以与橡胶混合，制成塑性炸药，塑性炸药可以压制成任何形状。PETN 的化学名称虽然相当复杂，但结构并不怎么复杂。它的化学性质与硝酸甘油相似，但有 5 个碳原子（硝酸甘油有 3 个），并且多了 1 个硝基。

$CH_2—O—\mathbf{NO_2}$
$H—C—O—\mathbf{NO_2}$
$CH_2—O—\mathbf{NO_2}$

$CH_2—O—\mathbf{NO_2}$
$\mathbf{O_2N}—OH—CH_2—C—CH_2—O—\mathbf{NO_2}$
$CH_2—O—\mathbf{NO_2}$

硝酸甘油（左）与季戊四醇四硝酸酯（右）。硝基加粗显示

PETN 容易引爆，对冲击敏感，威力巨大，而且几乎没有气味，即便是训练有

素的防爆犬也很难发现，正因如此，PETN 可能已经成为恐怖分子制造飞机爆炸事故的首选炸药。1988 年，在苏格兰洛克比上空导致泛美航空 103 号航班空难的炸弹中的一种成分就是 PETN，这种炸药从此广为人知。2001 年的“鞋子炸弹”事件之后，PETN 更加名声大噪，当时美国航空一架从巴黎起飞的客机上的一名乘客试图引爆藏在运动鞋底的 PETN，机组人员和乘客迅速采取行动，灾难才得以避免。

爆炸性硝基分子的用武之地并不仅限于战争和恐怖主义。有证据表明，到 17 世纪初，北欧人已经使用这种硝石、硫黄和木炭的混合物进行采矿。法国南运河 —— 连接大西洋和地中海的原始运河 —— 的马尔帕斯隧道（建成于 1679 年）就是在火药帮助下建成的诸多大型运河隧道中的第一条隧道。1857—1871 年，穿过法属阿尔卑斯山的仙尼斯峰铁路隧道（又名佛瑞杰斯峰隧道）是当时利用炸药开展的最大规模的工程项目，从法国前往意大利的旅行从此大为便捷，欧洲旅游业的面貌也有了重大改变。新型爆炸物硝酸甘油首次用于建筑是在胡萨克铁路隧道（1855—1866 年，马萨诸塞州北亚当斯）建设项目中。有了黄色炸药的帮助，人类完成了多项重大的工程壮举：1885 年建成的加拿大太平洋铁路，使得人们终于能够通过加拿大落基山脉；1914 年，人们开通了长达 80 千米的巴拿马运河；1958 年，人们通过爆破清除了北美西海岸附近的瑞波岩，消除了航行的隐患，时至今日这仍然是有史以来规模最大的非核爆炸。

公元前 218 年，迦太基名将汉尼拔率领大军和 40 头大象越过阿尔卑斯山，向罗马帝国的心脏地带发起进攻。他使用了当时标准但极其缓慢的开路方法：生火加热岩石障碍物，然后用冷水泼洒使其破裂，从而清理路障。如果汉尼拔有炸药，就能快速通过阿尔卑斯山，最终就有可能在罗马取得胜利，那么整个地中海西部地区的命运也会大不相同。

从达伽马击败卡利卡特的统治者，到科尔特斯和少数西班牙征服者对阿兹特克帝国的征服，再到 1854 年巴拉克拉瓦战役中正面冲击俄军炮兵的英军轻骑兵，都清楚地表明炸药武器比弓箭、长矛和刀剑更有优势。帝国主义和殖民主义 —— 塑造了我们这个世界的政治体系 —— 依赖于军备的力量。无论是在战争时期还是在和平时期，无论是破坏还是建设，爆炸性分子都深刻改变了人类文明 —— 可能变得更好了，也可能变得更坏了。

第六章

丝绸与尼龙

“丝绸”这个词总是能引发人们对奢华、轻软、柔韧、光泽的想象，表面看来，爆炸性分子与这种想象毫不搭界。但是，爆炸物与丝绸之间的确存在着某种化学联系，正是这种联系导致了新材料、新纺织品的出现，并在20世纪发展出了一个全新的产业。

丝绸一直都是富人所珍视的面料。时至今日，已有大量的天然和人造纤维织物可供选择，但丝绸高高在上的地位仍然不可撼动。长期以来，丝绸特有的品质，使得人们必得之而后快——面料轻柔亲肤，冬暖夏凉，光泽美妙，染色后不可方物的美艳，所有这一切都要归因于它的化学结构。归根结底，正是这种非凡物质的化学结构，打开了东方与其他已知世界之间的贸易路线。

丝绸的传播

丝绸的历史可以追溯到4500多年前。传说在公元前2640年左右，中国古代部落联盟首领黄帝的元妃西陵氏无意中发现，从一只落入茶水中的昆虫茧中可以抽出细丝。不管这个故事是否属实，但丝绸生产的确是从中国开始的，自从有了桑蚕——这种灰色的小虫只以桑叶为食——培育，就逐渐有了丝绸业。

蚕蛾在中国很常见，这种昆虫在5天的时间里可产下大约500个卵，然后死亡。1克蚕卵可孵出1000多条幼蚕，这些幼蚕总共会吃掉大约36千克成熟的桑叶，产生大约 200 克生丝。蚕卵最初必须保持在 18℃左右的温度，然后逐渐上升到 25℃的孵化温度。蚕宝宝要保存在清洁、通风良好的托盘中，它们会贪婪地进食，并多次蜕皮。一个月后，蚕宝宝要“上山”，也就是转移到结茧用的托盘或支架上，开始结茧，这一过程需要几天时间。一股股连续的丝线从蚕的下颚挤出，同时还有一种黏性分泌物将丝线固定在一起。蚕以“8”字形不断摆动头部，纺出一个密实的茧，然后蚕会逐渐化成蛹。

要获得蚕丝，得对蚕茧进行加热，杀死里面的蚕蛹，然后将茧放入沸水溶解掉黏稠的分泌物，之后就能从蚕茧中抽出蚕丝，卷绕于滚轴上。每个蚕茧可抽出的蚕丝长度不等，一般会在 360 米到 2700 米之间。

蚕的养殖和丝织品的使用迅速在中国传播开来。最初，只有王室和贵族才能使用丝织品，但到了后来，即便是普通人也可以穿丝绸制成的服装了，尽管价格仍然很高。精美的纺织、奢华的刺绣和美妙的染色，丝织品所到之处都受到了人们的高度青睐。丝绸是一种价值极昂的商品，可以作为贸易商品和易货物品，甚至可以当成货币来使用，有些时候丝绸还可以用于赏赐臣民，或者用来缴税。

在数个世纪里，在“丝绸之路”——穿越中亚的贸易路线——开通很久之后，中国人仍对丝绸生产的细节秘而不宣。千百年来，丝绸之路的路径经常发生变化，主要取决于沿途所经地区的政局和安全状况。丝绸之路最长的时候绵延近万里，从中国东部地区的北京一直到达土耳其的拜占庭（后改名为君士坦丁堡，今天的伊斯坦布尔），再到地中海附近的安提阿和提尔，另外还有深入印度北部的主要交通线。丝绸之路的某些路段可以追溯到 4500 多年前。

丝绸贸易传播缓慢，但到了公元前 1 世纪，已经有丝绸定期输往西方。在日本，养蚕业始于公元 200 年左右，该行业的发展独立于世界其他地方。波斯人很快成为丝绸贸易的中间商。为了保持对生产的垄断，中国朝廷会对从中国走私蚕、蚕卵或白桑树种子的行为判处死刑。据传说，公元 552 年，景教的两名僧侣将蚕卵和桑树种子藏在空心的竹杖里，成功带回到君士坦丁堡，这为西方的丝绸生产打开了大门。如果这个故事是真的，很有可能是人类历史上有记录以来最早的商业间谍活动。

养蚕业在整个地中海地区传播开来，到了 14 世纪，养蚕业在意大利已经欣欣向荣，尤其是北方的很多城市，比如威尼斯、卢卡和佛罗伦萨都因出产美丽的厚重丝绸锦缎和丝绒而闻名。有人认为，从这些地区向北欧出口的丝绸为文艺复兴运动提供了资金保障；大约就在这个时期，文艺复兴运动在意大利萌芽。后来，因为意大利动荡的政治局势，不少丝织工人去往法国避难，使得法国成为丝绸业的一支重要力量。1466 年，路易十一为里昂市的丝织工减免税收，下令种植桑树以及为宫廷生产丝绸。在接下来的 5 个世纪中，欧洲的养蚕业将以里昂及其周边地区为中心。16 世纪末，弗拉芒人和法国织工为逃避欧洲大陆的宗教迫害，来到英格兰的麦克尔斯菲尔德和斯皮特尔菲尔德，这两个地方于是成为欧洲精纺丝绸的主要生产中心。

北美也曾有过多次发展丝绸业的尝试，但在商业上都未获得成功。但是，纺丝和织丝这两种很容易实现机械化的工艺流程得到了发展。美国在 20 世纪早期已经是全球最大的丝绸产品制造国之一。

丝绸的光泽哪里来

跟羊毛和头发这样的动物纤维一样，丝绸也是一种蛋白质。蛋白质由 22 种不同的 α－氨基酸组成。α－氨基酸的化学结构中有 1 个氨基（$—NH_2$）和 1 个羧基（—COOH），位置如图所示，氨基连在 α－碳（与羧基相邻的碳）的碳原子上。

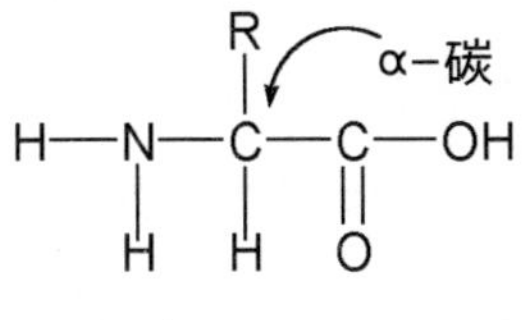

α－碳

α－氨基酸的一般结构式

这个结构式也可以简缩成如下形式：

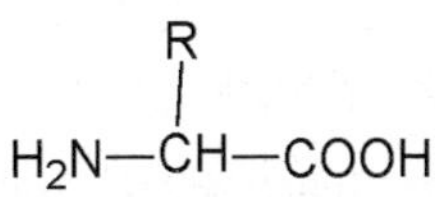

$$H_2N—CH(R)—COOH$$

α－氨基酸一般结构式的简缩式

在上述结构式中，R 代表每个氨基酸的不同基团。R 有 22 种不同的结构，也就形成了 22 种不同的氨基酸。R 基团有时也称为侧基团或侧链。这个侧基团会为丝绸赋予特殊属性——实际上任何蛋白质的属性都是由这个基团决定的。

最小的侧链就是氢原子，这也是唯一仅由 1 个原子组成的侧链。当 R 基团是氢原子时，氨基酸的名称是甘氨酸，结构如下所示：

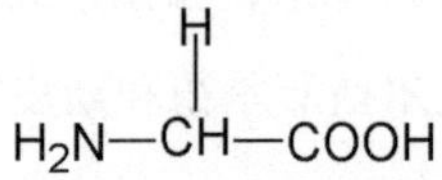

$$H_2N-\overset{\displaystyle H\atop|}{CH}-COOH$$

甘氨酸

另外，两种结构简单的侧链是甲基（$-CH_3$）和羟甲基（$-CH_2OH$），由此形成的氨基酸分别叫作丙氨酸和丝氨酸。

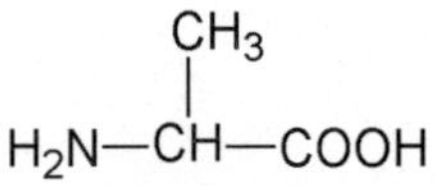

$$H_2N-\overset{\displaystyle CH_3\atop|}{CH}-COOH$$

丙氨酸

$$H_2N-\overset{\displaystyle CH_2OH\atop|}{CH}-COOH$$

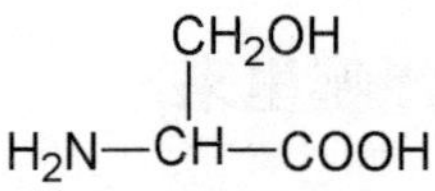

丝氨酸

在所有氨基酸中，这三种氨基酸的侧链是最小的，同时也是蚕丝中最常见的氨基酸，总计占蚕丝整体结构的 85% 左右。蚕丝中氨基酸的侧链就物理维度而言非常小，这是蚕丝之所以如此光滑的一个重要原因。相比之下，其他氨基酸的侧链要大得多，结构也复杂得多。

与纤维素一样，蚕丝也是一种聚合物，是由重复的单元组成的大分子。但是，在构成棉花的纤维素聚合物中，所有重复单元都是完全相同的，而蛋白质聚合物的重复单元（氨基酸）则存在一定的差异。形成聚合物链的那部分氨基酸都是相同的，不同的是每个氨基酸的侧链。

两个氨基酸可以通过脱掉 1 个分子的水（来自氨基的 1 个氢原子和来自羧基的 1 个羟基）而结合。2 个氨基酸脱水之后产生的链节称为酰胺基团。一个氨基酸的碳和另一个氨基酸的氮之间的化学键称为肽键。

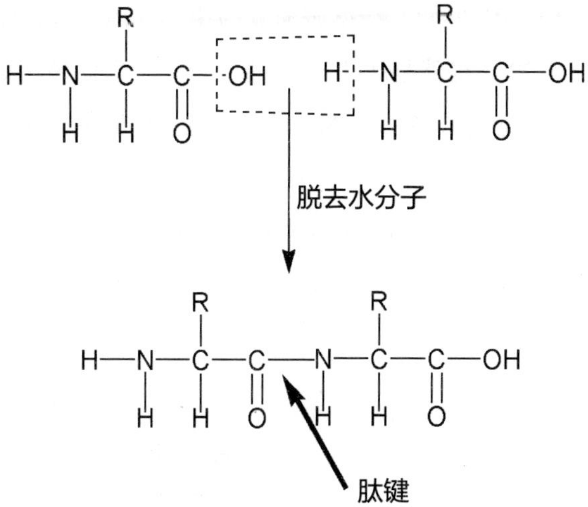

脱去水分子

肽键

当然，结合而成的新分子的一端仍有 1 个羟基，可以与另一个氨基酸形成另一个肽键，另一端有 1 个氨基（—NH_2，也可以写成 H_2N—），同样也可以再与另一个氨基酸形成肽键。

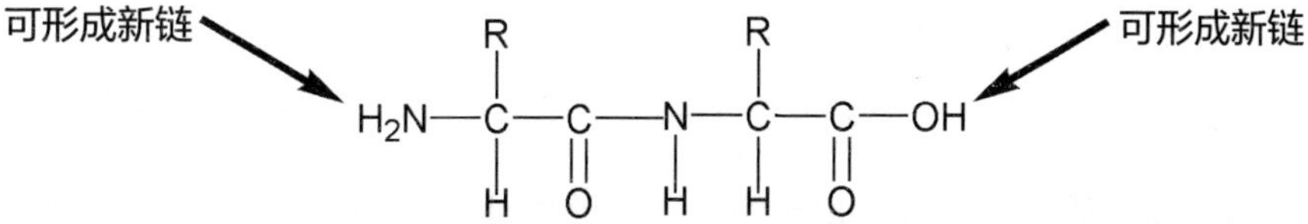

可形成新链　　可形成新链

为了节省空间，下左的酰胺基团通常写成下右的形式：

—CO—NH—

如果我们再添加 2 个氨基酸，那么就有 4 个氨基酸通过酰胺基团连在一起。

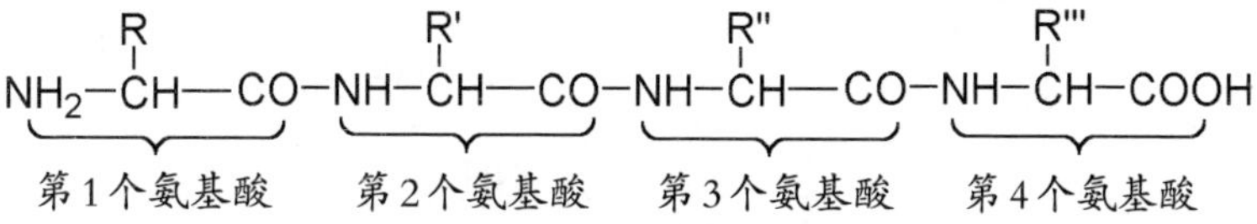

NH_2—CH(R)—CO—NH—CH(R')—CO—NH—CH(R'')—CO—NH—CH(R''')—COOH

第 1 个氨基酸　第 2 个氨基酸　第 3 个氨基酸　第 4 个氨基酸

既然有了 4 个氨基酸，也就有了 4 个侧链，如上图所示分别标为 R、R′、R″ 和 R‴。这些侧链可能都相同，也可能只有部分相同，当然也有可能全都不同。尽管这条链上只有 4 个氨基酸，但可能出现的组合却非常多。R 可以是 22 种氨基酸中的任何一种，R′也可以是 22 种氨基酸中的任何一种，同理 R″和 R‴亦然。这意味着存在 22^4（也就是 234 256）种可能性。即便像胰岛素——由胰腺分泌的调节葡萄糖代谢的激素——这样非常小的蛋白质也包含 51 个氨基酸，所以胰岛素可能的组合数为 22^{51}（2.9×10^{68}）个，堪称天文数字。

据估计，蚕丝中 80% 至 85% 的氨基酸是甘氨酸—丝氨酸—甘氨酸—丙氨酸—甘氨酸—丙氨酸的重复序列。蚕丝蛋白聚合物的链条呈“之”字形排列，侧链在两侧交替出现。

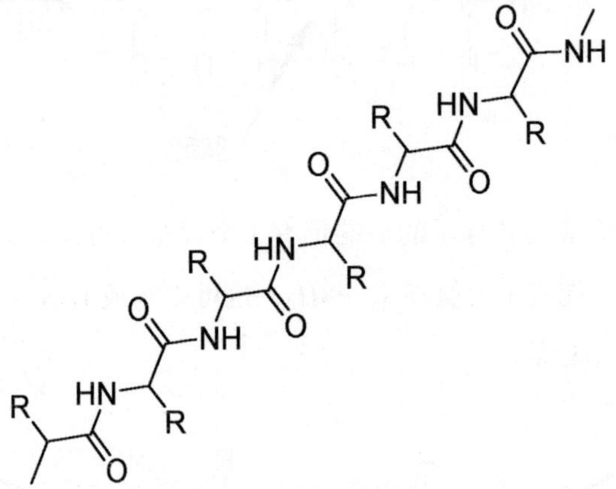

“之”字形蚕丝蛋白链；R 基团在两侧交替出现

这些蛋白质分子长链与相邻的长链平行排列，但方向相反。链与链之间的交叉吸引让这些长链联接在一起，如下图虚线所示。

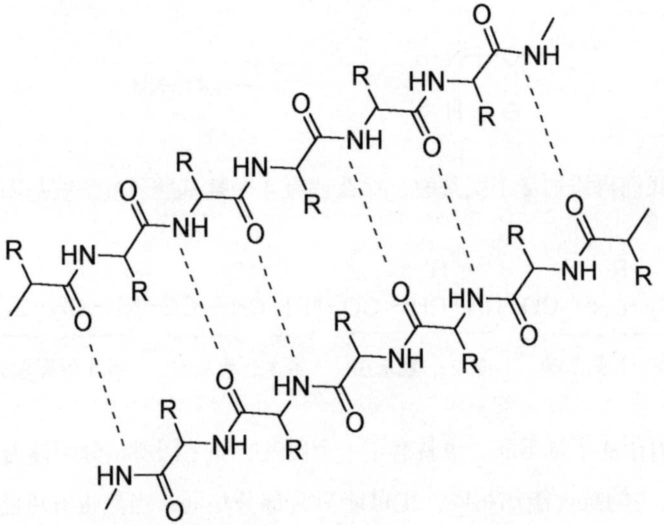

并列的蛋白链互相吸引，蚕丝分子被连接在一起

这产生了折叠式片状结构，蛋白质长链上的R基团交替指向上方或指向下方，如图所示：

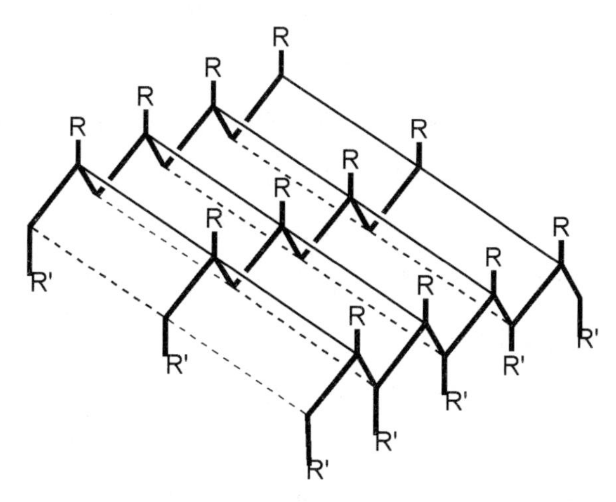

折叠式片状结构。粗线代表蛋白质的氨基酸链。这里R代表位于片状结构上方的基团，而R′基团（如图所示）位于下方。窄线和虚线表示将蛋白链连接在一起的吸引力

折叠式片状结构所产生的柔性结构能够抗拉伸，这也是丝绸具备诸多物理特性的原因所在。蛋白链紧密地结合在一起；相对而言，外层的小R基团大小相似，形成了一个均匀的表面，丝绸也就有了光滑的触感。同样，质地均匀的表面也具有很好的反光性，丝绸于是具备了特有的光泽。如此说来，丝绸的许多备受青睐的品质都要归功于蛋白质结构中的小侧链。

丝绸鉴赏家还会品鉴这种织物是否“灵动闪烁”，这是因为并非所有丝绸分子都是规则的折叠式结构的一部分。这些跳脱的分子会令反射光线发生分光现象，创造出闪亮的感觉。丝绸很容易上色，吸收天然和人造染料的能力无与伦比。这一特性也源于丝绸结构中不包括在折叠片的规则重复序列中的部分。蚕丝中剩余的15%到20%左右的氨基酸不属于甘氨酸、丙氨酸或丝氨酸，其中一些侧链很容易与染料分子结合，产生深沉、丰富和不褪色的色调，这种色调也是丝绸特有的。带有重复的小侧链的折叠式片状结构赋予了蚕丝强度、光泽和光滑的触感，而其他更富于变化的氨基酸赋予了丝绸易于染色的特质和灵动的色彩，正是丝绸的这种双重特性，才使它成为千百年来人们梦寐以求的织物。

合成蚕丝的探索

正是因为这些特性的存在，丝绸才如此难以复制。但是，由于丝绸非常昂贵，并且需求量很大，从 19 世纪末开始，就不断有人尝试生产合成蚕丝。蚕丝分子非常简单——无非是非常相似的氨基酸单元不断重复而已。但是，将这些单元以天然蚕丝所具有的随机和非随机组合连接在一起，却是个非常复杂的化学问题。现代化学家如今已经能够实现在非常小的规模上复制特定蛋白链的固定模式，但这个过程非常耗时费力。在实验室以这种方式生产的蚕丝蛋白质要比天然蛋白质贵上许多倍。

在 20 世纪之前，人们并不了解蚕丝化学结构的复杂性，早期制造合成丝的努力很大程度上要依靠幸运的意外。19 世纪 70 年代末的某天，法国人希莱尔·德·夏尔多内（Hilaire de Chardonnet）伯爵在玩摄影时，无意中发现洒出的火棉胶溶液——用于涂抹感光板的硝化纤维材料——已经凝结成一团黏稠的东西，从中能拉出类似于丝绸的长线。这让夏尔多内想起了多年前亲身经历的往事：作为一名学生，他曾陪同他的教授——伟大的微生物学家、化学家路易·巴斯德（Louis Pasteur）前往法国南部的里昂，调查一种给法国丝绸业带来巨大困扰的蚕病。虽然未能找到蚕病的原因，但夏尔多内花了很长时间研究蚕以及蚕吐丝的行为。想到这里，他灵光一现，尝试着给一组小孔挤压灌注火胶棉溶液。正是通过这种方式，他制造了第一种像样的蚕丝复制品。

合成（synthetic）和人工（artificial）这两个词在日常口语中经常互换使用，在大多数词典中也被当作同义词。但从化学角度而言，两者之间存在一个重要的区别。在化学领域，我们说某种化合物是“合成的”，意思是它是通过化学反应人工制造出来的。制造出来的这种化合物，可能是自然界中原本就存在的，也可能是不存在的。如果在自然界原本就存在，那么从化学的角度，合成物与天然来源的这种物质完全相同。举例来说，抗坏血酸（维生素 C）可以在实验室或工厂中合成，而合成的维生素 C 与自然界中的维生素 C 具有完全相同的化学结构。

“人工”这个词更多地用来描述某种化合物的性质。某种人工化合物的化学结构与另一种化合物不同，但性质类似，足以起到另一种化合物的作用。例如，人工甜味剂的结构与糖不同，但两者有一个重要的共性——它们都有甜味。人工化合物往往是由人制造的，因此也就是合成的，但人工化合物不一定非得是合成的。有些人工甜味剂是天然存在的。

夏尔多内伯爵生产出的是人工蚕丝，但不是合成蚕丝，尽管这种蚕丝的确是以“合成”的方式生产的。（根据我们的定义，合成蚕丝不仅是人工制成的，而且应该与真蚕丝的化学结构完全相同。）夏尔多内伯爵生产出的这种丝后来被称为霞多丽丝，在某些性质上与丝绸相似，但并非所有性质都相似。霞多丽丝柔软而有光泽，但遗憾的是，这种面料高度易燃——对织物来说，这可不是一个理想的特性。霞多丽丝是由硝化纤维素溶液纺成的，而我们在前文已经提到，硝化纤维素是可燃的，甚至会发生爆炸，爆炸强度取决于硝化程度。

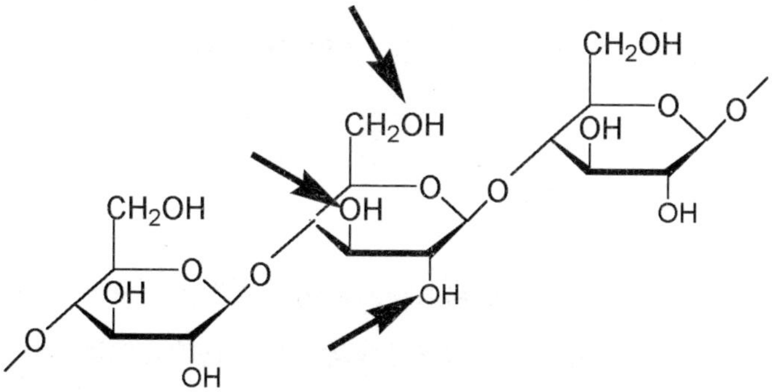

纤维素分子的一段。中间葡萄糖单元的箭头表明这些位置的羟基可能发生硝化

夏尔多内伯爵于 1885 年为这种工艺申请了专利，并于 1891 年开始批量生产霞多丽丝。但事实证明，易燃是这种人造丝的一大败笔。曾发生过这样一起事件，一名抽雪茄的男士将烟灰弹到了舞伴身穿的霞多丽丝衣服上。当时有报道称，突如其来的一片火光和一阵烟雾之后，这件衣服凭空消失了；这名女士的命运如何报道并未提及。尽管这一事件以及夏尔多内工厂发生的其他一些灾难最终导致工厂关门大吉，但夏尔多内并没有就此放弃人工蚕丝。1895 年，他稍微调整了工艺，使用了一种脱硝剂，然后生产出一种更安全的以纤维素为基础的人工蚕丝，其可燃性跟普通棉花一样。

1901 年，英格兰的查尔斯·克洛斯（Charles Cross）和爱德华·贝文（Edward Bevan）用另外一种方法生产出了黏胶丝，顾名思义，这种纤维的黏度非常高。

挤压黏胶液体，使其通过喷丝板进入酸浴，纤维素就会再生成一种细丝，也就是黏胶丝。1910 年成立的美国黏胶公司和 1921 年成立的杜邦纤维丝公司（后来的杜邦公司）都采用了这种工艺。到了 1938 年，黏胶丝的年产量已经达到 3 亿磅，这种丝的光泽与真丝非常相似，满足了人们日益增长的对新型合成织物的需求。

黏胶工艺沿用至今，是制造黏胶丝这样的“人造丝”的主要手段。尽管人造丝中的纤维素仍然是 β－葡萄糖单元的聚合物，但这里的纤维素是在轻微的张力下再生出来的，让人造丝有了轻微的捻度差异，这也正是人造丝拥有高光泽的原因。人造丝是纯白色的，其化学结构与棉花相同，可以像棉花一样染出各种色调和色度。不过，人造丝也有一些缺点。蚕丝的折叠式片状结构（灵活但耐拉伸）使其成为袜类产品的理想材料，相比之下，人造丝的纤维素会吸水，导致下垂。要制造丝袜的话，这可不是一个理想的特性。

尼龙——新的人造丝

在既有人造丝的良好特性基础上，人们需要开发另一种没有那么多缺点的人造丝。1938 年，不使用纤维素的尼龙应运而生，它的发明者是杜邦纤维丝公司雇用一名的有机化学家。20 世纪 20 年代末，杜邦公司对市场上源源不断出现的塑料材料发生兴趣，于是聘用了哈佛大学 31 岁的有机化学家华莱士·卡罗瑟斯（Wallace Carothers）为公司独立研究这种材料，而且预算几乎不设限制。他于 1928 年开始在杜邦公司的新实验室工作，致力于基础化学研究——这件事本身就相当不同寻常，因为基础化学研究通常是由各所大学进行的。

卡罗瑟斯决定研究聚合物。当时大多数化学家都认为，聚合物实际上是聚集在一起的分子团，并将其命名为“colloid”（意思是胶体）。正因如此，用于摄影和霞多丽丝的硝基纤维素衍生物才被称为“collodion”（克罗丁，也就是火胶棉）。有关聚合物结构的另外一种见解是，这种材料是由非常大的分子构成的，这种见解的主要倡导者是德国化学家赫尔曼·施陶丁格（Hermann Staudinger）。在当时来说，最大的合成分子——由伟大的糖类化学家埃米尔·费歇尔合成——的分子量为 4200。相比之下，水分子的分子量只有 18，葡萄糖分子的分子量为180。在杜邦实验室开始工作还不到一年，卡罗瑟斯已经制造出了分子量超过5000的聚酯分子，后来他又将这一数值提高到12 000，为聚合物是高分子这一理论增加了更多证据，施陶丁格也因此获得了1953年的诺贝尔化学奖。

一开始的时候，卡罗瑟斯研究出的这种新型聚合物看起来似乎有一定的商业潜力，因为这种长线像丝绸一样闪闪发亮，而且在干燥的过程中不会变硬或变脆。遗憾的是，把这种丝放进热水和普通的清洁剂里会溶解，几周之后就会分解。在四年的时间里，卡罗瑟斯和同事们制备了不同类型的聚合物，研究它们的特性，最后生产出了尼龙，这是一种最接近丝绸特性的人造纤维，终于配得上"人造丝"这个称号。

尼龙是一种聚酰胺，也就是说，与丝绸一样，它的聚合物单元是通过酰胺基团连接在一起的。但是，虽然丝绸的每个氨基酸单元上都有1个氨基（—NH_2）和一个羧基（—COOH），但卡罗瑟斯研制出的尼龙是由两种不同的单体单元——一种有2个羧基，一种有2个氨基——在链上交替出现形成的。己二酸的两端都有羧基：

$$HOOC-CH_2-CH_2-CH_2-CH_2-COOH$$

己二酸结构图，标示出了分子两端的羧基。羧基位于左手侧时写作HOOC—

或者简缩成如下形式：

$$HOOC-(CH_2)_4-COOH$$

己二酸分子的简缩结构图

另一种分子单元是1,6-二氨基己烷，它与己二酸的结构非常相似，只是用氨基代替了羧基。这种分子的结构及其简缩版本如下所示：

$$H_2N-CH_2-CH_2-CH_2-CH_2-CH_2-CH_2-NH_2$$

1,6-二氨基己烷结构图

$$H_2N-(CH_2)_6-NH_2$$

1,6-二氨基己烷简缩结构图

跟丝绸中的酰胺基团一样，尼龙中的酰胺基团是通过在2个分子的两端脱掉1个水分子（从氨基中脱掉氢原子，从羧基中脱掉羟基）而形成的。由此产生的酰胺键——表示为 -CO-NH-，或按相反顺序表示为 -NH-CO-——将 2 个不同的分子连接起来。正是出于这一原因（拥有相同的酰胺链节），尼龙和蚕丝也拥有类似的化学性质。在生成尼龙的时候，1,6- 二氨基己烷的 2 个氨基与 2 个己二酸分子的羧基发生反应。这个过程在不断地进行，尼龙长链每一段交替增加不同的分子，并不断变长。卡罗瑟斯研制出的尼龙被称为“尼龙 66”，因为每个单体单元有 6 个碳原子。

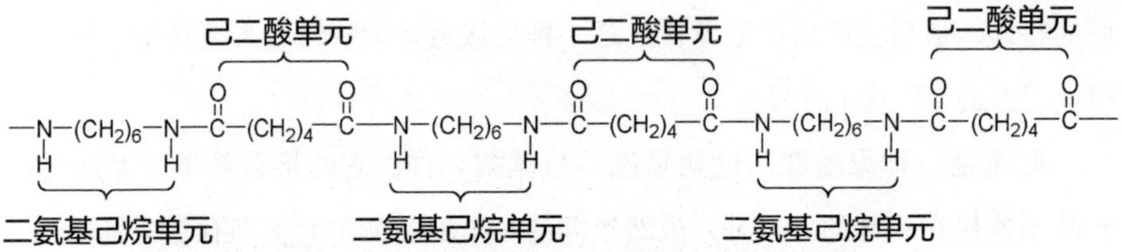

己二酸单元　己二酸单元　己二酸单元

$$-\underset{H}{N}-(CH_2)_6-\underset{H}{N}-\overset{O}{\overset{\|}{C}}-(CH_2)_4-\overset{O}{\overset{\|}{C}}-\underset{H}{N}-(CH_2)_6-\underset{H}{N}-\overset{O}{\overset{\|}{C}}-(CH_2)_4-\overset{O}{\overset{\|}{C}}-\underset{H}{N}-(CH_2)_6-\underset{H}{N}-\overset{O}{\overset{\|}{C}}-(CH_2)_4-\overset{O}{\overset{\|}{C}}-$$

二氨基己烷单元　二氨基己烷单元　二氨基己烷单元

尼龙的结构图，己二酸分子和 1,6- 二氨基己烷交替相连

1938 年，尼龙被用于制造牙刷刷毛，这是尼龙的首次商业应用。然后在 1939 年，尼龙丝袜首次上市。事实证明，尼龙是制造长筒袜的理想材料。它具有丝绸的许多优良特性，而且不像棉花或人造丝那样容易下垂和起皱；最重要的是，尼龙的价格远远低于丝绸。尼龙袜获得了巨大的商业成功。在问世后仅一年的时间内，生产和销售的尼龙袜达到 6400 万双。人们对这种产品的反响空前热烈，以至于“nylons”这个词现在成了女袜的同义词。凭借卓越的强度、耐久性和轻质性，尼龙很快就被用于制造许多其他产品，比如渔线、渔网、网球拍线、羽毛球拍线、外科缝合线和电线的绝缘保护套。

第二次世界大战期间，杜邦公司的主要尼龙产品从用于袜类的细丝转向军需品所用的较粗的纤维线。制作轮胎帘线、蚊帐、气象气球、绳索和其他军用物品成为尼龙的主要用途。在航空领域，尼龙被证明是丝绸降落伞吊索的极佳替代品。战争结束后，各个尼龙工厂又迅速转型生产民用产品。到 20 世纪 50 年代，尼龙的“万金油”特性进一步得到发挥，服装、滑雪服、地毯、室内陈设、船帆等许多产品中都能看到尼龙的身影。人们还发现，尼龙是一种优良的模塑料，并将其用作第一种“工程塑料”，这种塑料的强度足以与金属媲美。1953 年，仅为了制造工程塑料，所生产的尼龙就达到了 1000 万磅。

令人遗憾的是，华莱士·卡罗瑟斯在世时，没能看到他的研究大获成功。他患上了抑郁症，而且随着年龄的增长，病情越来越严重。1937 年，他吞下一小瓶氰化物，结束了自己的生命，那时他还没有意识到，他所合成的聚合物分子将在未来的世界发挥如此重要的作用。

第二次世界大战结束后，尼龙又可以用于生产长袜，女性纷纷购买并穿上丝袜

丝绸和尼龙所起到的历史作用也相当类似。两者之间有着相似的化学结构，都非常适合生产袜子和降落伞，但还不止于此。这两种聚合物都以各自的方式对当时经济的繁荣做出了巨大贡献。人们对丝绸的需求不仅促进了世界性的贸易路线的开辟，促成了新的贸易协议，很多依赖丝绸生产或丝绸贸易的城市也得到了长足发展，同时也带动了一批相关行业的发展，比如染色、纺纱和织造等。丝绸给世界许多地方带来了巨大的财富，让很多城市发生了翻天覆地的变化。

几个世纪以来，正如丝绸和丝绸生产刺激了欧洲和亚洲的时尚业——服装、家具和艺术——一样，尼龙和大量其他现代纺织品和材料的出现，对我们的世界产生了深刻的影响。过去，人们一度使用植物的叶子和动物的皮毛等原始材料制作服装，而现在许多织物的原材料来自炼油的副产品。作为一种商品，石油已经取代了曾经属于丝绸的地位。就像曾经的丝绸一样，人们对石油的需求促成了新的贸易协定，开辟了新的贸易路线，促进了一些城市的发展和新兴城市的建立。石油还创造了新的产业和就业机会，并给全球许多地方带来了巨大的财富和巨大的变化。

第七章

苯酚

在杜邦公司研制出尼龙之前约 25 年，最早的纯人工聚合物就已经面世了。这种化合物以具有一定随机性的交错键相接而成，其结构与某些香料的分子类似。这种名为苯酚的化合物开启了另一个时代——塑料时代。苯酚与外科手术、濒危的大象、摄影和兰花等不同主题都存在关联，尤其值得一提的是，在一些改变世界的进步方面，这种化合物曾发挥了关键作用。

无菌手术

如果穿越到 1860 年，你会发现那时候医院里住院病人的日子真的很不好过，特别是那些需要接受手术的病人。病房往往阴暗、肮脏，空气也不流通。病人的床位用的往往是前一个病人离开——或者更有可能的情形：死亡——后没有更换过的床单。外科病房往往散发出由坏疽和败血症造成的拒人千里之外的气味。同样令人震惊的是细菌感染的死亡率：至少有 40% 的截肢者死于当时人们所称的“住院病”。在军队医院，这一数字接近 70%。

尽管麻醉剂在 1864 年年底就已问世，但大多数病人只有在万不得已的时候才同意接受手术。而一旦动手术，伤口就难免会感染；因此，外科医生会把手术部位的缝合线留长，垂向地面，好让脓液从伤口排出。在当时的人看来，流脓是个好现象，这意味着感染很有可能得到了控制，不会侵入身体的其他部位。

当然，我们现在已经知道为什么“住院病”如此普遍，如此致命。它实际上是一组由不同细菌引起的疾病，在卫生条件欠佳的环境下很容易由病人传染给病人，甚至由医生传染给多名病人。一旦“住院病”大肆蔓延，医生通常会关闭外科病房，把其余病人转移到其他地方，然后用硫黄蜡烛熏蒸病房，还会粉刷墙壁，擦洗地板。在采取这些预防措施后的一段时间内，感染会得到控制，直到下一次暴发再如法炮制。

一些外科医生主张用大量冷却后的开水擦洗病房，以保持病房环境的清洁。还有一些医生支持瘴气理论，认为由排水管和下水道产生的有毒气体会在空气中传播，一旦病人被感染，瘴气就会通过空气传染给其他病人。从当时人的角度来看，瘴气理论相当合理。排水沟和下水道散发出的恶臭像外科病房里发生坏疽的肉体一样难闻，这还进一步解释了为什么在家里接受治疗的病人往往不会像住院病人那样受到感染。医生想出了各种各样的办法来对付瘴气，包括使用百里酚、水杨酸、二氧化碳气体、苦味剂、生胡萝卜膏、硫酸锌还有硼酸。任何一种疗法就算偶尔奏效，也都是运气使然，根本无法复制。

约瑟夫·李斯特（Joseph Lister）医生从事外科工作时的世界就是这副面貌。李斯特于 1827 年出生于约克郡的一个贵格会家庭，他在伦敦大学学院获得医学学位，在 1861 年成为格拉斯哥皇家医院的外科医生，并在格拉斯哥大学担任外科教授。尽管在李斯特任职期间，皇家医院开设了一个新的现代外科手术区，但跟其他地方一样，“住院病”仍然是个问题。

李斯特认为，致病原因可能不是有毒的空气，而是存在于空气中的别的什么东西，或者说人眼看不到的、极微小的东西。有一次，他读到了一篇介绍“微生物病原说”的论文，当即灵光一现，他的想法与论文的观点不谋而合。这篇论文的作者是路易·巴斯德，居住在法国东北部里尔的一名化学教授，同时也是因霞多丽丝而声名鹊起的夏尔多内的导师。1864 年，科学家们曾在巴黎索邦大学召开会议，巴斯德在这次会议上介绍了关于葡萄酒和牛奶变酸的实验。巴斯德认为，细菌——人类肉眼无法看到的微生物——无处不在。他的实验表明，采用高温煮沸的方法可以消灭这种微生物。我们今天对牛奶和其他食品采用的巴氏消毒法正是源自他的这一想法。

显然，把病人和外科医生投入沸水中是万万不行的，李斯特必须另寻他法，做到安全地消除细菌。他选择了石炭酸，这是一种从煤焦油中提炼出的化学品，曾被用来解决城市排水管发臭的问题并取得成功。不过，尽管已经有人尝试将石炭酸用作手术伤口的敷料，但效果却不怎么好。李斯特没有放弃，并在一个因腿部开放性骨折而住进皇家医院的 11 岁男孩身上获得了成功。当时，所有医生都对开放性骨折望而生畏。如果只是简单的骨折，无须侵入性手术即可进行治疗，但如果是开放性骨折，断裂骨头的尖锐部分已经刺破皮肤，即便由再高明的外科医生来主刀，也几乎可以肯定会引发感染。截肢司空见惯，而且病人很可能因无法控制的持续性感染而死亡。

李斯特用浸泡了石炭酸的棉布仔细清洗了男孩骨折的部位及周遭部位。然后他制备了手术敷料，其中包括多层浸泡过石炭酸溶液的亚麻布，并且在敷料上方包裹了一层金属薄板，以防止石炭酸挥发。所有包扎材料都被小心翼翼地用胶带固定住。男孩的受伤部位很快结了痂，伤口迅速愈合，而且自始至终都没有发生感染。

以前也有过病人患上“住院病”但挺过了感染而幸存的案例，但这个案例的不同之处在于，它成功预防了感染，而不仅仅是病人熬过了感染。后来，李斯特用同样的方法又治疗了几个开放性骨折病例，产生了同样振奋人心的效果，这让他确信，石炭酸溶液确实有效。到 1867 年 8 月，他在所有的外科手术中都使用石炭酸作为杀菌剂，而不仅仅是作为术后敷料。接下来的十年里，他改进了杀菌技术，逐渐说服了其他外科医生，尽管彼时许多人仍然拒绝接受微生物理论，在他们看来，“如果看不到，那就不存在”。

李斯特当时通过提炼煤焦油获取石炭酸溶液，而在 19 世纪，城市街道和家庭通常用煤气灯照明，作为煤气生产的副产品，煤焦油很容易获取。1814 年，英国国家照明和供热公司（National Light and Heat Company）在伦敦的威斯敏斯特安装了第一盏煤气路灯，随后煤气照明在其他城市得到了广泛使用。煤气是通过高温加热煤炭产生的，是一种易燃的混合气体，包括约 50% 的氢气、35% 的甲烷以及少量一氧化碳、乙烯、乙炔和其他有机化合物。当地的煤气站通过管道把煤气输送到家庭、工厂和路灯。随着人们对煤气需求的增加，如何处理煤焦油的问题也日益凸显；当时的人们觉得，煤炭气化过程所生成的这种副产品似乎没什么用处。

煤焦油是一种黑色黏稠的液体，有刺激性气味，但后来人们发现，从煤焦油中可以提取多种重要的芳香性分子。直到 20 世纪初人们发现了自然界中蕴藏着丰富的天然气 —— 主要成分是甲烷，并对其开发利用，煤的气化工艺才日渐式微，煤焦油的产量也随之下降。李斯特最先使用的是未经稀释、加工的石炭酸，是煤焦油在 170℃—230℃的温度下蒸馏所得的产物。它是一种深色的、气味很重的油性物质，会灼伤皮肤。经过反复实验，李斯特最终提炼出石炭酸的主要成分 —— 苯酚，其纯品为白色晶体。

苯酚是一种简单的芳香性分子，仅包含一个苯环，苯环上连着一个羟基。

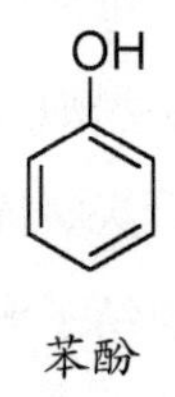

苯酚

苯酚微溶于水而易溶于有机溶剂。李斯特利用相关特性开发出了后来被称为“石炭酸膏状敷剂”的东西，也就是苯酚、亚麻籽油和增白剂（白垩粉）的混合物。将这种涂抹在锡纸上的膏状物敷在伤口上，涂膏的一面朝下，作用就好比一个结痂，成为隔离细菌的屏障。人们还用较低浓度的苯酚水溶液 —— 通常是大约 1 份苯酚兑 20 至 40 份水 —— 清洁伤口周围的皮肤、手术器械和外科医生的手，也可在手术过程中喷在切口上。

尽管利用石炭酸取得了很好的治疗效果，这一点可以从病人的康复率中看出，但在外科手术中达到完全无菌的条件方面，李斯特并不满意。他认为空气中的每一粒灰尘都带有病菌，为了防止空气中的病菌给手术造成污染，他开发了一种机器，能够不断地喷洒石炭酸溶液喷雾，几乎让整个手术室都湿淋淋的。实际上，空气中的病菌并没有李斯特想象的那么严重。真正的问题是外科医生、其他医生和医科学生的衣服、头发、皮肤、嘴和鼻子带来的微生物，这些人经常在没有采取任何杀菌预防措施的情况下协助或观察手术。如今在现代手术室，无菌面罩、手术服、手术帽、手术铺巾和乳胶手套已经成为标配，很好地解决了这个问题。

李斯特所使用的石炭酸喷雾装置确实有助于防止微生物污染，但同时也对手术室里的外科医生和其他人造成了负面影响。苯酚有毒，即使是稀释后的溶液，也会导致皮肤漂白、干裂和麻木；吸入苯酚喷雾也可能致病。一些外科医生曾拒绝在苯酚喷雾装置启用的时候继续工作。尽管存在这些缺点，李斯特为实现无菌手术所采取的方法非常有效，正面效果也非常明显，到 1878 年世界各地都已在应用苯酚消毒杀菌。如今，苯酚很少被用作杀菌剂；它有毒性，对皮肤会产生刺激作用，不如日后不断开发出来的新型杀菌剂那么好用。

苯酚的多重面向

除了李斯特所使用的苯酚外，“酚”家族还有很多成员，只要某种化合物包含与苯环直接相连的羟基（—OH），就可以称作酚类化合物。酚类化合物包含成千上万种甚至数十万种化合物，有些人工合成的酚类化合物，比如三氯苯酚和己基间苯二酚，具有抗菌性，今天已经被用作杀菌剂。

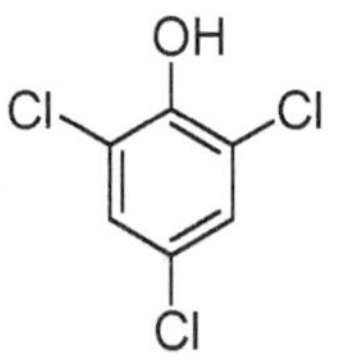

三氯苯酚 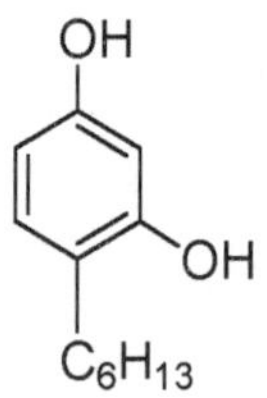　　己基间苯二酚

苦味酸最初是做染料用的，尤其是给丝绸染色，后来在布尔战争和第一次世界大战初期被英国人用于火力装备，它是一种三硝基苯酚，非常易爆。

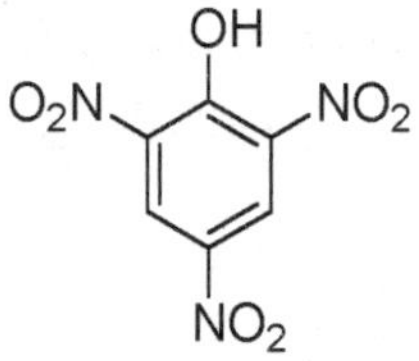

三硝基苯酚（苦味酸）

自然界中存在许多不同的酚类化合物。辣椒中的辣椒素和生姜中的姜酮都可以归入酚类，而香料中的一些具高度芳香性的分子，比如丁香中的丁香酚和肉豆蔻中的异丁香酚，也都是酚家族的成员。

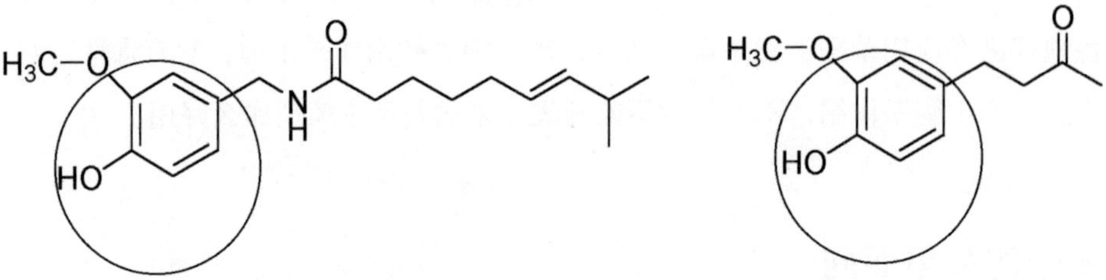

辣椒素（左）和姜酮（右）。分子结构中的苯酚部分用圆圈标出

香兰素是我们使用最广泛的调味品之一——香草的有效成分，它也是一种酚类化合物，与丁香酚和异丁香酚的结构非常相似。

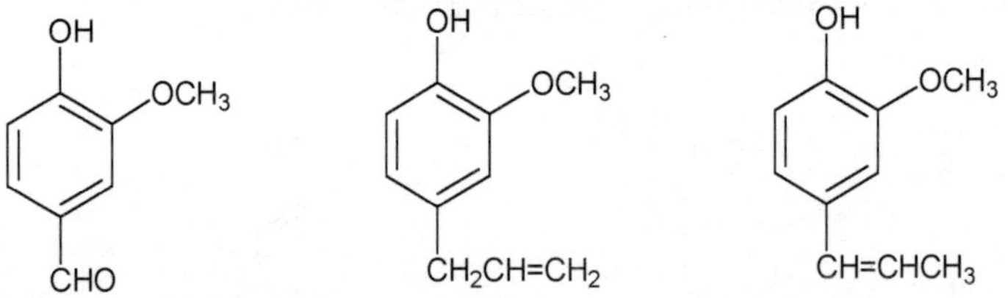

香兰素　　丁香酚　　异丁香酚

香兰素存在于香荚兰（*Vanilla planifolia*）干燥发酵的种荚中，这种植物原产于西印度群岛和中美洲，但如今世界各地都有种植。香荚兰细长而芳香的种荚在市场上被称作香草荚，香兰素在种荚中的含量占比最高可达2%。葡萄酒如果储存在橡木桶中，香兰素分子会从橡木中浸出，由此产生的种种变化是葡萄酒陈化过程的一部分。巧克力是一种化合物，成分中包括可可和香兰素；卡仕达酱、冰激凌、调味酱、糖浆、蛋糕和许多其他食品的风味都有一部分来自香兰素。香水中加入香兰素之后会产生令人陶醉的独特香气。

酚家族中一些天然存在的成员都有着特立独行的“个性”。四氢大麻酚（Tetrahydrocannabinol，简写作THC）——大麻中的主要精神活性物质——是在印度大麻属植物大麻（*Cannabis sativa*）中发现的一种酚类化合物。几个世纪以来，人们一直在种植大麻，不仅因为这种植物的茎中有结实的纤维，可以制作上好的绳索和粗布，还因为某些大麻品种中的 THC 分子具有温和的麻醉、镇静和致幻功能；THC 分子存在于大麻植株的各个部位，但通常在雌性植株的花蕾中最为集中。

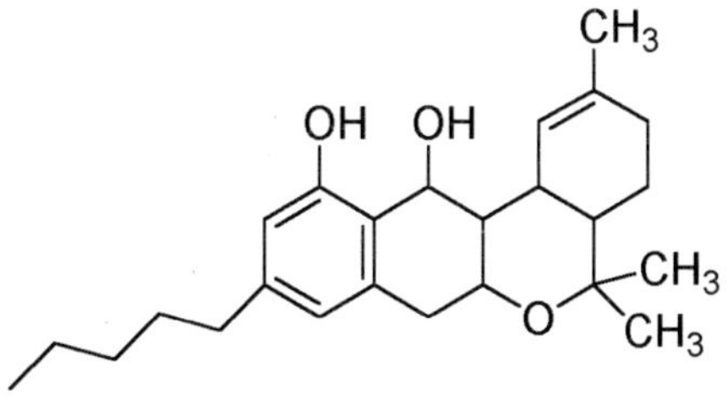

四氢大麻酚，大麻的活性物质

现在，一些州和国家允许将大麻中的四氢大麻酚用于缓解癌症和艾滋病等疾病患者的恶心、疼痛和食欲不振等症状。

自然存在的酚类化合物中，通常有两个或更多的羟基与苯环直接相连。棉酚是一种有毒化合物，被归为多酚，因为它在 4 个不同的苯环上连着 6 个羟基。

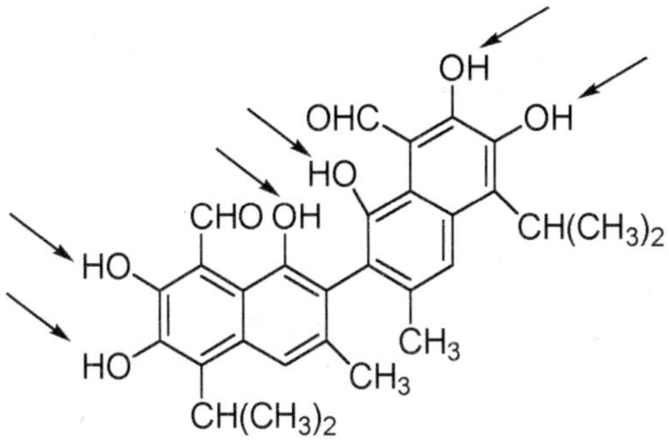

棉酚分子。6 个酚羟基（—OH）用箭头标出

棉酚是从棉花种子中提取的，研究表明这种化合物能有效抑制男性的精子生成，使其成为男性化学避孕方法的潜在候选项，而这种避孕药的社会影响可能相当深远。

绿茶中也有一种酚类化合物，它的名称相当复杂，叫作表没食子儿茶素 -3- 没食子酸酯（epigallocatechin-3-gallate, 也称绿茶素），其分子中包含的酚羟基数量更多。

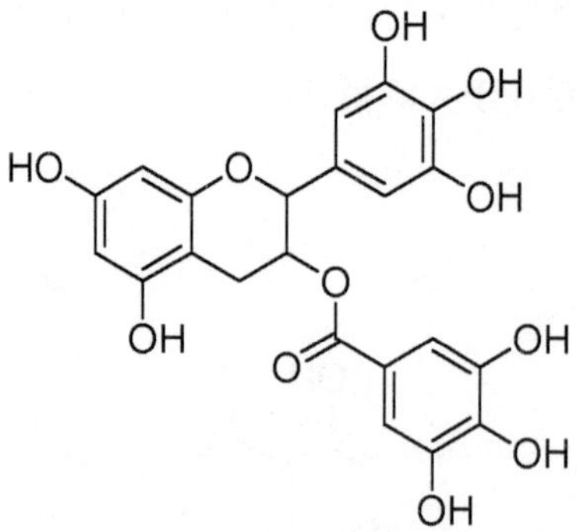

绿茶中的表没食子儿茶素-3-没食子酸酯分子有8个酚羟基

近年来，有人声称绿茶素能针对多种类型的癌症为人类提供保护。另有研究表明，红酒中的多酚化合物可以抑制一种物质的产生，这种物质是导致动脉硬化的因素之一，这可能解释了为什么在很多红酒消费市场大的国家，尽管饮食中有大量黄油、奶酪和其他高动物脂肪的食物，人们的心脏病发病率却相对较低。

塑料——苯酚的用武之地

然而，尽管苯酚的多种衍生物都很有价值，但给我们的世界带来最大变化的却是其母体化合物——苯酚本身。苯酚分子不仅对无菌手术的发展意义重大，而且在一个全新行业的发展过程中也发挥了重要但迥然不同的作用，而且其重要意义可能还更大。

大约在李斯特利用石炭酸进行实验的同时，人们逐渐开始流行用象牙制作各种物品，包括梳子、餐具、纽扣、盒子、西洋棋棋子和钢琴键等。随着越来越多的大象被杀害，作为原材料的象牙也变得稀缺且昂贵。对大象数量日渐减少的关切在美国表现得最为明显，个中原因并不是我们今天所推崇的保育运动，而是台球运动的蓬勃兴起。制作台球，需要用质量非常高的象牙为原料，才能保证球在滚动时不偏位。所需原料必须取自毫无瑕疵的象牙的中心部分，而且通常每50根象牙中才有1根的密度均一性符合要求。

在19世纪的最后几十年里，随着象牙供应的减少，用人造材料取而代之似乎是一种可行的解决办法。第一批人造台球是由木浆、骨粉和可溶性棉浆等物质的混合物压制而成的，并浸渍或涂有硬质树脂。树脂的主要成分是纤维素，通常是某种硝化纤维素。后来出现了工艺更复杂的台球，使用的材料是基于纤维素的聚合物赛璐珞。赛璐珞的硬度和密度可以在制造过程中进行控制。赛璐珞是第一种热塑性材料，也就是说，它可以在同一个工艺流程中进行多次熔化和重塑，这种工艺后来导致了现代注塑机的出现，有了注塑机，就可以制作各种形状的塑料制品，而且成本低廉，操作简便。

赛璐珞聚合物的一个主要问题是易燃，而且有可能发生爆炸，尤其是在有硝化纤维素参与的情况下。当前还没有关于赛璐珞台球爆炸的记录，但赛璐珞总归是一个安全隐患。在电影业中，胶片最早是用一种赛璐珞聚合物作为原料的，而这种聚合物是用硝化纤维素制成的，并使用樟脑作为增塑剂来提高胶片的柔韧性。1897 年，巴黎一家电影院发生火灾，这场灾难造成 120 人死亡，在此之后，电影放映室的墙壁都会铺上锡箔，以防止胶片起火时火势蔓延。然而，这一预防措施却无法保障放映员的安全。

20 世纪初，移民美国的比利时青年利奥·贝克兰（Leo Baekeland）开发出了第一种真正意义上的合成塑料。这可以说是一场革命，因为在此之前，人们制造的各种聚合物多少都有一部分是由天然存在的纤维素构成的。凭借这一发明，贝克兰开启了塑料时代。他是一名天资聪颖而且富于创造力的化学家，21 岁时就获得了根特大学的博士学位，本可以安于稳定的学术生活的他却选择移民到新大陆，他相信在那里更有机会钻研和开发自己的化学发明。

起初，这个选择看上去是个错误，尽管他在数年间勤奋地研究了许多可能具有商业价值的产品，但到 1893 年他已经处于破产的边缘。由于急需资金，贝克兰决定孤注一掷，找到了乔治·伊士曼（George Eastman），也就是伊士曼·柯达（Eastman Kodak）摄影公司的创始人，要向他出售自己设计的一种新型相纸。这种相纸是用氯化银乳剂制备的，能够省掉照片冲洗过程中的清洗和加热步骤，而且还能提高感光度，可以用人工光源（19 世纪 90 年代的煤气灯）曝光。这样一来，业余摄影师在家里就能快速且方便地冲洗照片，或者将照片送到全国各地开设起来的冲洗室冲洗。

在乘火车去见伊士曼的时候，贝克兰决定为他的新相纸开价 5 万美元，毕

优质象牙的数量越来越少，电木等酚醛树脂材料逐渐替代了象牙

竟与伊士曼公司使用的赛璐珞产品相比，新相纸有了重大改进，很好地解决了起火的隐患。贝克兰告诉自己，如果不得不妥协，也不能接受低于 2.5 万美元的价格，这个数目在当时仍相当可观。然而，伊士曼对贝克兰的相纸印象极佳，并当场提出支付 75 万美元，这在当时毫无疑问是笔巨款。喜出望外的贝克兰表示接受，并用这笔钱在自己家旁边建立了一个现代化实验室。

经济问题解决之后，贝克兰将注意力转向创造一种合成的虫胶，这种材料已被作为漆和木材防腐剂使用了很多年，至今仍在使用。虫胶是从原产于东南亚的雌性紫胶虫（*Laccifer lacca*）的分泌物中获得的。这种甲虫附着在树上，吸食树液，最终会用分泌物把自己完全包裹起来。这种甲虫会在繁殖后死亡，人们就收集它们的外壳并熔化，所得到的液体要进行过滤，去除甲虫的尸体，从而获得虫胶。生产 1 磅虫胶需要用到 1.5 万只甲虫，花上 6 个月的时间。如果只把虫胶作为薄涂层使用，价格还算可以承受，但大量使用虫胶的电气行业在 20 世纪初迅速扩大，对虫胶的需求猛增。制作电绝缘体的成本，即便只是使用浸过虫胶的纸，也是很高的。贝兰克意识到，在这个不断增长的市场中，要生产绝缘体必须使用人工虫胶。

贝克兰解决虫胶制造问题的第一个方法涉及苯酚——李斯特成功改变了外科手术面貌的那种分子——与甲醛的反应，甲醛是一种用甲醇（也叫木醇）制备而得的化合物，当时被殡仪业广泛用作防腐剂，也用于保存动物标本。

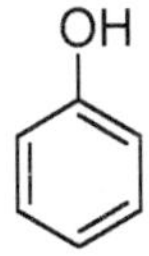

苯酚 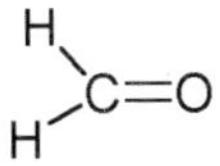　　　　甲醛

以前就曾有人尝试把这两种化合物结合起来，但结果往往不尽如人意。快速且不受控的化学反应导致所形成的材料既不可溶，也无法进行灌注，这样的材料太脆、缺少柔韧性，不堪使用。但贝克兰敏锐地认识到，他要制造生产电绝缘体用的合成虫胶，这些特性正是他所需要的，但前提是他能对化学反应加以控制，这样形成的材料就能进行加工，成为可用之物。

1907 年，贝克兰通过一种能够控制温度和压力的反应，得到了一种液体，这种液体能迅速硬化成一种透明的琥珀色固体，能完美契合模具或容器的形状。他将这种材料命名为“贝克莱特”（Bakelite，也就是我们常说的电木），并将用于生产这种材料的改良的压力锅式装置称为“贝克莱特生成器”（Bakelizer）。考虑到贝克兰为了合成这种物质，花了五年时间研究这种反应，我们也许可以理解他“植入”自己姓氏的这种自我营销行为。

虽然虫胶加热后会扭曲，但电木即使在高温下也能保持形状。一旦成型，它既不会熔化，也无法重新塑形。电木是一种热固性材料，也就是说，会永远保持其形状，这与赛璐珞这样的热塑性材料正好相反。这种酚醛树脂独特的热固性来源于它的化学结构：电木中的甲醛可以在苯酚的苯环上的 3 个不同位置发生反应，令聚合物链之间形成交联。电木之所以如此坚硬，就是因为连接在原本就具刚性和平面性的苯环上的这些非常短的交联链节。

在制作电绝缘体方面，电木的性能优于任何其他材料。它比虫胶或浸渍了虫胶的纸绝缘体更耐热，它也没有陶瓷或玻璃绝缘体那么脆，并且它的电阻性比瓷或云母更好。电木不会因遇阳光、水、盐雾或臭氧而发生反应，而且不受酸和其他溶剂的影响。总而言之，它不容易开裂、掉渣、变色、褪色、燃烧或熔化。

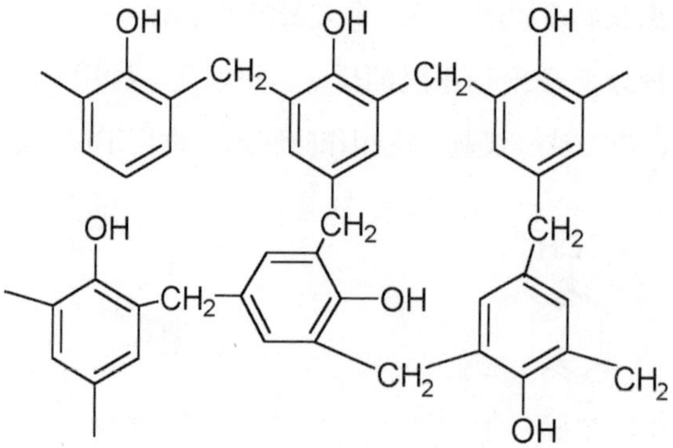

电木的化学式，各苯酚分子通过 $-CH_2-$ 交叉连接。连接的方式不止一种，在电木中，以何种方式连接是随机的

后来有人发现，电木是制作台球的理想材料，虽然发明者最初的意图并不在此。电木的弹性与象牙的弹性非常相似，并且电木台球彼此碰撞时可以发出与象牙台球同样令人愉悦的“咔嗒”声，而赛璐珞台球就无法产生这种对爱好者而言很重要的效果。到 1912 年，几乎所有非象牙台球都是由电木制成的。再后来，人们发现电木还可以应用于很多领域，仅仅数年的时间里，电木制品已经俯拾即是。电话机、碗、洗衣机搅拌器、管轴、家具、汽车零件、钢笔、盘子、眼镜、收音机、照相机、厨房设备、刀柄、刷子、抽屉、浴室配件，甚而艺术品和饰品都可以用电木制作。电木已经成为人们口中的“万用材料”，尽管如今其他酚醛树脂已经取代了这种原始版本的棕色材料。在电木之后出现的众多树脂都是无色的，并且很容易染成不同颜色。

苯酚的风味

以苯酚分子为基础，创造出一种人工合成的物质，用以取代某种供不应求的自然物质，这样的例子不胜枚举，并非只有电木而已。以香兰素为例，市场需求早已超过从香荚兰中所能获得的供应。因此，合成香兰素应运而生，而且其来源相当出人意料：造纸过程中用亚硫酸盐对木浆进行处理所产生的废浆液。废浆液的主要成分是木质素，一种存在于陆地植物的细胞壁中和细胞壁之间的物质。木质素可以提高植物的硬度，约占木材干重的 25%。它不是一种化合物，而是由不同单体通过交错键交叉连接而成的酚类聚合物。

软木和硬木的木质素在结构方面存在差异，这一点从两者的构件结构中可以看出。木材的硬度取决于酚类分子之间的交联程度。三重取代的苯酚交联数量更多，而这种苯酚仅存在于硬木中，这就解释了为什么硬木比软木更硬。

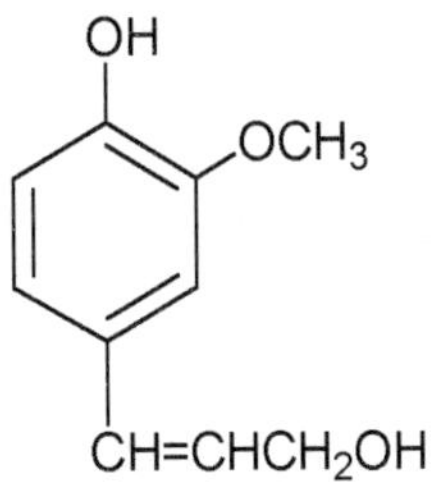

OH
OCH_3
$CH{=}CHCH_2OH$

软木（二重取代苯酚）

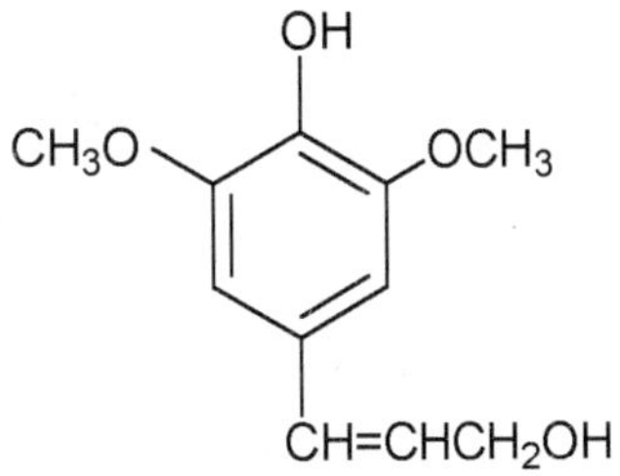

OH
CH_3O
OCH_3
$CH{=}CHCH_2OH$

硬木（三重取代苯酚）

下图所示是木质素的代表性结构，显示了构件单元之间的部分交联，可以看出与电木有明显的相似之处。

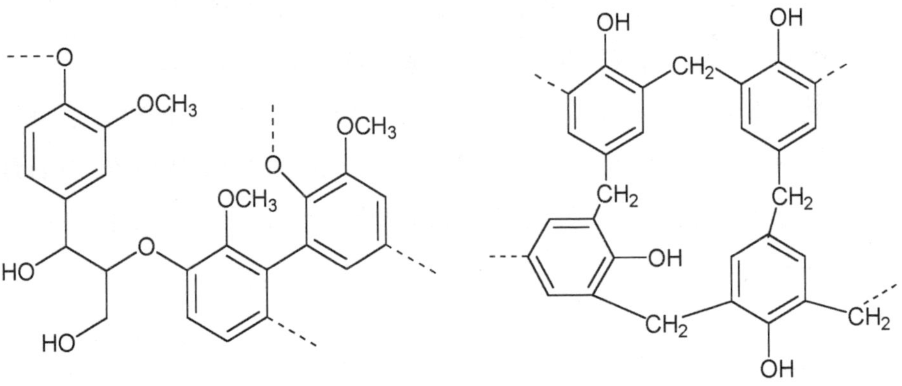

O
OCH_3
OCH_3
O
OCH_3
HO
O
HO

OH
CH_2
OH
CH_2
CH_2
OH
CH_2
CH_2
OH

木质素结构片段（左）。虚线表示与分子的其他部分相连。电木（右）的结构中也存在苯酚单元的交联

下页图片木质素结构中圈起来的部分与香兰素分子的结构非常相似。木质素分子在受控条件下分解，可以产生香兰素。

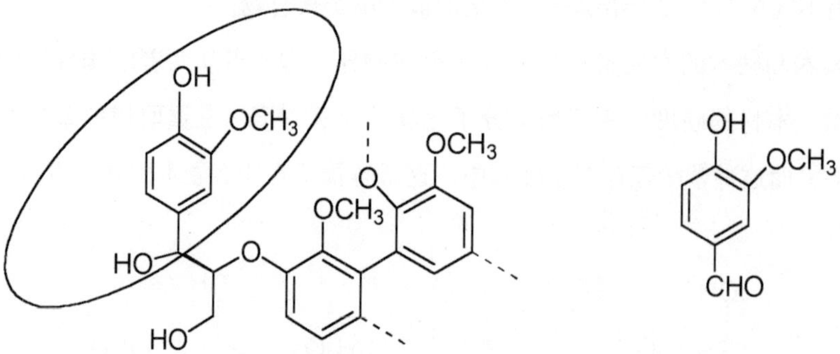

木质素（左），圈起来的部分与香兰素分子（右）的结构非常相似

合成香兰素可不仅仅是天然香兰素的化学“仿制品”，事实上，从化学角度而言它的纯度与提取自香荚兰的天然香兰素绝对相同。然而，从整颗香草豆中获取的香草精含有微量的其他化合物，这些化合物与香兰素分子一起形成了“真正的香草味”。人工香草精含有合成的香兰素，通常也会添入焦糖作为着色剂。

虽然听起来很奇怪，但香草和苯酚分子之间存在着某种化学联系，那就是石炭酸。在长期的高压及适宜的温度环境下，不断分解的植物材料会形成煤炭，而这里所说的“植物材料”当然包括木质素（来自木质组织）和纤维素（植物的另一种主要成分）。对家庭和工业领域而言，煤气是一种重要的燃料，加热煤炭可以得到煤气，这个过程会产生一种具有刺鼻气味的黑色黏稠液体。这就是煤焦油，李斯特制备石炭酸就是以煤焦油为原料的，而从根本上来说，他使用的杀菌剂苯酚来自木质素。

正因为有了苯酚，才有了首例无菌手术，医生进行外科手术时才不必担心可能危及生命的感染风险。数以万计在事故或战争中受伤的人，他们的生存前景也因苯酚而得以改善。如果没有苯酚以及在苯酚之后出现的杀菌剂，今天那些令人惊叹的外科手术——髋关节置换、开胸手术、器官移植、神经外科和显微外科修复——就永远不可能成为现实。

投资了贝克兰发明的相纸后，乔治·伊士曼终于有能力提供质量更好的胶片，再加上 1900 年时推出的一款非常便宜的相机——售价仅 1 美元的柯达布朗尼，摄影就从专属于富人的爱好变成了普通人也能从事的活动。伊士曼的投资为塑料时代第一种真正的合成材料——电木的研发提供了资金，电木以苯酚为原料，可用来制造电绝缘体，电能是现代工业世界的重要组成部分，而电能的广泛应用与电绝缘体密不可分。

我们所讨论的酚类化合物在许多重大方面（无菌手术、塑料的研发、爆炸性酚类化合物）和许多细微方面（潜在的健康因素、辛辣的食物、天然染料、廉价的香草）改变了我们的生活。酚类化合物的结构千变万化，正因如此，这些化合物很可能会继续影响历史的进程。

第八章

异戊二烯

你想过吗，如果汽车、卡车和飞机没有了轮胎，世界会变成什么样？如果发动机没有了密封垫片和风扇皮带，衣服没有了松紧带，鞋子没有了防水底，生活会变成什么样？橡皮筋看上去毫不起眼，用处却很大，如果连橡皮筋都没有了，我们的日子会过得怎么样？

虽然在日常生活中橡胶和橡胶制品司空见惯，但我们可能从未认真思考过橡胶是什么，以及它如何改变了我们的生活。尽管人类与橡胶打交道的历史已有千百年之久，但直到最近一个半世纪，橡胶才成为人类文明的重要组成部分。橡胶的化学结构赋予了它独特的属性，对这种结构进行某些化学操作会产生一种分子，有人从这种分子中获得了财富，也有人因为这种分子失去了生命，更有甚者，有些国家被这种分子永久地改变了。

橡胶寻源

在中美洲和南美洲的大部分地区，橡胶早就广为人知。通常认为，亚马孙河流域的印第安部落最早将橡胶用于装饰和实用目的。墨西哥韦拉克鲁斯附近的中美洲考古遗址出土的橡胶球，可以追溯到公元前 1600 年至前 1200 年之间。1495 年，哥伦布在第二次航行到新大陆时，看到伊斯帕尼奥拉岛上的印第安人在玩一种用植物胶制成的重球，这种球弹得很高，他大为吃惊。“比西班牙那些装满风的球还要好”，他在报告中写道，他说的可能是西班牙人当成球来玩的充气动物膀胱。哥伦布带了一些这种新材料回到欧洲，在他之后到访新大陆的其他旅行者也都会这么做。不过，这些样本乳胶在当时主要作为一种满足人们猎奇心理的新奇物件。在炎热的天气里，乳胶会变得又黏又臭，而在欧洲寒冷的冬季，乳胶则变得又硬又脆。

一个名叫查尔斯－玛丽·德·拉·孔达米纳（Charles-Marie de La Condamine）的法国人是第一个调查这种东西是否有什么实际用途的人。拉·孔达米纳可是位多才多艺的人物，在不同人的记述中，他是一个数学家、地理学家、天文学家，也是花花公子、冒险家。拉·孔达米纳曾受法国科学院的委派，测量穿越秘鲁的子午线，以确定地球两极是否真的稍微扁平。完成科学院的委派后，他决定利用这个机会探索南美丛林，于 1735 年带着一些从“哭泣之树”上凝结的树胶球回到了巴黎。他观察到厄瓜多尔的欧米茄印第安人从哭泣之树上收集黏稠的白色汁液，然后在冒着浓烟的火堆上熏烤，并塑造成各种形状，以制作容器、球、帽子和靴子。遗憾的是，因为没有经过熏制，拉·孔达米纳携带的原料树胶样品仍然是乳胶，在运输过程中发酵了，到达欧洲时已经变成一坨臭烘烘的无用之物。

乳胶是一种胶体乳液，是天然橡胶颗粒分散于水中而成的悬浮物。许多热带乔木和灌木都会产生乳胶，包括印度榕（*Ficus elastica*），这种室内植物通常被称为“橡胶树”。在墨西哥部分地区，当地人仍以传统方式从野生橡胶树——弹性卡斯桑木（*Castilla elastica*）收获乳胶。广泛分布的大戟属（*Euphorbia*）植物中的所有成员都能产生乳胶，包括我们熟悉的圣诞红、沙漠地区长得像仙人掌且多汁的绿玉树（*Euphorbia tirucalli*）、落叶及常绿性灌木大戟以及一年生、生长快速的北美银边翠（*Euphorbia marginata*），也被称为“高山积雪”。灰白银胶菊（*Parthenium argentatum*）是一种生长在美国南部和墨西哥北部的灌木，也会大量产生天然橡胶。此外，毫不起眼的蒲公英虽然既不是热带植物，也不是大戟属植物，但也能产生乳胶。天然橡胶产量最大的当数源于巴西亚马孙地区的一种树——巴西橡胶树。

顺式与反式

天然橡胶是异戊二烯分子形成的聚合物。异戊二烯只有 5 个碳原子，是所有天然聚合物中最小的重复单元，因此橡胶也就是最简单的天然聚合物。有关橡胶结构的第一个化学实验是由伟大的英国科学家迈克尔·法拉第（Michael Faraday）进行的。如今，法拉第经常被认为是物理学家而不是化学家，不过他认为自己是“自然哲学家”，在他生活的时代，化学和物理学之间的界限还没有那么泾渭分明。虽然法拉第主要因为在电学、磁学和光学方面的物理学发现而被人们铭记，但他在化学领域也做出了相当大的贡献，其中就包括 1826 年他将橡胶的化学式定为 C_5H_8 的倍数。

到 1835 年，人们已经知道，橡胶经过蒸馏可以提取出异戊二烯，这表明橡胶是重复的 C_5H_8（异戊二烯）单元的聚合物。数年后，人们通过实验发现异戊二烯可以聚合为橡胶状物质，这一观点再次得到证实。异戊二烯分子的结构通常被写成相邻碳原子上有 2 个双键。但实际上 2 个碳原子之间的任何单键都可自由旋转，如图所示。

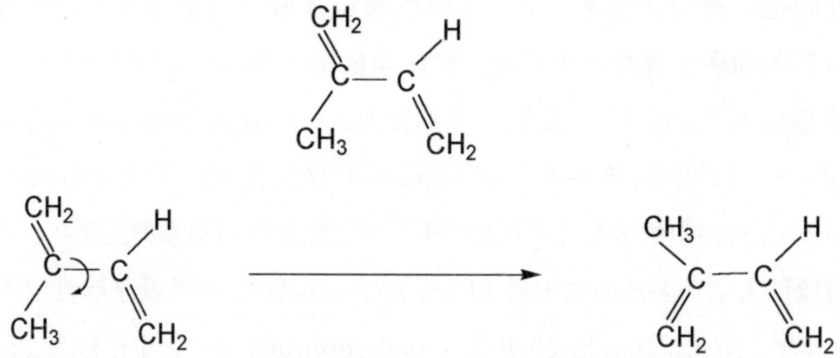

因此，这两种结构——以及围绕该单键的所有其他可能的扭转——仍然是同一化合物。如果异戊二烯分子以端对端的方式彼此相连，就会形成天然橡胶。橡胶的这种聚合过程会产生顺式双键。因为双键不能自由旋转，从而为分子提供了刚性。这样一来的结果如下页图所示，左侧的结构（顺式结构）与右侧的结构（反式结构）产生了差异。

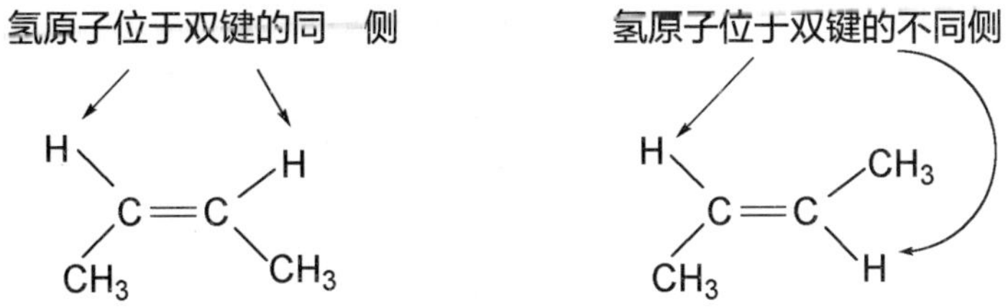

氢原子位于双键的同一侧　　氢原子位于双键的不同侧

顺式　　反式

在顺式结构中，2 个氢原子［以及 2 个甲基（$—CH_3$）］都在双键的同侧，而在反式结构中，两个氢原子（以及两个甲基）则在双键的不同侧。各种基团和原子在双键周围的排列方式的这种差异看似微不足道，造成的影响却相当大，使得异戊二烯分子的不同聚合物拥有不同的性质。具有顺式和反式这两种形式的有机化合物数量很多，异戊二烯只是其中的一种；顺式和反式结构的性质往往大相径庭。

下图中，4 个异戊二烯分子已经准备好端对端相连（以双向箭头表示），形成天然橡胶分子。

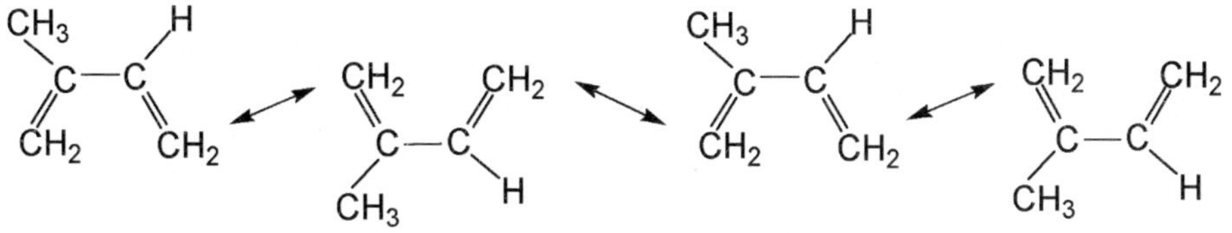

下图中，虚线表示这条长链通过连接异戊二烯分子继续进行聚合。

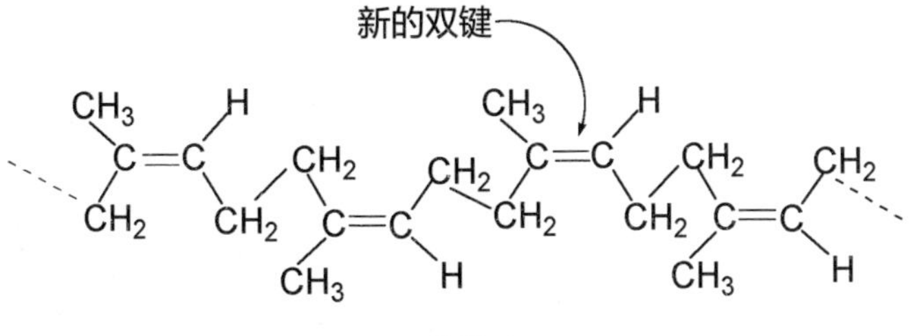

新的双键

天然橡胶

异戊二烯分子结合时会形成新的双键；相对于聚合物链而言，这些分子都是顺式的，也就是说，构成橡胶分子的碳原子长链在每个双键的同一侧。

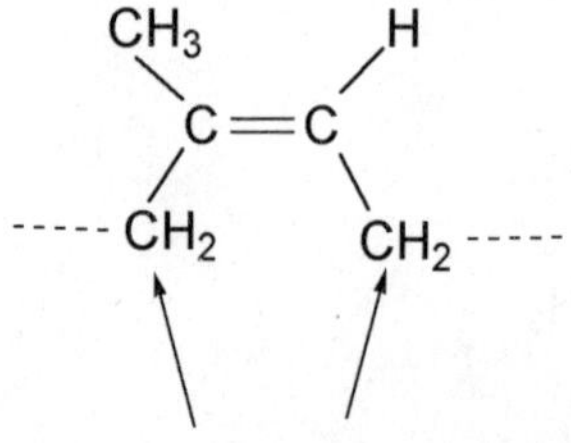

$$
\begin{array}{c}
CH_3 \qquad H \\
C{=}C \\
\cdots CH_2 \qquad CH_2 \cdots
\end{array}
$$

长链上的碳原子都位于双键的同一侧，因此这是一种顺式结构

顺式排列对橡胶的弹性至关重要。但异戊二烯分子的天然聚合并不总是顺式的。如果聚合物中双键周围的排列为反式，会产生另一种性质与橡胶大不相同的天然聚合物。我们可以用相同的异戊二烯分子来做说明，先将其扭转到如图所示位置：

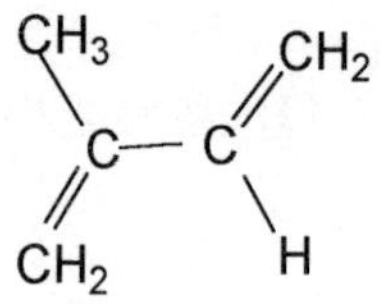

$$
\begin{array}{c}
CH_3 \qquad CH_2 \\
C{-}C \\
CH_2 \qquad H
\end{array}
$$

然后让4个这样的分子端对端相连，形成长链（双向箭头表示彼此相连）：

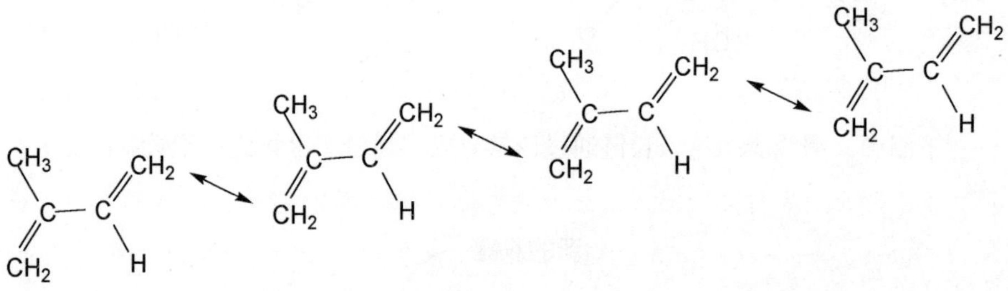

$$
CH_2{=}C(CH_3){-}CH{=}CH_2 \leftrightarrow CH_2{=}C(CH_3){-}CH{=}CH_2 \leftrightarrow CH_2{=}C(CH_3){-}CH{=}CH_2 \leftrightarrow CH_2{=}C(CH_3){-}CH{=}CH_2
$$

最后就会得到反式结构。

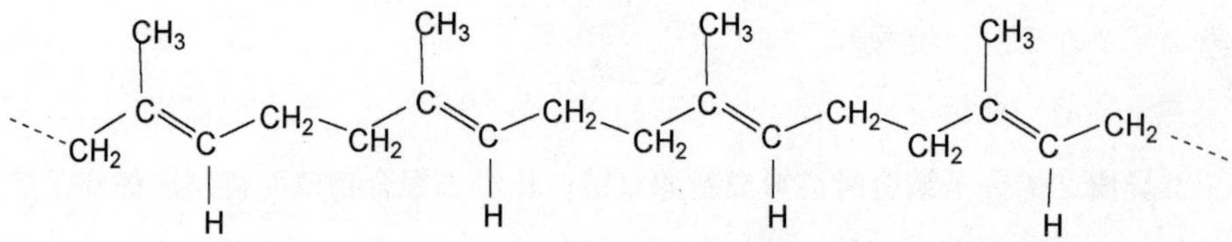

$$
\cdots CH_2{-}C(CH_3){=}CH{-}CH_2{-}CH_2{-}C(CH_3){=}CH{-}CH_2{-}CH_2{-}C(CH_3){=}CH{-}CH_2{-}CH_2{-}C(CH_3){=}CH{-}CH_2\cdots
$$

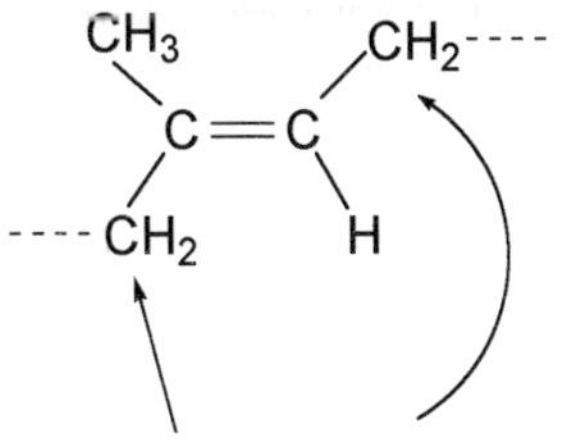

碳长链从双键的一侧穿到另一侧，因此这是一种反式结构

这种反式异戊二烯聚合物天然存在于两种物质中，即古塔胶和巴拉塔胶。古塔胶可以从多种山榄科植物的乳胶中提取获得，特别是原产于马来半岛的胶木属（*Palaquium*）树木。约有 80% 的古塔胶是反式的异戊二烯聚合物。巴拉塔胶是由原产于巴拿马和南美洲北部的巴拉塔树的乳胶制成的，含有相同的反式聚合物。古塔胶和巴拉塔胶都能熔化并且塑形，但若暴露在空气中一段时间后，这两种胶都会变得像牛角一样坚硬。但是，如果这些物质浸在水中，就不会发生这种变化，因此在 19 世纪末和 20 世纪初，古塔胶被广泛用作水下电缆的涂层。古塔胶也广泛应用于医疗制品，比如医用夹板、导管、镊子、皮肤糜烂的敷料以及牙齿和牙龈龋洞的填料。

要问谁最能欣赏古塔胶和巴拉塔胶的特性，那肯定非高尔夫球手莫属了。高尔夫球最初是木制的，通常取材自榆木或山毛榉。到了 18 世纪初，苏格兰人发明了羽毛制高尔夫球，这种球的皮革外壳内部塞满了鹅毛。羽毛制高尔夫球的优势在于击球距离是木球的 2 倍，劣势在于易受潮，如果天气潮湿就很不好用。羽毛制高尔夫球还容易开裂，价格通常是木球的 10 倍以上。

1848 年，古塔球面世。人们先是把古塔胶在水中煮沸，然后用手（后来使用金属模具）将其塑成球体，最后在空气中自然硬化而成。古塔球很快就流行开来，但这种球也有弊端。异戊二烯的反式异构体往往会随着时间的推移而变硬、变脆，所以，这种古塔球如果用久了就有可能在半空中破裂。为此，人们修改了高尔夫球比赛规则，如果发生这种情况，允许在最大碎块掉落的位置换上一个新球，然后继续比赛。后来人们发现，有磨损或有划痕的球往往能打得更远，因此工厂开始对新球进行预刻，最终出现了今天的有“酒窝”的高尔夫球。19 世纪末，异戊二烯的顺式异构体也进入了高尔夫世界，当时出现了一种球，以古塔球为核，然后用橡胶包裹起来，外壳仍由古塔胶制成。现代高尔夫球的生产会用到多种材料，但即使在今天，许多高尔夫球的结构中仍包括橡胶。反式异戊二烯聚合物——通常来自巴拉塔胶而非古塔胶——有时仍被用于制作球体外壳。

橡胶推广大使

除迈克尔·法拉第之外，还有很多人对橡胶进行了实验。1823年，格拉斯哥的化学家查尔斯·麦金托什（Charles Macintosh）使用石脑油（当地煤气厂的废料）作为溶剂，将橡胶转化为可适应织物形状的涂层材料。用这种方法处理过的织物所制成的防水衣被称为“麦金托什”，直到今天，在英国雨衣仍然被叫作“麦金托什”（或“迈克”）。麦金托什的发现使得橡胶广泛应用于发动机、软管、靴子、套鞋、帽子、大衣等产品的制作。

19世纪30年代初，美国兴起了一段时间的“橡胶热”。但是，尽管防水性能良好，早期橡胶服装的受欢迎程度还是每况愈下，因为人们发现，这种衣物在冬天会变得又硬又脆，而在夏天又会软化成散发出臭味的胶状物。“橡胶热”差不多刚一开始就结束了，在当时的人们看来，橡胶只是一种新奇物件，唯一的实际用途就是做成橡皮擦。1770年，英国化学家约瑟夫·普里斯特利（Joseph Priestley）创造了“rubber”（意为橡皮擦，后来成了“橡胶”的代名词）这个词，他发现比起当时使用的湿面包，一小块橡胶能更有效地擦除铅笔痕迹。在英国，橡皮擦以“India Rubbers”（意为印度橡胶）这个商品名售卖，这使得“橡胶来自印度”这一错误观念更加深入人心。

就在第一轮“橡胶热”退烧之际，1834年左右，美国发明家、企业家查尔斯·古德伊尔（Charles Goodyear）开始了一系列实验，引发了远较第一次更持久的全球橡胶热。古德伊尔是一名优秀的发明家，却不是一名合格的企业家。他一生中多次债台高筑，数次破产，还留下一句广为流传的“名言”：债务人监狱就是我的宾馆。他有一个想法，将一种干粉与橡胶混合在一起，吸收多余的水分——正是因为这些水分，橡胶才会在炎热的天气里变得非常黏稠。按照这一逻辑，古德伊尔尝试将各种物质与天然橡胶混合，然而所有尝试都以失败告终。每当他以为找到了正确的配方时，夏季就会又一次证明他错了；每当温度升高，用橡胶制成的靴子和衣服就会下垂，散发出难闻的味道。他的作坊发出的气味让邻居们叫苦不迭，为他提供资金支持的人也纷纷退避三舍，但古德伊尔并没有放弃的打算。

有一条实验路径似乎有些希望。用硝酸处理过后，橡胶会变成一种看上去干燥而且光滑的材料，古德伊尔希望即使在温度大幅波动的情况下，橡胶也能保持这种状态。他再一次找到了资金支持者，出资人还设法获得了一份政府合同，内容是供应经硝酸处理的橡胶邮袋。古德伊尔确信，这一次他必将获得成功的眷顾。他把生产出来的邮袋存放在一个上锁的房间里，就带着家人避暑度假去了。等他回到家，熟悉的一幕出现在眼前：邮袋已经熔化得一塌糊涂。

古德伊尔的重大突破出现在1839年冬季。当时他一直在试验用硫粉作为干燥剂，有一次他不小心把一些混有硫粉的橡胶掉在了一个热炉子上面。突然间他福至心灵，从已经变成焦煳状的这坨物质中看到了曙光。他现在确信，硫和热量以某种方式改变了橡胶，而他孜孜矻矻寻找的，就是这种方式，尽管他还不知道要用多少硫，以及需要多高的温度。古德伊尔把家庭厨房当成实验室，继续进行实验。经过硫浸渍的橡胶样品被压在红热的烙铁之间，在烤箱里烘，在火上烤，在水壶上蒸，有时还被埋在热沙里。

终于，百折不回的坚持给古德伊尔带来了回报。五年后，他实现了能够产生均一结果的生产工艺，所生产的橡胶不管天气冷热，都能保持韧性、弹性和稳定性。但是，在用成功的橡胶配方展示他作为一个发明家的能力之后，古德伊尔又开始显露出他作为商人的无能。他虽然拥有诸多橡胶专利，获得的相关收益却少之又少。相反，那些买下他卖出的专利权的人却大发其财。尽管古德伊尔将至少32起案件一直打到美国最高法院并获胜，但终其一生都被专利侵权所困扰。他的心思并不在橡胶生意上面，仍深深迷恋于他所预见到的这种物质的无限可能性：橡胶钞票、珠宝、船帆、油漆、汽车弹簧、船舶、乐器、地板、潜水服、救生筏——很多设想后来都变成了现实。

他同样不擅长处理橡胶的国际专利权。他把用新配方制成的橡胶样品送到英国，而且非常谨慎，没有透露硫化工艺的任何细节。但英国橡胶专家托马斯·汉考克（Thomas Hancock）注意到其中一份样品上有硫粉的痕迹。当古德伊尔终于在英国申请专利时，却赫然发现汉考克在几周前就已经申请了几乎一模一样的硫化工艺的专利。古德伊尔拒绝了汉考克提出的在专利中享有一半权益的提议，愤而提起诉讼，最后以失败告终。19 世纪 50 年代，伦敦和巴黎分别举办了世界博览会，都展示了这种新材料，而且展厅完全是用橡胶建造的。但是，当古德伊尔的法国专利和专利权费因一个无足轻重的细节而遭取消时，他已无力支付账单，再次在债务人监狱中度过了一段时间。令人大跌眼镜的是，在被关押在法国监狱期间，古德伊尔被授予法国荣誉军团十字勋章。人们都倾向于相信，拿破仑三世皇帝授予这枚勋章，表彰的是作为发明家而非作为企业家的古德伊尔。

橡胶的弹性哪里来?

古德伊尔并不是化学家，他不知道为什么硫和热量会对天然橡胶产生如此神奇的效果。他不知道异戊二烯的结构，不知道天然橡胶是异戊二烯聚合物，也不知道他已经通过硫化过程实现了橡胶分子之间至关重要的交联。一旦提供热量，硫原子就会形成交联，将橡胶分子的长链位置固定。在古德伊尔这次发现——他把这一工艺称作“伏尔甘神技”，以罗马神话中火神伏尔甘（Vulcan）的名字命名——之后 70 多年，英国化学家塞缪尔·皮克尔斯（Samuel Shrowder Pickles）提出橡胶是异戊二烯的线性聚合物，硫化过程才得到了科学的解释。

橡胶之所以有弹性，根本原因在于它的化学结构。异戊二烯聚合物的长链是随机缠绕的，一旦被拉伸，就会延展并在拉伸方向排列。一旦拉伸力消失，这些分子链就会重新缠绕起来。天然橡胶分子全顺式结构的长链具有弹性，但彼此之间不够紧密，链与链之间不能产生非常多的有效交联，一旦受力，原先排列好的分子就会滑动错位。与此形成鲜明对比的是，全反式异构体呈高度规则的人字形排列，这些分子紧密结合在一起，形成有效的交联，防止长链彼此错位，这样一来就无法延展。正因如此，古塔胶和巴拉塔胶——都是反式异戊二烯——很坚硬，不易变形，而橡胶——顺式异戊二烯——则易变形，有弹性。

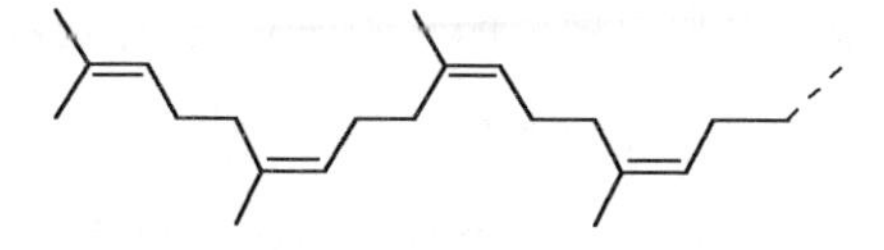

橡胶分子的顺式异构体长链无法与另外一个橡胶分子紧密结合，因此几乎不会发生交联的情况。一旦受到拉力，各分子会滑动错位

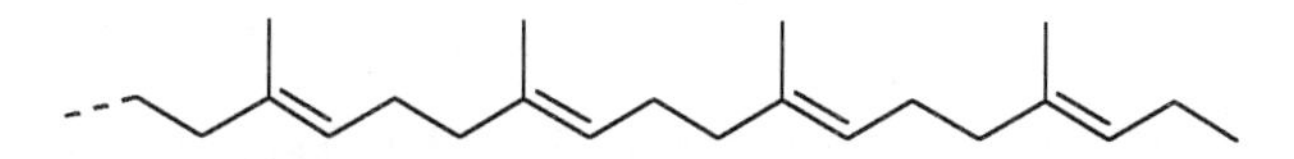

橡胶分子的反式异构体长链紧密结合在一起，相邻的分子之间交联情况多有发生。这样一来，施加拉力的时候就不会滑动，对古塔胶和巴拉塔胶施加拉力则不会变长

古德伊尔的办法是，在天然橡胶中加入硫粉并加热，这就通过二硫键（S—S）形成了交联；要形成新键，加热是必不可少的步骤。足够多的二硫键可以使橡胶分子保持弹性，同时防止彼此之间发生错位。

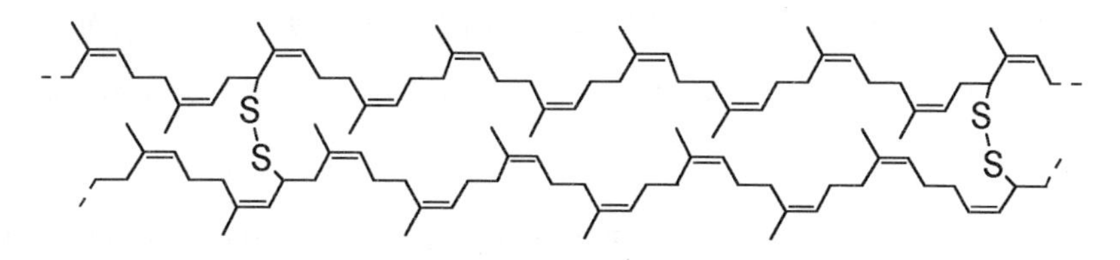

二硫键可以防止橡胶分子彼此间发生错位

在古德伊尔做出这项发现后，硫化橡胶成为世界上重要的商品之一，并且成为战时的重要物资。只需添加占橡胶重量 0.3% 的硫，就能改变天然橡胶弹性的温度适应范围，使其在炎热时不再黏稠，寒冷时不再脆硬。用于制造橡皮筋的软橡胶含有大约 1% 到 3% 的硫；若含硫量达 3% 到 10%，以此制造的橡胶有更多的交联，弹性由此降低，可用于生产汽车轮胎。如果交联进一步增多，橡胶就会变得过于坚硬，无法满足需要弹性的用途，不过，由古德伊尔的弟弟尼尔森开发的硬橡胶就是一种非常坚硬的黑色材料，可用作绝缘体，这是一种含硫量达 23% 至 35% 的硫化橡胶。

橡胶影响历史

一旦人们认识到硫化橡胶的种种潜在用途，对这种材料的需求便自然而来。

尽管许多热带树木都能产出类似橡胶的乳胶产品，但巴西橡胶树却是亚马孙雨林独有的品种。短短数年间，橡胶大亨通过契约劳工（主要是亚马孙盆地的土著居民）的劳作变得非常富有。虽然没有得到普遍承认，但这种负债的依附关系非常接近于奴隶制，这是毫无疑问的。劳工一旦签约，就会获得贷款，从雇主那里购买设备和物资。但由于工资永远抵不过成本，劳工的债务就不断积累。橡胶工人日出而作，日落而息，整日忙于割开橡胶树的树皮、收集乳胶，在冒着浓烟的火堆上固化乳胶，并将黑黢黢的乳胶固体球拖到水路边，以供运输。每年12月至来年6月的雨季，乳胶无法凝固，工人们仍然要待在条件恶劣的营地里，由野蛮的监工看守，但凡有人想逃跑，都会被毫不留情地射杀。

亚马孙河流域的树木中，橡胶树的占比只有不到1%。产量最高的树一年也只产3磅橡胶。一名技艺精湛的工匠每天能生产大约25磅的烟熏橡胶。熏好的乳胶球会被独木舟运到下游的贸易站，最终到达马瑙斯市。马瑙斯是个内陆城市，距大西洋900英里，位于内格罗河边，内格罗河与亚马孙河汇合处以北11英里处。凭借橡胶贸易，马瑙斯从一个小小的热带河边市镇发展成为欣欣向荣的城市。数以百计的橡胶大亨（以欧洲人为主）赚取了巨额利润，过上了挥金如土的生活，在马瑙斯，他们的奢靡无度与上游辛勤劳作的契约工人的悲惨境遇形成鲜明对比。在1890年至1920年亚马孙橡胶垄断的高峰期，在马瑙斯可以看到庞大的庄园、豪华的马车、经营各种异国商品的奢侈品商店、修剪整齐的花园，一切财富和繁荣的象征在这里应有尽有。这里有一座富丽堂皇的歌剧院，来自欧美的顶级明星在这里登台献艺。马瑙斯甚至一度成为世界上钻石消费数量最多的地方。

然而，橡胶泡沫破灭的日子也近在咫尺了。早在19世纪70年代，英国就开始担心热带森林中的野生橡胶树遭持续砍伐的问题。如果把树伐倒，每棵树就可以榨出更多的乳胶，最多可达100磅，而如果采用常规的割树采胶的方式，每棵树一年的橡胶产量只有3磅。弹性卡斯桑木是一种生产次级天然橡胶的树种，这种橡胶被称为“秘鲁大板”，可用于生产家居用品和儿童玩具，由于不断遭砍伐，这种树一度面临灭绝。1876年，英国人亨利·亚历山大·威克汉姆（Henry Alexander Wickham）乘坐一艘班轮离开亚马孙，他同时带上船的还有7万颗巴西橡胶树的种子（后来人们才知道巴西橡胶树才是胶乳产量最高的树种）。亚马孙森林有 17 种不同品种的橡胶树，威克汉姆选择的恰好就是橡胶产量最高的树种，是事先就心知肚明，还是运气使然，人们已经无从知晓。他乘坐的班轮为什么没有被巴西官员搜查也不清楚，可能是当局认为橡胶树不可能在亚马孙盆地以外的地方生长吧。

为了运输这批种子，威克汉姆花了不少心思，他把这些油性种子仔细包好，以防变质或发芽。1876 年 6 月的一个清晨，他拜访了英国皇家植物园园长、杰出的植物学家约瑟夫・胡克（Joseph Hooker）。皇家植物园位于伦敦郊外的邱地，胡克在这里辟出一座繁殖温室，种下了橡胶树的种子。几天后，一些种子开始发芽；后来有 1900 多株橡胶树苗被送往亚洲，另一个影响深远的橡胶王朝由此诞生。第一批树苗密封在微型温室中，在专人精心照料下运往锡兰的科伦坡。

当时，有关橡胶树的生长习性，以及亚洲的生长环境将如何影响乳胶的生产，人们几乎一无所知。英国皇家植物园为此成立了一个项目小组，对巴西橡胶树栽培的方方面面进行大量的科学研究。研究人员发现，与当时流行的看法相反，得到精心照料的橡胶树可以每天割胶。栽培的树木在四年后就开始产胶，而野生橡胶树开始割胶的树龄一直被认为是在 25 年左右。

亚洲最早的两个橡胶种植园建在雪兰莪州，位于现在马来西亚的西部。1896 年，澄澈琥珀色的马来亚橡胶首次运达伦敦。荷兰人很快在爪哇和苏门答腊建立了种植园，到 1907 年，英国人在马来亚和锡兰种植了约 1000 万株橡胶树，逾 30 万英亩的土地上，橡胶树井然排列，整齐有序。成千上万的移民工人来到这里，中国人进入马来亚，泰米尔人进入锡兰，为种植橡胶树提供了必不可少的劳动力。

非洲也受到了对橡胶的需求的影响，特别是非洲中部的刚果地区。19 世纪 80 年代，比利时国王利奥波德二世发现英国、法国、德国、葡萄牙和意大利已经瓜分了非洲大陆西部、南部和东部的大部分地区，于是只得在不那么令人艳羡的非洲中部地区进行殖民。几个世纪以来，由于奴隶贸易，该地区的人口不断下降。19 世纪的象牙贸易也同样产生了毁灭性影响，破坏了非洲人传统的生活方式。象牙商人的一个常见操作是抓捕当地人，要求以象牙做赎金，迫使整个村子里的人为救家人而加入捕象队伍，从事危险重重的捕象活动。随着象牙日益稀缺以及全球橡胶价格的上涨，商人们转而要求村民以生长在刚果盆地森林中的野生橡胶藤所产的红橡胶作为赎金。

利奥波德二世用橡胶贸易获得的利润，为他在非洲中部的殖民统治提供资金支持。他将大片土地租给了商业公司，如英比印度橡胶公司和安特卫普公司。橡胶的利润取决于产量。刚果人被强制要求采集橡胶树液，而且还有军方人员威逼他们放弃农业生产来收获橡胶。比利时人一出现，整个村庄的人都会躲起来，不然就有可能被抓走，像奴隶一样劳动。野蛮的惩罚司空见惯；那些没有采集到足够橡胶的人可能会被砍掉双手。面对利奥波德政权的倒行逆施，尽管有一些人道主义抗议，但其他殖民国家却允许以租赁方式获得橡胶特许权的公司大规模征用劳动力。

历史影响橡胶

与其他分子不同的是，橡胶改变了历史，但同样也被历史所改变。现在，“橡胶”一词可用于多种聚合物结构，20 世纪的诸多事件加速了橡胶产业的发展。种植园的橡胶供应迅速超过了亚马孙雨林的天热橡胶供应，到 1932 年，98% 的橡胶产自东南亚的种植园。这在当时也引起了美国政府极大的关切，因为尽管有储备橡胶的计划，但随着美国工业化程度的不断加深，运输部门不断扩大，对橡胶的需求也与日俱增。1941 年 12 月，日本偷袭珍珠港，美国卷入了第二次世界大战，富兰克林·德拉诺·罗斯福总统任命了一个特别委员会，就解决战时橡胶短缺问题的各种提案展开研究。该委员会的结论是：“如果不能迅速确保大量的橡胶供应，我们为战争所做的一切努力都将归于失败，我们的经济也将一蹶不振。”有人提出可以从分布在美国各州的多种植物中提取天然橡胶，比如加州的一枝黄以及明尼苏达州的蒲公英，但委员会否定了这个设想。尽管苏联确实曾在战争期间将本土的蒲公英充作橡胶的应急来源，但特别委员会认为，从这种来源获得的橡胶产量过低，质量也很不可靠。他们认为，唯一合理的解决方案是制造合成橡胶。

在此之前，通过异戊二烯的聚合来制造合成橡胶的尝试都未取得成功。问题在于橡胶分子中的顺式双键。在天然橡胶的生成中，酶会控制聚合过程，使双键呈顺式排列。但人工合成却没有这样的控制，结果得到的产品中的双键呈顺式和反式的随机排列组合。

当时人们已经知道，与天然橡胶类似的一种异戊二烯聚合物天然存在于南美洲的萨波塔铁线子（*Achras sapota*）的乳胶中。这种乳胶被称为“奇可”（chicle），长期以来一直被用于制作口香糖。嚼口香糖的行为似乎古已有之，人们在出土的史前文物中就发现有咀嚼过的树木树脂碎片。古希腊人会咀嚼乳香树的树脂，这是一种分布在中东、土耳其和希腊部分地区的灌木，直到今天这些地方的人们还在嚼这种树脂。在新英格兰，当地印第安人咀嚼过云杉树所分泌的硬树脂，后来的欧洲移民也养成了这种习惯。云杉树胶有一种独特而浓烈的味道，但它往往含有难以去除的杂质，所以用石蜡制成的口香糖在殖民者中间更受欢迎。

墨西哥、危地马拉和伯利兹的玛雅人咀嚼奇可的历史至少有1000年，把奇可带给美国人的是阿拉莫的征服者安东尼奥·洛佩斯·德·桑塔·安纳将军。1855年左右，作为墨西哥总统，桑塔·安纳同意进行土地交易，墨西哥放弃了格兰德河以北的所有领土；这件事情的结果却是他遭到废黜并被流放，离开了自己的祖国。他希望向美国橡胶利益集团出售奇可——作为橡胶的替代品——来筹措资金，能让他组建一支民兵队伍，重新坐上总统宝座。但是，他不了解奇可的顺式和反式双键是随机的。尽管桑塔·安纳和他的合作伙伴托马斯·亚当斯（Thomas Adams）——一名摄影师兼发明家——做出了许多努力，但奇可就是无法通过硫化变成可接受的橡胶替代品，也不能与橡胶有效混合。看起来奇可没有什么商业价值，直到有一天，亚当斯看到一个孩子在杂货店买了1便士的石蜡口香糖，一下子想起墨西哥当地人多年来一直在咀嚼奇可。仓库中积压的奇可有办法处理了。他以奇可做基料，再加入糖粉和其他调味剂做成口香糖，很快就风行起来，为一个日后将不断发展壮大的行业奠定了基础。

第二次世界大战期间，有些国家的士兵曾被配发口香糖以保持警醒，但口香糖并不能视作一种战略物资。试图用异戊二烯制造橡胶的各种实验，最终只产生了类似奇可的聚合物，因此还有必要继续尝试，开发出用异戊二烯以外的材料制造橡胶的工艺。颇具讽刺意味的是，使这一想法成为可能的工艺所需的技术来自德国。在第一次世界大战期间，德国的东南亚天然橡胶供应链受到了盟军的封锁。作为回应，德国的大型化工公司开发了多种类似橡胶的产品，其中质量最好的是丁苯橡胶（SBR），它的性质与天然橡胶非常相近。

苯乙烯最早是在18世纪末从东方的甜胶树——苏合香树（*Liquidamber orientalis*）的香脂中分离出来的，该树原产于土耳其西南部。人们注意到，提取的苯乙烯在几个月后会变成果冻状，表明它正在发生聚合作用。

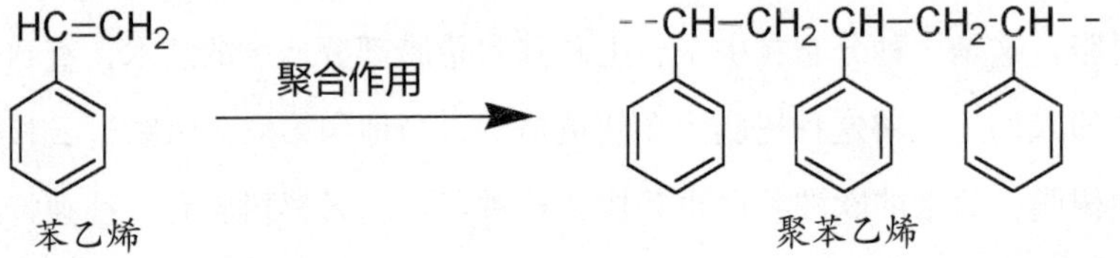

$HC{=}CH_2$　聚合作用　$--CH-CH_2-CH-CH_2-CH--$

苯乙烯　聚苯乙烯

今天，这种聚合物被称为聚苯乙烯（polystyrene），用于制造塑料薄膜、包装材料和“保丽龙”咖啡杯。苯乙烯——早在1866年就已合成——和丁二烯是德国化学企业法本公司（IG Farben）用来制造人造橡胶的起始材料。在丁苯橡胶中，丁二烯（$CH_2{=}CH{-}CH{=}CH_2$）与苯乙烯的比例约为3∶1；人们通常认为丁苯橡胶中的双键是顺式还是反式是随机的，确切的比例和结构都不尽相同。

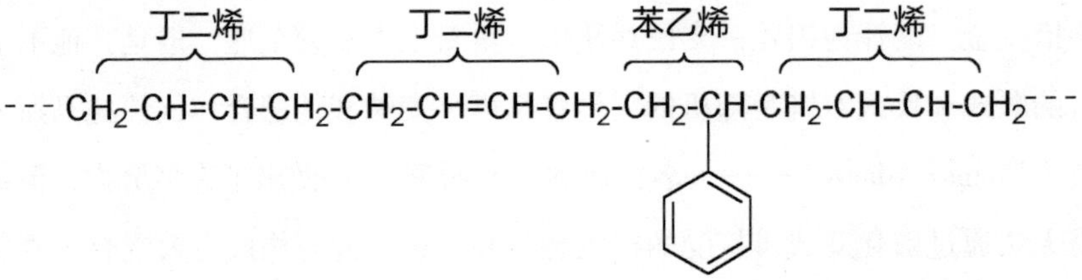

丁二烯　丁二烯　苯乙烯　丁二烯

$---CH_2{-}CH{=}CH{-}CH_2{-}CH_2{-}CH{=}CH{-}CH_2{-}CH_2{-}CH{-}CH_2{-}CH{=}CH{-}CH_2---$

丁苯橡胶的结构片段。丁苯橡胶硫化后会变硬

1929年，新泽西州标准石油公司（Standard Oil Company）与法本公司在共享合成油相关工艺的基础上建立了伙伴关系。协议明确规定，标准石油公司可以获得法本公司的某些专利，包括丁苯橡胶工艺。然而，法本公司并没有义务分享技术细节，1938年，纳粹政府通知该公司，严禁向美国提供有关德国先进橡胶制造技术的任何信息。

法本公司最终还是把丁苯橡胶工艺分享给了标准石油公司，当时法本公司非常自信地认为，没有包含具体细节的技术信息，不足以让美国人自主生产橡胶。但事实证明，这一判断大错特错。美国实行了化学工业总动员，迅速推进了丁苯橡胶制造工艺的研发。1941 年，美国的合成橡胶产量只有 8000 吨，但到 1945 年就已经超过 80 万吨，占全国橡胶总消费量的很大一部分。在如此短的时间内生产出如此大量的橡胶，堪称 20 世纪工程（和化学）领域的第二大壮举，仅次于原子弹的制造。在随后的几十年里，其他合成橡胶（氯丁橡胶、丁基橡胶和丁腈橡胶）也陆续面世。“橡胶”一词的含义得到扩展，开始囊括由异戊二烯以外的起始材料制成的聚合物，这些聚合物的共同特点是，在性质上都与天然橡胶非常接近。

1953 年，德国化学家卡尔·齐格勒（Karl Ziegler）和意大利化学家居里奥·纳塔（Giulio Natta）进一步完善了合成橡胶的生产工艺。齐格勒和纳塔各自独立开发出了一套使用特定催化剂产生顺式或反式双键的方法。到了这个时候，合成天然橡胶已经万事俱备。齐格勒 – 纳塔催化剂——两名发现者因此获得了 1963 年的诺贝尔化学奖——的革命性在于，可以精确控制人工合成聚合物的性质，化学工业的面貌从此大为改观。通过这种方法，可以制造出更有弹性、更强韧、更耐用、更坚固、不易受溶剂或紫外线影响以及更耐裂、耐热和耐寒的橡胶聚合物。

我们生活的这个世界已经被橡胶所改造。乳胶采集对社会和环境产生了巨大影响。例如，在亚马孙盆地砍伐橡胶树，只是开发热带雨林资源、破坏独有生态环境的一个插曲。该地区原住民所遭受的恶劣对待一直都没有改变；今天，探矿者和自然经济农场主仍在侵占采集乳胶的原住民后代的传统土地。比属刚果的残暴殖民统治，留下了政治动荡、暴力频仍、纷争不断的后遗症，这项“遗产”的后果在今天的刚果仍随处可见。一个多世纪前，大批外来工人曾迁移到亚洲的橡胶种植园从事劳作，至今都在影响着马来西亚和斯里兰卡这两个国家的种族、文化和政治面貌。

时至今日，橡胶仍然在塑造着我们的世界。如果没有橡胶，机械化所带来的巨大变化就不可能发生。对机械设备来说，天然橡胶或人工橡胶部件不可或缺，比如皮带、密封垫片、接头、阀门、O 型环、垫圈、轮胎、密封垫等无数部件。机械化运输工具——汽车、卡车、轮船、火车、飞机——已经改变了我们运送人员和货物的方式。工业机械化改变了我们的工作以及工作方式。农业机械化使城市得以发展，使我们的生活场景从农村变为城市。在所有这些事件中，橡胶都发挥了重要作用。

我们对未来世界的探索，很大程度上可能仍然要依赖橡胶，正是这种材料——空间站、太空服、火箭和航天飞机不可或缺的组成部分——让我们得以探索地球以外的世界。但是，由于忽视了橡胶长期以来已经为人所熟知的属性，我们探索太空的行动一度受到了制约。尽管美国国家航空航天局（NASA）拥有尖端的聚合物技术知识，但橡胶不耐严寒这一属性——这是拉·孔达米纳、麦金托什和古德伊尔都知道的性状——让挑战者号航天飞机遭遇了厄运。事件发生在 1986 年 1 月一个寒冷的早晨，发射时的温度为 36 华氏度，比此前的最低发射温度还低 15 度。这架航天飞机系统的固体火箭发动机后部安装接头处，远离太阳一侧的阴凉处的橡胶 O 型环温度可能低至 28 华氏度。在这么寒冷的温度下，这个 O 型环应该已经失去了正常状态下的可挠性，并且由于没有恢复到原来的形状，导致压力密封阀失效。由此导致的可燃气体泄漏引起了爆炸，夺去了 7 名挑战者号宇航员的生命。这是一个我们可以称之为“拿破仑的纽扣因素”的近在眼前的例子，忽视了某个分子的已知特性导致一场重大悲剧。“都是因为缺少一个 O 型环。”

第九章

染料

人们为衣服、家具、饰物甚至自己的头发着色都离不开染料。尽管我们会提出各种各样的要求，比如不同的色号、更明亮的色泽、更柔和的色度或更深的色调，但很少认真思考那些让我们尽情挥洒对色彩的热情的各种化合物。染料和染色剂都是由天然或人造分子组成的，其源头可上溯至数千年前。染料的发现和利用为当今世界上一些大型化学公司的创立和发展奠定了基础。

中国有文献记载，早在公元前3000年，中国就已经开始提取和制备染料，这可能是人类在化学实践方面最早的尝试。早期的染料主要从植物中提取，包括植物的根、叶、皮或果实，并逐渐形成一套成熟且复杂的提取程序。大多数物质都不能永久性附着在未经处理的纤维上；织物首先必须经过处理，这就要用到帮助将颜色固定在纤维上的媒染剂。尽管早期的染料备受追捧，价格不菲，但在使用过程中存在诸多问题。比如，染料往往难以获得，可选颜色有限，颜色附着性差，在阳光下很快就会褪色，变得暗淡。而且早期的染料很少不掉色，过一次水就会掉一次色。

原色

在三原色当中，蓝色尤其备受追捧。与红色和黄色相比，蓝色在植物中并不常见，但有一种植物被认为是蓝色染料靛蓝的主要来源，那就是豆科植物木蓝（*Indigofera tinctoria*）。木蓝的拉丁学名是著名的瑞典植物学家林奈取的。在热带和亚热带气候下，木蓝最高能长到 6 英尺。另外，菘蓝（*Isatis tinctoria*）是欧洲和亚洲最古老的染料植物之一，它生长在气候没那么热的地区，从这种植物中也可以提取靛蓝。菘蓝在英国被称为“woad”，在法国被称为“pastel”。据说在 700 多年前，马可・波罗旅行至印度河谷（Indus valley），见到当地人正在使用靛蓝染料，因此才把这种颜色称为“indigo”。但早在马可・波罗时代之前，靛蓝在世界许多其他地方已经相当流行，包括东南亚和非洲。

如果我们用肉眼观察，会发现能够提取靛蓝的植物的新鲜叶子并不是蓝色的，但在碱性条件下发酵后，再经过氧化，蓝色就会显现。世界上很多地方的人们都发现了这个秘密，原因可能是植物叶子正好掉落浸泡在尿液中或被灰烬覆盖，然后经自然发酵。在这些情况下，就满足了生成靛蓝这种浓烈蓝色的必要条件。

在所有能提取靛蓝的植物中都含有一种靛蓝前体化合物——靛苷，这是一种含有一个葡萄糖单元的分子。靛苷本身无色，但在碱性条件下发酵时，葡萄糖单元会分离出来，生成吲哚酚分子。吲哚酚与空气中的氧气发生反应，产生靛蓝。

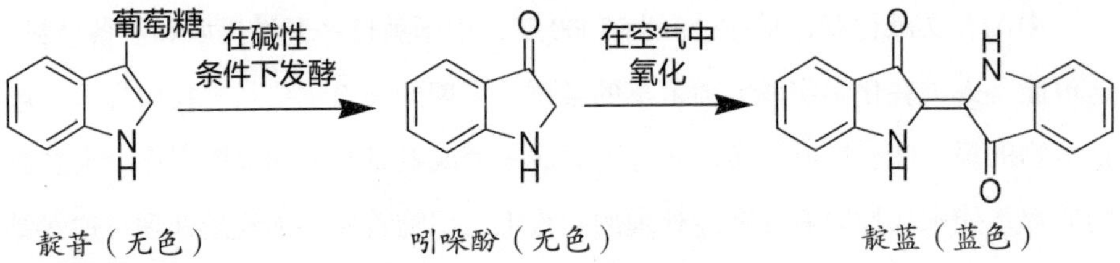

葡萄糖　在碱性条件下发酵　在空气中氧化

靛苷（无色）　吲哚酚（无色）　靛蓝（蓝色）

虽然靛蓝备受珍视，但在古代，最为昂贵的染料却是“泰尔紫”，其分子结构与靛蓝非常相似。在一些文化中，法律规定只有国王或皇帝才能穿戴紫色衣物，因此这种染料还有另一个名称：王室紫，英语中有“生于衣紫之家”（born to the purple）这个说法，意思是说某人血统高贵。即使在今天，紫色仍然被认为是代表帝王的颜色，是皇家风范的象征。公元前 1600 年左右的文字作品中提到，泰尔紫是靛蓝的二溴衍生物；也就是说，这种靛蓝分子中含有 2 个溴原子。泰尔紫可以从多种海洋软体动物或海蜗牛（最常见的是骨螺属）分泌的一种不透明黏液中提取。与靛苷一样，海洋软体动物分泌的这种化合物也附着一个葡萄糖单元。只有接触到空气中的氧、发生氧化作用之后，才会形成泰尔紫的亮丽色彩。

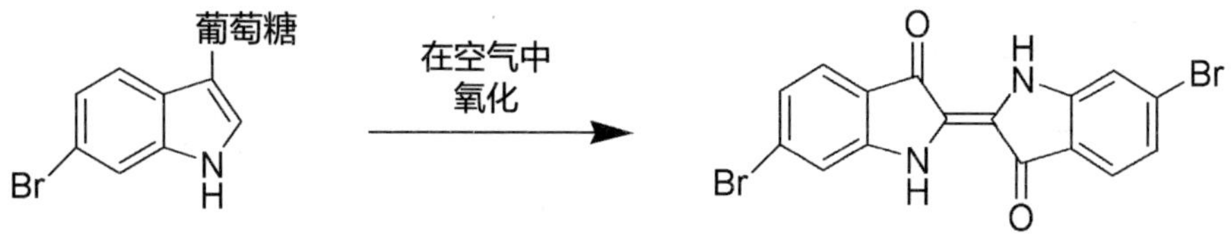

葡萄糖

在空气中
氧化

软体动物分泌的化合物
（溴靛蓝分子）

泰尔紫
（二溴靛蓝分子）

溴元素很少见于陆生植物或动物，但考虑到海水中存在大量的溴元素、氯元素和碘元素，源自海洋的化合物中含有溴元素就不那么令人意外了。也许真正令人惊讶的是这两种分子的相似性，毕竟它们的来源大相径庭——靛蓝取自植物，而泰尔紫取自动物。

在神话传说中，泰尔紫的发现要归功于希腊英雄赫拉克勒斯，他看到他的狗在嚼过一些贝类生物后嘴部染成了深紫色。人们相信，这种染料的制造是在地中海港口城市——腓尼基帝国的泰尔（现在是黎巴嫩的一部分）开始的。据估计，生产 1 克泰尔紫需要 9000 只贝类生物。在泰尔和西顿（另一座从事古代染料贸易的腓尼基城市）的海滩上至今仍然能看到来自染料骨螺（*Murex brandaris*）和荔枝岩骨螺（*Purpura haemastoma*）的贝壳堆。

要获得这种染料，工人们就得敲开这些软体动物的壳，用锋利的刺针取出一个个小小的静脉状腺体。先将布料浸泡在用这种腺体处理过后的溶液里，然后暴露在空气中，使其显色。起初，布料会呈现淡淡的黄绿色，然后逐渐变成蓝色，最后变成深紫色。罗马元老院议员、埃及法老、欧洲贵族和王室成员的长袍染的都是泰尔紫。正因为紫色广受青睐，到了公元 400 年，可以提炼出这种颜色的贝类物种曾一度濒临灭绝。

几个世纪以来，靛蓝和泰尔紫都是通过劳动密集型的方式生产的。直到 19 世纪末，才出现了人工合成的靛蓝。1865 年，德国化学家约翰·弗雷德里克·威廉·阿道夫·冯·拜尔（Johann Friedrich Wilhelm Adolf von Baeyer）开始探究靛蓝的结构。到了 1880 年，他研究出一种方法，在实验室用一些容易获得的原材料制造出靛蓝。不过在 17 年后，德国化工企业巴斯夫（BASF）通过一种不同的方法制备出靛蓝，才使得这种合成染料实现了商业化。

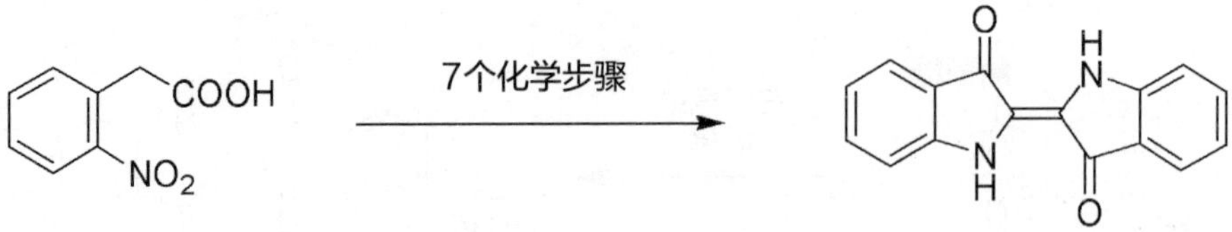

COOH NO$_2$ 7个化学步骤

拜尔的第一种合成靛蓝要经过七步独立的化学反应才能获得

原本规模很大的天然靛蓝制造业从此式微，从事这一传统行业并以此为生的人成千上万，合成靛蓝的出现也改变了他们的生活方式。今天，合成靛蓝的年产量已超过1.4万吨，它已成为一种重要的工业染料。尽管与天然靛蓝一样，合成靛蓝也是出了名地缺乏色牢度，但它最常被用来给蓝色牛仔裤染色，缺乏色牢度反而被视作一种时尚优势。如今有数百万条牛仔裤是由专门的预褪色靛蓝染色的牛仔布制成的。作为靛蓝的二溴衍生物的泰尔紫，也已经能够实现人工合成，尽管其他紫色染料已经逐渐取代了泰尔紫。

染料是一种渗入织物纤维中的有色彩的有机化合物。这些化合物的分子结构使得可见光谱中的某些波长的光会被吸收。我们看到的染料的实际颜色，取决于被反射回来的可见光的波长，而不是被吸收的可见光的波长。如果所有波长的光都被吸收，没有光反射回来，我们看到的染过的布料颜色就是黑色；如果任何波长的光都未被吸收，所有光都反射回来，我们看到的颜色就是白色。如果只有红光被吸收，那么反射回来的光就是绿色，也就是红色的互补色。哪种波长的光会被吸收，与染料分子的化学结构有关，这种关系就好比防晒品对紫外线的吸收，也就是说，取决于双键与单键交替出现这种结构。但是，要使吸收的波长在可见光范围内而非紫外线范围内，必须有更多的这种交替出现的双键和单键。下图中的 β－胡萝卜素分子就是一个很好的例子；胡萝卜、南瓜和美洲南瓜看上去都是橙色，原因就在于它们都含胡萝卜素。

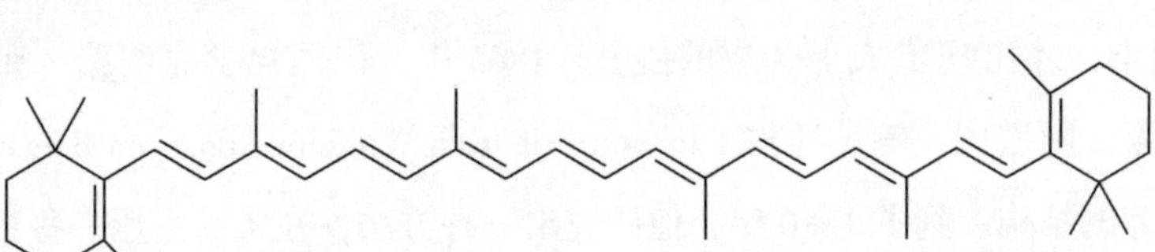

β－胡萝卜素（橙色）

像胡萝卜素中这种双键和单键交替出现的排列称作共轭。β－胡萝卜素有11个这样的共轭双键。如果氧、氮、硫、溴或氯等原子也参与到这种交替排列的结构中，共轭就得到了延展，所吸收光的波长也会改变。

靛苷分子有一定程度的共轭，但还不足以显现出色彩。然而，靛蓝分子有两倍于靛苷的单、双键交替数量，并且共轭组合中还有氧原子参与。因此，它有足够的共轭排列来吸收可见光谱中的光，这就是为什么靛蓝的颜色如此浓烈。

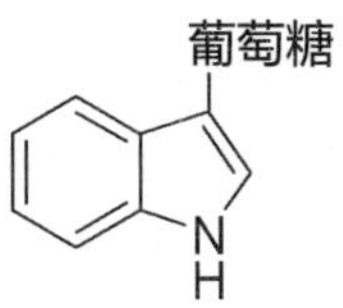

靛苷（无色） 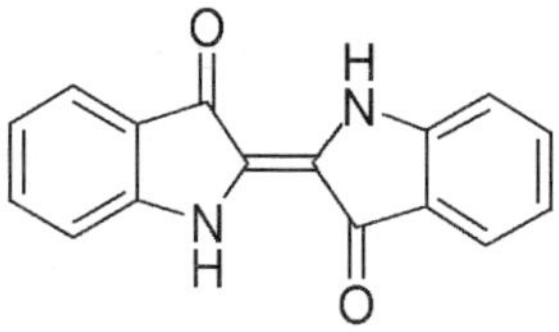　　靛蓝（蓝色）

除有机染料之外，精细研磨过的矿物和其他无机化合物自古以来也被用来上色。但是，尽管这些颜料——在洞穴图画、古墓装饰、绘画、墙体画和壁画中发现——的显色原理也是由于吸收了某些波长的可见光，但与共轭双键没有任何关系。

在古代，常见的用来染出红色色调的染料有两种，尽管来源非常不同，但化学结构却惊人地相似。其中一种来自茜草的根。茜草是一种茜草科（Rubiaceae）植物，植株内含有一种被称为茜素的染料。最初使用茜素的可能是印度人，但早在古希腊和古罗马人开始使用这种染料前，茜素在波斯和埃及就已经为人所知了。茜素是一种媒介染料，也就是说，这种染料需要借助另一种化学物质——一种金属离子——来为织物固色。用不同的金属盐媒染剂溶液处理过的织物，可以呈现不同的红色。用铝离子做媒染剂能产生玫瑰红色；镁媒染剂能产生紫色；铬产生棕紫色；而钙产生红紫色。如果媒染剂中同时含有铝离子和钙离子，在染色过程中混入黏土与干燥的、研磨成粉的茜草根就能得到亮红色。公元前320年，亚历山大大帝可能就利用过上述染料/媒染剂组合，当时他想出一条妙计，引诱敌人来打一场原本并非非打不可的战斗。亚历山大让士兵把军装染成大片大片的血红色，作为进攻方的波斯军队误以为敌人是受挫的残兵，不费吹灰之力就能取胜，结果却被人数本来处于劣势的亚历山大的军队打得大败。如果这个故事并非向壁虚构，那么我们就可以说，是茜素分子打败了波斯人。

长期以来，染料与军队制服的关系都非常密切。在美国独立战争期间，法国提供给美国人的蓝色大衣就是用靛蓝染色的。法国陆军制服使用的茜草染料被称为土耳其红，因为这种植物在地中海东部已经种植了几个世纪，后来逐渐向西通过波斯和叙利亚进入土耳其，尽管它的起源地可能在印度。1766 年，茜草被引入法国，到 18 世纪末，这种植物已成为法国最重要的财富来源之一。当今政府对各类工业的补贴政策可能就是从染料业开始的。法兰西国王路易·菲利普一世曾下令，法国陆军士兵必须穿着用土耳其红染色的长裤。在此 100 多年前，英国的詹姆斯二世就禁止出口未染色的布匹，目的是要保护英国国内的印染业。

使用天然染料染色，并不总能保证印染效果均匀一致，而且往往费时费力。不过，刚染出来的土耳其红是一种非常明亮的红色，而且非常不容易褪色。当时人们并不了解这个过程的化学原理，今天看来，其中的一些操作看起来有些怪异，而且可能并无必要。在当时的染工手册所记载的 10 个步骤中，不少步骤都重复了不止一次。在数个阶段，织物或纱线都要放到钾盐和肥皂溶液中煮沸；用橄榄油、明矾和少量白垩进行媒染；用羊粪、鞣料和锡盐进行处理；在河水中漂洗一夜，以及用茜草染色。

现在，我们已经知道了茜素分子的结构，土耳其红以及茜草染出来的其他不同调性的红，都是因为这种分子的存在。茜素是蒽醌的衍生物，而蒽醌是许多天然着色物资的母体化合物。人们已经在昆虫、植物、真菌和地衣中发现了 50 多种基于蒽醌的化合物。与靛苷一样，蒽醌是不显色的。但茜素结构中的两个羟基（—OH），再加上分子其余部分单、双键交替出现的结构，为茜素吸收可见光提供了足够的共轭结构。

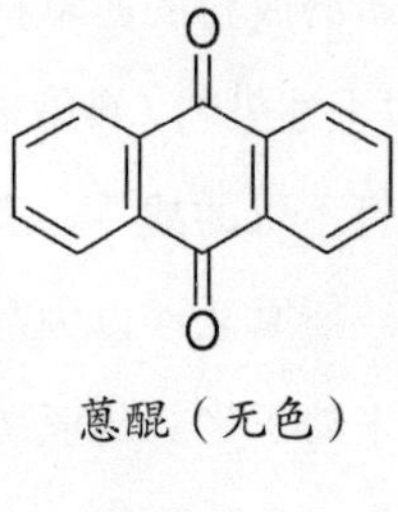

O
O
蒽醌（无色）

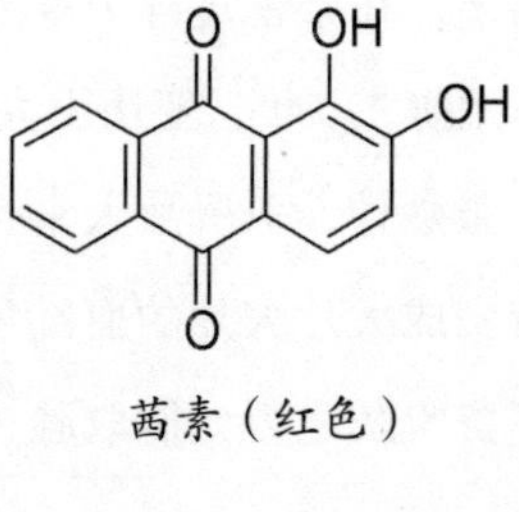

O OH
OH
O
茜素（红色）

在此类化合物中，就产生颜色这件事而言，羟基比环的数量更重要。这一点在由萘醌衍生出来的化合物中也得到了体现；萘醌分子有 2 个环，而蒽醌有 3 个环。

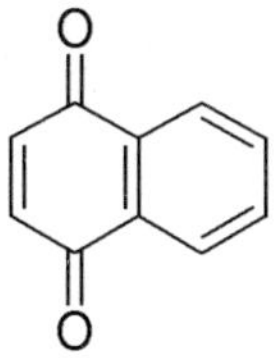

萘醌
（无色）

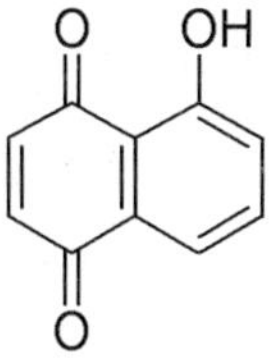

核桃醌
（褐色）

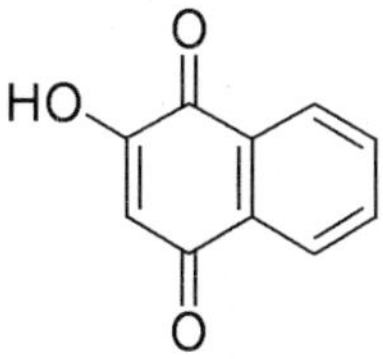

指甲花醌
（发红的橙色）

萘醌分子是无色的，而萘醌的衍生物通常都是有颜色的，包括在核桃中发现的核桃醌（juglone）和印度指甲花中的染色物质指甲花醌（lawsone），几个世纪以来印度指甲花一直被用来给头发和皮肤染色。有色的萘醌类分子往往有 1 个以上的羟基，如下图所示的海胆色素（echinochrome），这是一种在沙币和海胆中发现的红色颜料。

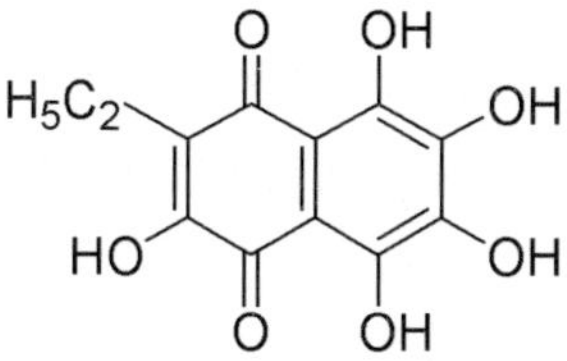

海胆色素（红色）

胭脂红酸是另一种蒽醌衍生物，在化学性质上与茜素相似，来自胭脂虫，与茜素合称古代红色染料“双璧”。将雌性胭脂虫（*Dactylopius coccus*）的身体粉碎后可以获得胭脂红酸，这种分子中含有大量羟基。

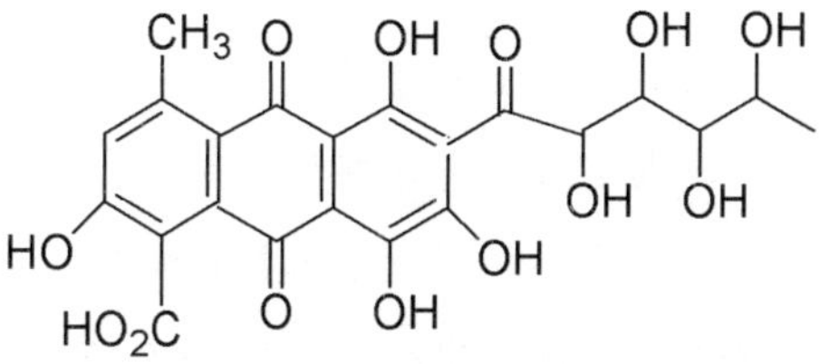

胭脂红酸（绯红色）

胭脂红是一种源自新大陆的染料，在西班牙征服者埃尔南·科尔特斯（Hernán Cortés）于1519年到来之前，当地的阿兹特克人早就在使用了。科尔特斯将胭脂红引入欧洲，但对其来源却一直保密到18世纪，为的是让西班牙垄断这种珍贵的猩红染料。后来，英国士兵以“红衣”闻名，他们的外衣就是用胭脂红染色的。20世纪初，英国仍然有生产商与染工订立合同，要求生产这种颜色的织物。据推测，这是政府支持染料行业的又一个实例，因为当时英国在西印度群岛的殖民地是主要的胭脂红产地。

胭脂红也叫胭脂虫红，价格非常昂贵。生产区区1磅这种染料就需要大约7万只胭脂虫。晒干后的胭脂虫小小的，看起来有点像谷粒；因此，“猩红色谷粒”这个名字常被用来称呼从墨西哥、中美洲和南美洲的热带地区的仙人掌种植园运到西班牙的原料袋中所装的胭脂虫；从胭脂虫中提取胭脂红这个步骤是在西班牙完成的。如今，秘鲁已成为这种染料的主要生产国，年产量约400吨，占全球总产量的85%左右。

将昆虫提取液用作染料的不止阿兹特克人。古埃及人用从红蚧（*Coccus ilicis*）这种昆虫身体中挤出的红色汁液给衣服（和女人的嘴唇）着色。来自这种甲虫的红色颜料的主要成分是胭脂酮酸，这种分子与新大陆使用的胭脂红酸极为相似。但与胭脂红酸不同的是，胭脂酮酸从未得到广泛使用。

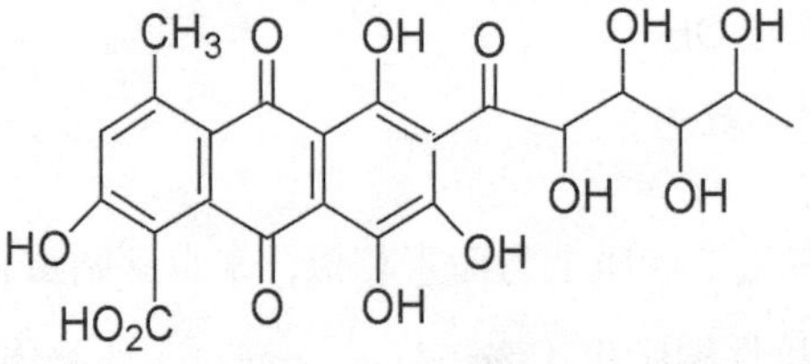

胭脂红酸（绯红色）

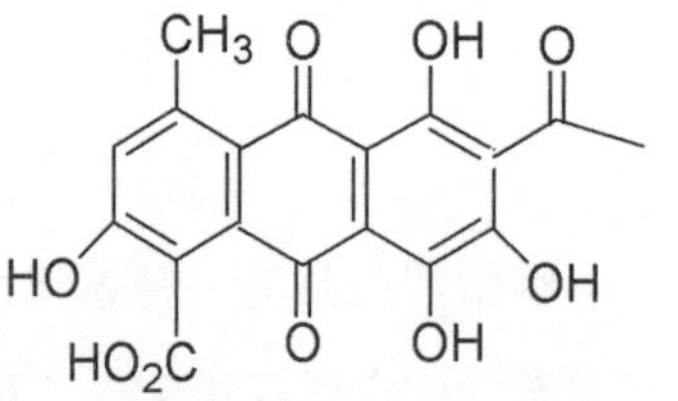

胭脂酮酸（亮红色）

尽管胭脂酮酸、胭脂红和泰尔紫都提取自动物，但染工使用的大部分起始材料都是由植物提供的。靛蓝和菘蓝的蓝色以及茜草的红色，是染工最常用的颜色。除了蓝色和红色，三原色中的第三种颜色是来自西红花（*Crocus sativus*）的明亮的黄橙色。从花朵的柱头——为子房捕捉花粉的部分——可以获得黄橙色。这种西红花原产于地中海东部，早在公元前1900年就被克里特岛的米诺斯人所使用。这种植物也广泛分布于整个中东地区，在罗马时代被用作香料、药物、香水以及染料。

曾几何时，西红花在欧洲广泛种植，但在工业革命期间却衰落下来，主要原因有两个。第一，每朵手工采摘的花朵中的 3 个柱头必须一个一个摘下来。这个过程需要大量劳动力，而当时大量劳动者已移居到城市，在工厂工作。第二个原因跟化学有关。虽然西红花能提炼出美丽的亮色，特别是用来给羊毛织物染色，但颜色却不是很牢固。等到人造染料开发出来后，一度规模非常庞大的西红花产业就逐渐没落了。

如今，西红花在西班牙仍有种植，人们仍以传统的方式，在传统的时间——日出之后不久——手工采摘每一朵花。现在，大部分西红花都被用作某些传统菜肴的调味品和调色品，比如西班牙海鲜饭和法式名菜马赛鱼汤。西红花是当今世界上最昂贵的香料，这与其采摘及加工制作成本息息相关；生产 1 盎司西红花香料就需要用到 1.3 万个柱头。

西红花那特有的黄橙色来源于西红花苷（crocetin），其结构与 β－胡萝卜素非常类似，每个分子都包含 1 条由 7 个单、双键交错组成的链，如下图括弧部分所示：

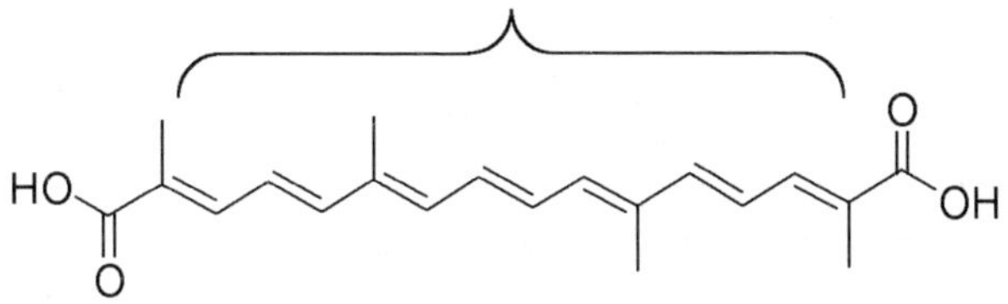

HO OH O O

西红花苷——西红花的颜色

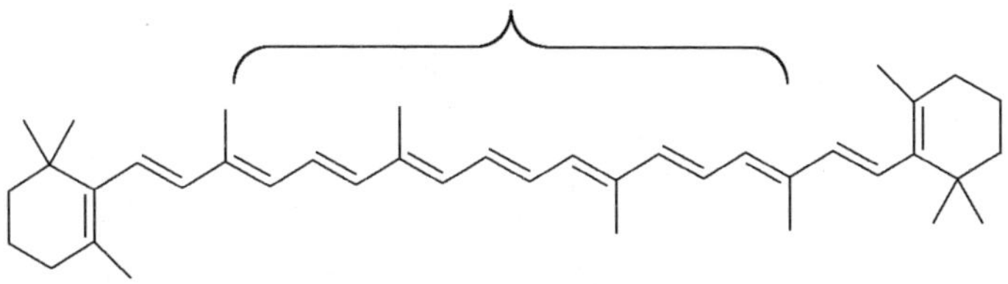

β－胡萝卜素——胡萝卜的颜色

染色这个行业最初无疑是以家庭手工业为主，而且经过数千年之后，家庭作坊这种生产模式仍然存在，但主要而言，千百年来染色一直都是一种规模化的商业活动。一份可追溯至公元前 236 年的埃及莎草纸曾记载着如下描述染工的文字："身上满是鱼腥味，目光中流露出疲惫之色，手却一刻不停地工作。"到了中世纪，染工行业协会已经颇具规模，随着北欧羊毛贸易的发展，再加上意大利与法兰西丝绸生产规模的扩大，染色行业也日益发展壮大。到了18世纪，在美国南部的一些地区，由奴工种植的木蓝已经成为重要的出口作物。在英国，随着棉花成为一种重要商品，对染工的需求也大大增加。

合成染料

从18世纪末叶开始，合成染料的出现改变了染工们几个世纪以来形成的传统。这些人工制造的染料中，第一种就是苦味酸，这种带有3个硝基的分子在第一次世界大战中曾用于制造弹药。

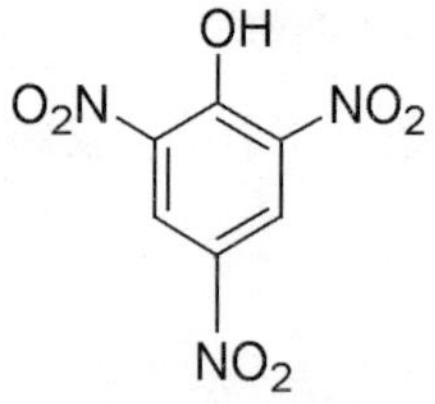

OH

O_2N NO_2

NO_2

苦味酸（三硝基苯酚）

苦味酸是一种酚类化合物，首次人工合成是在1771年，从大约1788年起用于给羊毛织物和丝绸染色。尽管苦味酸能产生一种非常亮眼的黄色色调，但也有缺点，那就是像许多硝基化合物一样，可能发生爆炸，而使用天然黄色染料的染工却不必担心这种危险。另外，苦味酸还有两个缺点，一是光牢度差，二是不易获得。

到了1868年，合成茜素不仅供应量多，而且质量优良；1880年，合成靛蓝开始出现。此外，全新的人造染料也终于面世；这些染料不仅能提供明亮、清晰的色调，而且不易褪色，染色效果稳定。到1856年，18岁的威廉·亨利·珀金（William Henry Perkin）合成了一种人工染料，大大改变了染料工业的面貌。珀金是位于伦敦的皇家化学学院的一名学生；他的父亲是一名建筑商，对化学颇为小觑，在他看来，从事化学行业不大可能有什么"钱景"。但珀金的经历恰恰证明，他的父亲大错特错了。

1856年的复活节假期，珀金决定利用他在家中建立的一个小型实验室，尝试合成抗疟药物奎宁。他的老师奥古斯特·霍夫曼（August Hofmann）是德国人，在皇家化学学院任化学教授，霍夫曼确信，奎宁可以通过从煤焦油中发现的物质合成。当时，奎宁的化学结构尚不为人所知，但因为具有抗疟功效而供不应求，而且需求量非常大。当时，大英帝国和其他欧洲国家正在将殖民地向热带印度、非洲和东南亚等疟疾肆虐的地区扩张。唯一已知的治疗和预防疟疾的药物就是奎宁，奎宁可以从南美金鸡纳树的树皮中提取，但这种树的数量却在日益减少。

如果能以化学方式合成奎宁，那将是一项了不起的成就，但珀金的实验无一例外都失败了。然而，他的某次实验却生成了一种黑色物质，该物质在乙醇中溶解后得到了一种深紫色溶液。珀金把几条丝绸丢进了混合物中，丝绸就染上了这种颜色。出于检测的目的，他用热水和肥皂清洗染了色的丝绸，却发现丝绸基本没有褪色。珀金将样品暴露在阳光下，颜色也没有褪去，仍然呈现出明亮的淡紫色。珀金早就知道，紫色在染料工业中是一种罕见的色调，而且染色成本非常高昂。他还意识到，这种用在棉花和丝绸上都不褪色的紫色染料可能具有商业价值，于是将染色布料样品寄给了苏格兰一家业内领先的染色公司。对方的答复让他大受鼓舞："如果你的发现不会让商品变得过于昂贵，那么毫无疑问，它将是长时间以来人类最有价值的发现之一。"

珀金离开了皇家化学学院，在父亲的资助下为他的发现申请了专利，并建立了一个小工厂，以相对合理的成本开始批量生产这种染料，不仅如此，他还研究了与羊毛、棉花以及丝绸染色有关的问题。珀金合成的这种紫色被称为木槿紫（mauve），到1859年，木槿紫在时尚界掀起了一场风暴。木槿紫成为法兰西第二帝国皇后欧仁妮和法国宫廷最爱的颜色。维多利亚女王穿着木槿紫礼服参加了女儿的婚礼，1862年伦敦世界博览会的开幕式上，女王的着装仍然是木槿紫色的。由于得到英国和法国王室的垂青，这种颜色的受欢迎程度如日中天；19世纪60年代经常被称为"木槿紫色的十年"。实际上，直到19世纪80年代末，英国邮票的色调还是木槿紫色的。

珀金的发现影响极为深远。这是第一种名副其实的多步骤有机化合物合成法，这种工艺很快就被群起效仿，并且以煤焦油为原料生产出了多种不同颜色的染料。这些染料通常统称为“煤焦油染料”或“苯胺染料”。到19世纪末，染工可以利用的合成颜色已经有大约2000种。化学染料工业几乎完全取代了从天然资源中提取染料这一有着千年历史的产业。

虽然奎宁分子没有给珀金带来财运，但木槿紫分子——以及他后来发现的其他染料分子——让他赚了不少钱。他是证明化学研究可以赚大钱的第一人，他的父亲也因此摒弃了旧有观念。珀金的发现还凸显出结构有机化学的重要性；结构有机化学是化学的一门分支学科，研究分子中的不同原子是如何连接在一起的。人们不仅需要知道新染料的化学结构，还需知道以往的那些天然染料，比如茜素和靛蓝的结构到底是什么样的。

珀金最初的实验建立在错误的化学假设之上。当时，人们已经确定奎宁的化学式为 $C_{20}H_{24}N_2O_2$，但对这种物质的结构却知之甚少。珀金还知道另一种化合物——烯丙基甲苯胺的化学式为 $C_{10}H_{13}N$，在他看来，在有重铬酸钾这样的氧化剂提供额外氧气的情况下，把2个烯丙基甲苯胺分子结合到一起就有可能得到奎宁。

$$\underset{\text{烯丙基甲苯胺}}{2C_{10}H_{13}N} + \underset{\text{氧}}{3O} \longrightarrow \underset{\text{奎宁}}{C_{20}H_{24}N_2O_2} + \underset{\text{水}}{H_2O}$$

从化学式的角度来看，珀金的想法不能说不合理，但现在我们知道，这样的反应不会发生。如果不了解烯丙基甲苯胺和奎宁的实际结构，就不可能设计出一系列必要的化学步骤，将前者转变为后者，或者将后者转变为前者。也正因如此，珀金意外合成的木槿紫与他最初想要合成的奎宁在化学结构方面才迥然相异。

时至今日，木槿紫分子的结构仍然带有一丝神秘色彩。珀金从煤焦油中分离出来的起始材料并不纯，现在人们认为他所发现的紫色是从彼此密切相关的化合物的混合物中得到的。据推测，产生木槿紫色的主要结构如下页图所示：

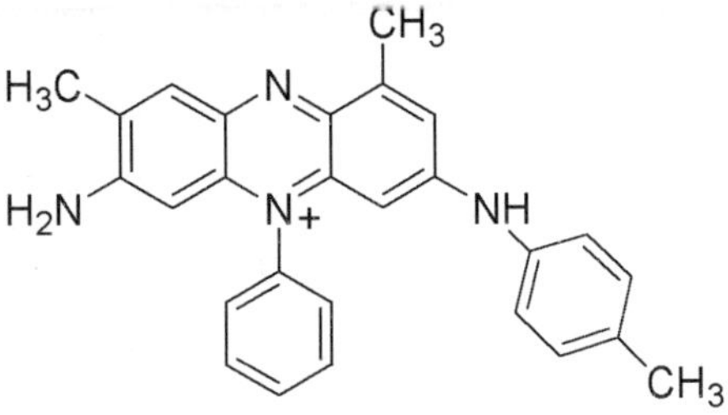

木槿紫分子的一部分

珀金决定商业化生产这种淡紫色染料，毫无疑问，这个决定有些过于大胆了。那时的他还是个年轻人，一个初窥门径的化学研究者，对染料行业知之甚少，而且完全没有大规模生产化学品的经验。不仅如此，他的合成方法产量很低，充其量可能只有理论产量的 5%，而且在获得稳定的煤焦油供应方面也存在着不少困难。即使对一个经验丰富的化学家来说，这些问题也相当令人望而生畏，而珀金之所以能取得成功，或许可以归功于他初生牛犊不怕虎的精神。在没有任何可供参考的制造工艺的情况下，珀金不得不自己设计并测试新的仪器和生产流程。他找到了与扩大化学合成规模相关问题的解决方案：大型玻璃容器被制造出来，取代在工艺流程中会被酸腐蚀的铁质容器；冷却装置得到利用，目的是防止化学反应过程中的过热现象；爆炸和有毒烟气排放等危险也得到了控制。1873 年，珀金将经营了 15 年的工厂出售。退休之时，他已经是一名腰缠万贯的富豪，他的余生都在自己的家庭实验室中度过，孜孜不倦地从事化学研究。

染料及其所创造的

如今的染料行业主要生产化学合成的人造染料，我们已经知道，染料行业为后来的有机化学产业奠定了基础，而有机化学产业的产品包括抗生素、炸药、香水、油漆、油墨、杀虫剂和塑料等不一而足。不过，时至今日仍方兴未艾的有机化学产业并不是在英格兰——木槿紫的故乡——发展起来的，也不是在法兰西——几百年来其染料生产和印染技术在业界占据着举足轻重的地位，而是在德国。一个庞大的有机化学帝国在德国巍然屹立，同时发展起来的，还有这个帝国赖以建基的技术与科学。英国已经有了实力强大的化学工业，为漂白、印刷、制陶、制瓷、玻璃制造、制革、酿造和蒸馏提供所需的原材料，但这些原材料主要是无机物，如钾盐、石灰、盐、苏打、酸、硫、白垩和黏土。

德国——以及化工实力稍逊于德国的瑞士——成为合成有机化学品的主要国家，有几个原因。到19世纪70年代，由于一系列无休止的染料和染色工艺的专利纠纷，一些英国和法国的染料制造商被迫停业。而身为英国最重要的企业家之一的珀金已经退休，他的位置无人能取代，无人再具备他所拥有的化学知识、制造技能和商业才华。于是，英国——也许没有意识到这与国家利益相违背——逐渐开始出口合成染料工业所需的原材料。英国之所以获得工业霸主地位，基础就在于进口原材料并将其转化为制成品出口，所以，英国的糊涂颟顸——没有认识到煤焦油的用处和合成化学工业的重要性——铸成大错，而正是这个“大错”成就了德国。

产业与高校协作，是德国染料工业发展的另一个重要原因。在其他国家，化学研究是大学的禁脔，而德国则不同，学术界往往与工业界紧密合作。这种模式对德国化学工业的成功至关重要。如果没有对有机化合物分子结构的了解，没有对有机合成反应中的化学步骤的科学认知，科学家就不可能开发出先进技术，现代药品也就不会出现。

德国的化学工业是从三家公司发展起来的。1861年，德国第一家化学公司巴斯夫（BASF）在莱茵河畔的路德维希港成立。尽管巴斯夫最初成立的目的是生产无机化合物，如纯碱和苛性钠，但很快这家公司就在染料行业活跃起来。1868年，两名德国学者——卡尔·格雷布（Carl Graebe）和卡尔·利伯曼（Carl Liebermann）宣布首次合成了茜素。巴斯夫的首席化学家海因里希·卡罗（Heinrich Caro）与身在柏林的这两名化学家取得联系，并合作制出可以商业化生产的合成茜素。到20世纪初，巴斯夫生产了大约2000吨这种茜素染料，并成为今天在全球化工领域占据主导地位的五大化学公司之一。

德国第二大化学公司赫斯特（Hoechst）仅比巴斯夫晚成立一年，最初成立的目的是生产苯胺红，一种亮红色染料，也被称作洋红或品红。赫斯特的化学家为他们自己合成的茜素申请了专利，事实证明，这项专利给赫斯特带来了滚滚财源。经过多年研究和大量投资而开发出来的合成靛蓝，也让巴斯夫和赫斯特赚得盆满钵满。

德国第三大化学公司也在合成茜素市场分得了一杯羹。尽管拜耳（Bayer）这个名字最常与阿司匹林联系在一起，但成立于1861年的拜耳公司（Bayer and Company）最初生产的是苯胺染料。阿司匹林在1853年就已合成，但直到1900年左右，拜耳公司才从合成染料（特别是茜素）获利，才得以进军制药领域，实现多元化运营，并将阿司匹林进行商业推广。

19世纪60年代，这三家公司生产的合成染料只占全球总产量的一小部分，但到了1881年，占比就已经达到全球产量的一半。到世纪之交，全球合成染料的总产量大幅增加，但德国占据了几乎90%的市场份额。与染料制造业主导地位相伴而来的，还有德国在有机化学领域的主导地位，而染料生产在德国工业发展过程中发挥了重要作用。随着第一次世界大战的到来，德国政府开始让染料公司生产炸药、毒气、药品、肥料和其他支持战争的化学品。

第一次世界大战之后，德国的经济和化学工业陷入困境。1925年，为了重振停滞不前的市场，德国几家主要的化学公司合并为一个规模庞大的联合体，也就是染料工业利益共同体，通常被称为法本公司（IG Farben）。毫无疑问，这个共同体的成立是为了德国化学品制造企业共同的利益。重组和振兴后的法本公司——现在已经是世界上最大的化学工业卡特尔——将可观的利润和经济实力投入研究中，开发新产品，实现多元化发展，并开发新技术，目的是实现未来对化工行业的垄断。

随着第二次世界大战的到来，原本就是纳粹党主要金主的法本公司成为希特勒战争机器的重要组成部分。随着德国军队在欧洲推进，法本公司接管了德国占领国的化工厂和生产基地。一个制造合成油和橡胶的大型化工厂在波兰的奥斯维辛集中营建立起来。集中营的囚犯不但在胁迫下为该厂工作，同时也是新药的人体试验对象。

战争过后，法本公司的9名高管受到审判，在被占领土犯有掠夺财产的罪名成立，4名高管奴役劳工以及不人道地对待战俘和平民的罪名成立。法本公司的崛起之路戛然而止，影响力亦告终结；这个巨大的化学集团分崩离析，德国的化工行业重新呈现出巴斯夫、赫斯特和拜耳鼎足三分的态势。这三家公司不断发展壮大，如今已经在有机化学工业领域占据举足轻重的地位，从塑料到纺织品再到药品以及合成油等领域都有涉足。

染料分子改变了历史。在数千年的时间里，人们寻求从天然来源获得染料，人类最早期的一些工业由此起步。随着对颜色需求的增长，行会和工厂、市镇和贸易兴起。但合成染料的出现改变了世界的面貌。获取天然染料的传统方法逐渐不被使用，取而代之的是，在珀金首次合成木槿紫后不到一个世纪，规模巨大的化工集团不仅主宰了染料市场，还主导了蓬勃发展的有机化学工业。今天，抗生素、镇痛药和其他药用化合物得以大量生产，也有赖于整个行业所提供的金融资本和化学知识方面的支持。

在改变人类文明进程的所有合成染料中，珀金合成的木槿紫只是其中一种，但在许多化学家看来，正是这种分子将有机化学从一项学术事业转变为一个重要的全球性产业。从木槿紫到行业垄断，一个英国年轻人在假期鼓捣出来的这种染料，在世界文明史上留下了浓墨重彩的一笔。

第十章

神药

合成木槿紫竟然成为建构染料商业帝国的“第一块基石”，对此威廉·珀金十有八九不会感到意外。毕竟他曾经笃信木槿紫有利可图，而且还说服父亲为他的创业梦想投资，更何况，他的一生极其成功。但即便如此，他可能不会预料到，他给后人的遗产竟会包括从染料工业演化出来的制药业。制药也是合成有机化学的一个方面，而且重要性将远远超过染料生产，不仅会改变医药行业的面貌，更将拯救无数人的生命。

1856 年，也就是珀金制备木槿紫分子的那一年，英国人的平均寿命约为 45 岁。在 19 世纪余下的时间里，这个数字没有发生明显的变化。到 1900 年，美国人的平均预期寿命仅略有增长，男性为 46 岁，女性为 48 岁。然而，一个世纪后，这两个数字已经飙升到男性 72 岁，女性 79 岁。

如此低的人均预期寿命持续了这么多年，之后又出现了如此大幅度的增长，其间一定发生了什么了不得的大事。寿命变长的一个重要因素是 20 世纪药物化学分子的问世，尤其是堪称“奇迹分子”的抗生素的问世。在过去这 100 年间，人工合成的药用化合物有成千上万种，其中有数百种改变了很多人的命运。这一章我们只讨论两类药用化合物的化学性质和开发过程：祛除疼痛的分子阿司匹林，以及两种抗生素。阿司匹林带来的利润让化学品生产公司意识到，医药行业前景光明；最早发现的两种抗生素——磺胺类药物和青霉素——仍常见于今天的处方笺中。

几千年来，人类一直在用草药处理伤口、治疗疾病以及缓解疼痛。每个人类社会都开发出了独特的传统疗法，其中一些疗法为人类贡献了非常有用的化合物，或者经过化学改造后用于生成现代药物。今天仍在使用的抗疟药奎宁就是一个很好的例子，这种药物提取自南美的金鸡纳树，最初被秘鲁的原住民用来治疗发烧。长期以来，西欧人一直使用毛地黄来治疗心脏疾病，如今仍会作为心脏刺激剂出现在药方中。从欧洲到亚洲，人们都知道罂粟果皮中流出的浆液具有镇痛的功效，而从浆液中提取的吗啡在缓解疼痛方面至今发挥着重要作用。

然而，回顾历史可以发现，治疗微生物感染的有效方法少之又少，甚至可以说是完全没有。即使是在两三百年前，哪怕只是一个小伤口，或者一个不起眼的刺伤，如果发生感染也会有生命危险。美国内战期间，50% 的受伤士兵死于细菌感染。在约瑟夫·李斯特发现的消毒疗法和苯酚等分子的作用下，第一次世界大战期间这一比例才有所下降。但是，尽管使用抗菌剂有助于防止手术感染，但感染一旦发生，抗菌剂就无能为力了。1918 年至 1919 年发生的大流感在全球范围内造成 2000 多万人死亡，远远多于第一次世界大战的死亡人数。流感是由病毒引起的，导致死亡的真实原因通常是二次感染造成的细菌性肺炎。感染破伤风、肺结核、霍乱、伤寒、麻风病、淋病或其他相关疾病中的任何一种，往往意味着死亡判决。1798 年，英国医生爱德华·詹纳（Edward Jenner）通过天花疫苗成功证明，可以通过人工方式让人体产生对某种疾病的免疫力，尽管更早的时候，以这种方法获得免疫力的观念在其他国家就已经为人所知。从 19 世纪的最后几十年起，人们也开始研究类似的能够免疫细菌的方法，并逐渐实施针对一些细菌性疾病的预防接种。到 20 世纪 40 年代，在有疫苗接种计划的国家，人们已经不再对“儿童双煞”——猩红热和白喉——感到心惊肉跳了。

阿司匹林

20 世纪初，德国和瑞士的化学工业因对染料制造业的投资而蓬勃发展。不过，这两国的成功并不仅仅在于金钱层面。染料销售带来了巨额利润，与此同时，人们的化学知识也大大增加，大规模化学反应的经验、分离和提纯技术也都大量积累下来，化学业务要向制药领域扩张，这些条件都是必不可少的。凭借苯胺染料起家的德国拜耳公司是最早意识到以化学方式生产药物可能具有商业前景的公司之一，其中尤其值得大书特书的是如今全球使用量远高于其他任何药物的阿司匹林。

1893 年，拜耳公司的化学家费利克斯·霍夫曼（Felix Hofmann）决定研究与水杨酸有关的化合物的特性；水杨酸是一种从水杨苷中获得的分子，而水杨苷是一种止痛分子，最初于 1827 年从柳属（*Salix*）植物的树皮中分离出来。几百年来，人们对柳树及相关植物（如杨树）的疗愈功能已经非常熟悉了。古希腊的著名医生希波克拉底曾使用柳树皮的提取物来退烧和镇痛。尽管水杨苷的分子结构中有一个葡萄糖环，但其余部分所产生的苦味大大盖过了糖这部分的甜味。

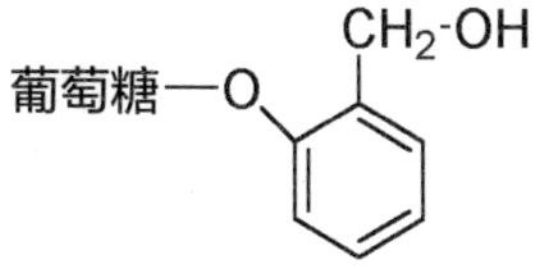

葡萄糖—O　CH_2-OH

水杨苷分子

与产生靛蓝的含有葡萄糖的靛苷分子类似，水杨苷能分解成两部分：葡萄糖和水杨醇，水杨醇氧化后会变成水杨酸。水杨醇和水杨酸的结构中都有一个直接连在苯环上的羟基，因此都属于酚类。

H-O　CH_2-OH　氧化　H-O　C-OH

水杨醇　　水杨酸

从结构上看，这些分子也与丁香、肉豆蔻和生姜中的异丁香酚、丁香酚和姜酮存在相似之处，那么可以合理推断，水杨苷跟这些分子一样，是一种天然杀虫剂，能够保护柳树免受病虫袭扰。水杨酸也可以从旋果蚊子草的花朵中提取；旋果蚊子草生长于湿地，是一种多年生草本植物，原产于欧洲和西亚。

水杨酸是水杨苷分子的活性成分，不仅可以退热、缓解疼痛，还有抗炎的作用。水杨酸比天然的水杨苷效力要强得多，但对胃黏膜有很强的刺激性，药用价值也因此被削弱。霍夫曼对与水杨酸有关的化合物的兴趣，源自他对父亲的关切——虽然用了水杨苷，但他父亲的风湿性关节炎几乎没有得到缓解。在保留水杨酸抗炎特性的同时降低其刺激性，抱着这样的希望，霍夫曼给父亲服用了水杨酸的衍生物——乙酰水杨酸，这种物质大约在 40 年前就由另一位德国化学家首次制备而成。在乙酰水杨酸（常被称作 ASA）分子中，乙酰基（CH_3CO—）取代了接连在苯环上的羟基的氢原子。苯酚具有腐蚀性，也许霍夫曼认为，将连接在芳香环上的羟基转化为乙酰基，可能会掩盖其刺激性。

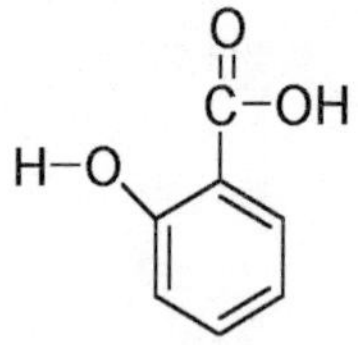

水杨酸

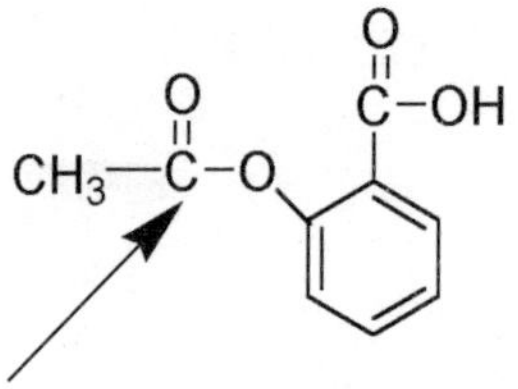

乙酰水杨酸。箭头标示乙酰基取代氢原子的位置

霍夫曼的实验获得了回报，不仅父亲的疼痛得到缓解，拜耳公司也大为受益。乙酰水杨酸的确有效，而且耐受性相当好。这种分子抗炎及镇痛的效果非常明确，拜耳公司在 1899 年开始推广小包装粉末状的"aspirin"（阿司匹林）。这个词中的字母 a 来自乙酰基（acetyl）的首字母，spir 来自旋果蚊子草（*Spiraea ulmaria*[①]）。后来，拜耳公司的名字甚至成了阿司匹林的代名词，拜耳公司也由此迈入医药化学的世界。

随着阿司匹林越来越受欢迎，水杨酸的天然来源——旋果蚊子草和柳树——已不能满足全球市场的需求。一种以苯酚为起始材料的新的人工合成方法应运而生。阿司匹林的销量节节攀升；第一次世界大战期间，原拜耳公司的美国子公司从美国国内以及国际市场搜购苯酚，有多少买多少，就是为了保证

① 旋果蚊子草的学名已修订为 *Filipendula ulmaria*，此处叙述 aspirin 的名称由来，故保留其异名。——编者注

阿司匹林生产有充足的原料供应。这样一来，向拜耳供应苯酚的国家就减少了苦味酸（三硝基苯酚）产能，因为生产这种爆炸物要用到同样的起始原料（参见第五章）。这对第一次世界大战的进程产生了什么样的影响，我们只能猜测，不过阿司匹林的生产可能降低了弹药生产对苦味酸的依赖，并加速了 TNT 类炸药的发展。

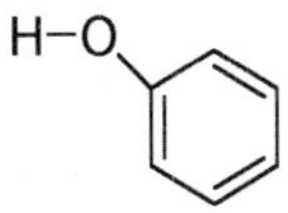

苯酚 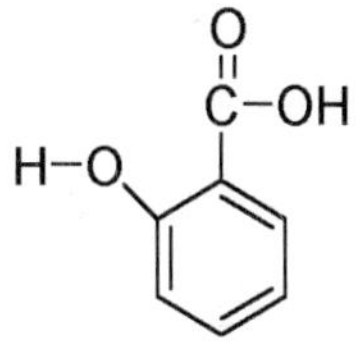　　水杨酸 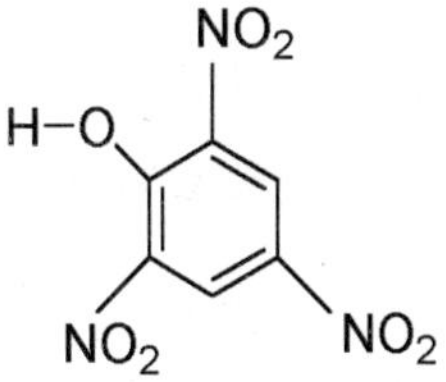　　三硝基苯酚（苦味酸）

今天，在所有治病疗伤的药物中，阿司匹林是使用最广泛的一种。含阿司匹林的制剂已经远远超过 400 种，美国每年生产的阿司匹林超过了 4000 万磅。除了缓解疼痛、退热消炎之外，阿司匹林还具有稀释血液的功效。小剂量的阿司匹林被推荐作为预防中风和深静脉血栓——也就是人们常说的“经济舱综合征”，经历过长途飞行的旅客可能有这种体验——的药物。

磺胺类药物的传奇

在霍夫曼对他父亲进行药物实验——我们并不推荐这样的药物实验程序——的前后，德国医生保罗·埃尔利希（Paul Ehrlich）也在做他自己的实验。不管从哪方面来看，埃尔利希都是一个不折不扣的怪人，据说他每天要抽 25 支雪茄，还要在啤酒馆里花大量时间跟人讨论哲学。但除了怪癖，他还具有超常的意志力和洞察力，在 1908 年获得了诺贝尔生理学或医学奖。尽管没有接受过实验化学或应用微生物学方面的正式训练，埃尔利希注意到，不同的煤焦油染料会给某些组织和微生物染色，但不会给其他组织或微生物染色。他对这种现象的解释是，如果一种染料能被一种微生物吸收，而不能被另一种微生物吸收，那么利用这种差异，就可以通过一种有毒染料来杀死吸收它的组织，同时又不破坏不吸收它的组织。这样一来，被杀死的微生物就得以清除，同时宿主又不会受到影响。埃尔利希把这种方法称作“魔法子弹”法，而他所说的“魔法子弹”，就是靶向被染色组织的染料分子。

埃尔利希首次获得成功时，使用的是一种叫作“锥虫红 1 号”的染料，这种染料对锥体虫——一种原生动物寄生虫，常寄生在实验用小鼠身上——所起的作用非常符合他的期望。但遗憾的是，“锥虫红 1 号”对造成人类非洲昏睡病的锥体虫无效，埃尔利希原本还希望能治愈这种疾病。

埃尔利希没有气馁。他已经证明这种方法是可行的，而且他知道，这无非是一个针对疾病找到恰当的魔法子弹的问题。他开始研究梅毒，一种由螺旋状细菌引起的疾病。在梅毒如何来到欧洲这一问题上，很多人都有自己的见解，其中一个最广为人知的理论是，它是哥伦布的水手从新大陆带回来的。然而，在哥伦布时代之前，就有报告表明欧洲有一种“麻风病”，具有高度传染性，通过性行为传播，有时对汞疗法有反应，这些特点都与梅毒类似。这些观察与我们对麻风病的认识并不相符，报告所描述的这种“麻风病”可能就是梅毒。

当埃尔利希开始寻找对付这种细菌的魔法子弹时，水银疗法能治愈梅毒的说法已流行了 400 多年。不过，水银无论如何也不能说是治疗梅毒的魔法子弹，因为这种方法常常连病人也一道杀死了。患者要置身于持续加热的熏蒸炉中，还要吸入汞蒸气，在这个过程中，他们往往死于心脏衰竭、脱水和窒息。如果患者经历了整个治疗过程并得以幸存，汞中毒的典型症状——头发和牙齿脱落、不受控地流口水、贫血、抑郁、肾脏和肝脏衰竭——也会让他们付出代价。

1909 年，在测试了 605 种不同的化学品之后，埃尔利希终于找到了一种在有效性和安全性方面都达标的化合物。实验证明，“606 号”——一种含砷的芳香族化合物——对梅毒螺旋体有活性。1910 年，与埃尔利希合作的赫斯特染厂（Hoechst Dyeworks）以砷凡纳明（Salvarsan）这个商品名将这种化合物推向市场。与水银疗法堪比酷刑的折磨相比，新疗法有了非常大的改进。尽管这种疗法也不尽如人意，比如有一定的毒副作用，有时候即使多次治疗也不一定能治愈梅毒患者，但只要是使用了砷凡纳明的地方，该疾病的发病率都大大降低。而且事实证明，砷凡纳明让赫斯特大赚特赚，赫斯特才有了研制其他药品、实现多元化发展的资本。

在砷凡纳明取得重大成功之后，想要找到更多“魔法子弹”的化学家们孜孜不倦地努力，对数以万计的化合物进行测试，看它们能对微生物产生怎样的影响，然后在化学结构方面稍作改变，再次进行测试。然而再也没有人取得任何成功。看起来埃尔利希所称的“化学疗法”虽然让人大受鼓舞，结果却只能令人大失所望。转眼间，时间到了20世纪30年代初，法本公司研究团队的生物化学家格哈德·多马克（Gerhard Domagk）决定使用一种名为“百浪多息红”的染料来治疗自己的女儿，彼时他的女儿因为针刺而感染了链球菌，生命垂危。他曾经在法本公司的实验室中用百浪多息红做过实验，尽管这种化合物对实验室培养的细菌从未显示出任何活性，但的确抑制了实验用小鼠身上链球菌的生长。别无他法可想的情况下，多马克只能孤注一掷，他给女儿口服了这种仍处在试验阶段的染料。没过多久，她竟然完全康复了。

起初，人们以为细胞上色这个过程使百浪多息红具备了抗菌特性。但研究人员很快发现，抗菌效果与染色过程完全无关。在人体内，百浪多息红分子分解会产生磺胺，而磺胺具有抗生素的作用。

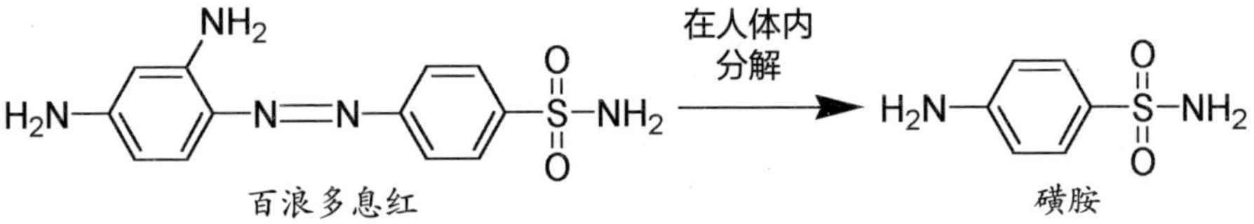

在人体内分解

百浪多息红　　　　磺胺

当然，这就解释了为什么百浪多息红在试管中（体外）没有活性，但在活体动物中（体内）却有活性。人们发现，磺胺对治疗链球菌感染以外的许多疾病有效，包括肺炎、猩红热和淋病。在认识到磺胺的抗菌作用后，化学家们迅速开始合成类似的化合物，希望对其分子结构稍加改变就能提高效力并降低副作用。人们意识到，百浪多息红本身不是活性分子，这是一个极为重要的认知。从结构上可以看出，百浪多息红分子比磺胺分子更复杂，想要人工合成或者修改其分子结构更为困难。

从1935年到1946年，有5000多种磺胺类化合物被制造出来。实验证明，一些化合物优于磺胺，磺胺的副作用可能包括过敏反应（皮疹和发烧）以及肾脏损伤。当SO_2NH_2的一个氢原子被另一个基团取代时，改变磺胺结构可产生最佳结果。

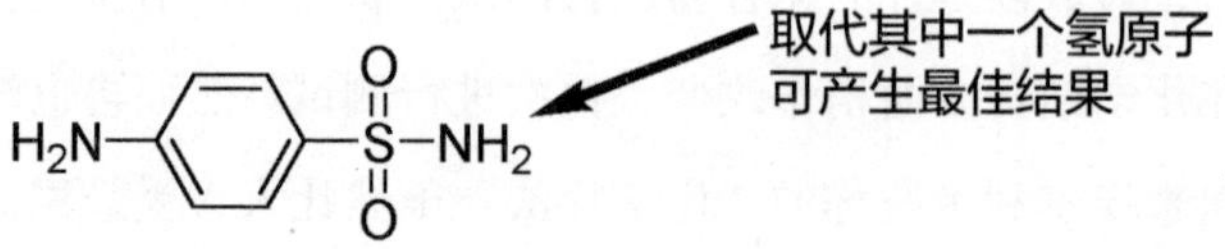

取代其中一个氢原子
可产生最佳结果

由此产生的化合物都属于抗生素药物家族的成员，统称为磺胺类药物。这类药物的例子不胜枚举，其中包括：

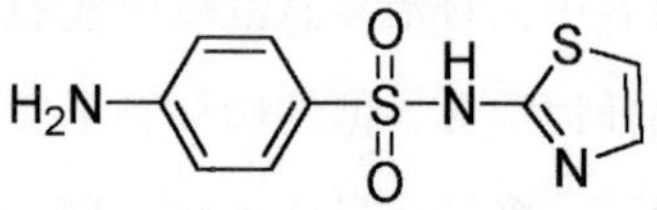

磺胺吡啶——用于治疗肺炎

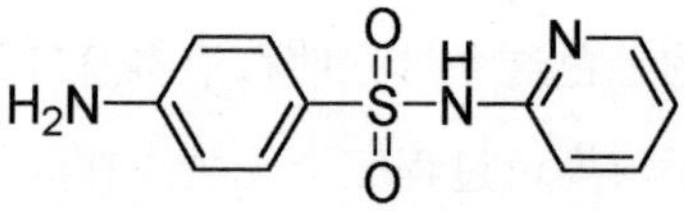

磺胺噻唑——用于治疗胃肠道感染

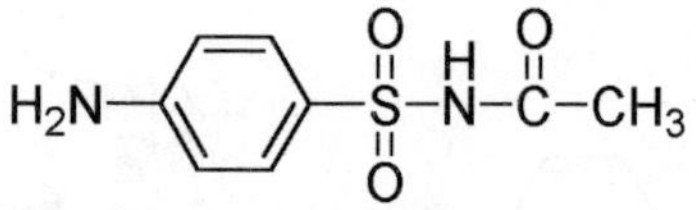

磺胺醋酰——用于治疗尿路感染

很快人们就将磺胺类药物贴上了“万灵神药”的标签，宣称这类药包治百病，尽管在今天（如今有效的抗生素药物数不胜数）看来，这类说法不免过分夸大，但在20世纪早几十年，此类药物的治疗效果确实称得上非同寻常。例如，磺胺类药物面世后，仅在美国每年死于肺炎的人数就减少了2.5万。

在第一次世界大战（1914—1918）的欧洲战场上，因伤口感染死亡的可能性与在战场上受伤死亡的可能性一样大。战壕里以及各国陆军医院里普遍存在一种被称为气性坏疽的坏疽病。气性坏疽是由一种毒性很强的梭状芽孢杆菌（Clostridium）引起的，能在食物中产生毒素并致人死亡的肉毒杆菌就是一种梭菌。气性坏疽通常发生在由炸药、炮弹造成的深层伤口，在这样的伤口中，人体肌肉组织会被刺穿或者受到挤压。在没有氧气的情况下，此类细菌会迅速繁殖。伤口会渗出棕色的恶臭脓液，细菌毒素产生的气体会在皮肤表面形成水疱，产生独特而强烈的臭味。

在抗生素出现之前，治疗气性坏疽的方法只有一种——截肢，将受感染肢体从感染部位开始全部截掉，从而除去所有坏疽组织。如果截肢不可行，那就只能等死。在第二次世界大战期间，由于磺胺吡啶和磺胺噻唑等抗生素能有效治疗坏疽病，成千上万的伤员免于承受截肢的痛苦，很多人也因此捡回了一条命。

现在我们知道，此类化合物之所以对细菌感染有疗效，在于磺胺分子的大小和形状，凭借其大小和形状，磺胺分子能阻止细菌制造所必需的营养物质——叶酸。叶酸是B族维生素之一，也是人类细胞生长的必要物质。叶酸广泛存在于各类食物中，如绿叶蔬菜（叶酸名称中的“叶”就源自“绿叶”）、肝脏、花椰菜、酵母、小麦和牛肉。我们的身体不能自行合成叶酸，只能通过食物摄取叶酸。与人类不同的是，一些细菌不需要补充叶酸，它们能自己合成叶酸。

叶酸分子相当大，看起来也相当复杂：

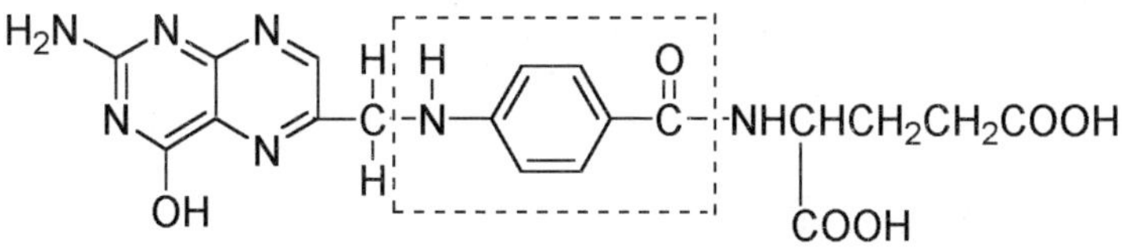

叶酸分子，中间来自对氨基苯甲酸分子的部分用虚线框标出

观察上面结构图中的方框内部分。叶酸分子的中间这一部分来自一种较小的分子——对氨基苯甲酸，能自行合成叶酸的细菌会在体内利用对氨基苯甲酸来合成叶酸，因此可以说，对氨基苯甲酸是这些微生物至关重要的营养物质。

从形状和大小的角度来看，对氨基苯甲酸和磺胺的化学结构非常相似，正是这种相似性解释了磺胺的抗微生物活性。这些分子从氨基（$-NH_2$）的氢原子到双键氧原子的长度（见下图方括号所示）都在分子全长的3%以内，而且它们的宽度也几乎相同。

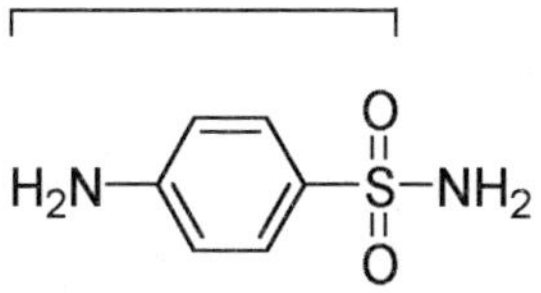

磺胺

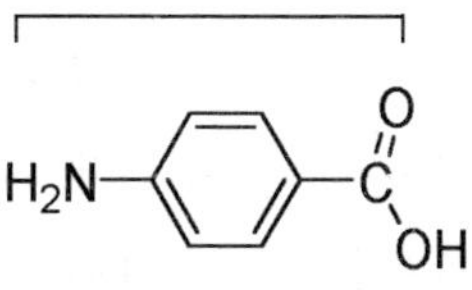

对氨基苯甲酸

对氨基苯甲酸才是细菌需要的营养物质，但参与合成叶酸的细菌酶似乎无法区分外观相似的对氨基苯甲酸分子和磺胺分子。因此，细菌会试图使用磺胺代替对氨基苯甲酸，但显然不会成功，并最终因为无法合成足够的叶酸而死亡。我们人类从食物中吸收叶酸，因此不会因为磺胺的作用而受到负面影响。

严格说来，磺胺类药物并不是真正的抗生素。抗生素的准确定义是"源自微生物的物质，极微量的抗生素就能抑制或杀灭微生物"。磺胺类药物不是从活细胞中提取的，而是人造的，正确的归类应该是"抗代谢物"——一种抑制微生物生长的化学品。但在今天，人们通常把所有能杀死细菌的物质，无论是天然的还是人工的，都叫作抗生素。

尽管磺胺类药物并不是第一种合成抗生素——这一殊荣属于埃尔利希发现的抗梅毒分子砷凡纳明，但磺胺类药物是第一类在抗击细菌感染方面得到广泛使用的化合物。此类药物不仅拯救了数十万受伤士兵和肺炎患者的生命，而且分娩时死亡的产妇数量大幅下降，也要归功于磺胺类药物，因为事实证明，引起产褥热的链球菌也对磺胺类药物敏感。然而，近些年来世界范围内磺胺类药物的使用量已经减少，原因有很多，主要包括对长期副作用的担忧、细菌对磺胺的耐药性增强，以及更新、更强效的抗生素的出现。

青霉素

最早出现的真正意义上的抗生素来自青霉素家族，这些抗生素至今仍被广泛使用。1877 年，路易・巴斯德（Louis Pasteur）率先证明了可以用一种微生物来杀死另一种微生物的人。巴斯德研究表明，在尿液中加入一些常见的细菌，就能够抑制炭疽杆菌的生长。随后，约瑟夫・李斯特——让医学界认识到苯酚作为防腐剂的价值的人——开始研究霉菌的特性，据称他用青霉属霉菌提取物浸泡的敷料治好了一个病人的顽固性脓肿。

尽管这些治疗都取得了积极的结果，但对霉菌疗愈功能的进一步研究却寥寥无几，这种情形直到 1928 年才出现转机。这一年，一位名叫亚历山大・弗莱明（Alexander Fleming）的苏格兰医生在伦敦大学圣玛丽医院医学院工作时发现，青霉属霉菌家族的一种霉菌污染了他正在研究的葡萄球菌的培养皿。他随后注意到有一些葡萄球菌菌落变得半透明，最后竟完全裂解。与在他之前的那些人不同，弗莱明对此很感兴趣，并进行了更多的实验。他认为这种霉菌产生的某种化合物对葡萄球菌产生了抗生素的作用，而他后来的实验也证实了这一点。实验室检测证明，从如今被称为特异青霉（*Penicillium notatum*）的培养样本中得到的过滤液能够非常有效地杀死玻璃皿中的葡萄球菌。即使霉菌提取物被稀释了 800 倍，对细菌细胞仍有活性。此外，注射了这种物质（弗莱明称之为 Penicillin，即青霉素）的小鼠没有出现中毒症状。与苯酚不同，青霉素没有刺激性，可以直接用于治疗受感染的组织。而且作为一种细菌抑制剂，青霉素的抗菌功效也比苯酚更强大，它对许多种类的细菌都有活性，包括那些导致脑膜炎、淋病和链球菌感染（比如链球菌性咽炎）的细菌。

尽管弗莱明在一份医学期刊上发表了他的研究成果，但几乎无人问津。他的青霉素过滤液非常稀，而且他努力分离活性成分也屡试未成；我们现在知道，许多常见的实验室化学品、溶剂乃至热量都能轻易让青霉素失去活性。

在之后十多年的时间里，青霉素并未进行临床试验，在此期间，磺胺类药物成为对抗细菌感染的主要武器。1939 年，磺胺类药物大获成功，这鼓励着牛津大学的一批化学家、微生物学家和内科医生开始想方设法生产并分离青霉素。第一次使用粗制青霉素的临床试验发生在 1941 年。令人难过的是，这次试验的结果正应了那句老话："治疗成功了，但病人死了。"有位病人接受了静脉注射青霉素治疗，他是一名警察，同时感染了葡萄球菌和链球菌。24 小时后，病人情况有所好转；5 天后，烧退了，感染症状逐渐减轻。但当天所有可用的青霉素——大约 1 茶匙未提纯的提取物——都已用完。这名男子的病情仍然相当严重。没有了青霉素，感染不受控制地恶化，病人很快就死了。第二名病人也死了。然而，在第三次试验中，由于青霉素储备充足，一名感染链球菌的 15 岁男孩顺利康复。在这次成功之后，青霉素又治愈了另一个葡萄球菌血液中毒的孩子，牛津大学这群研究人员知道他们发现了一种特效药。事实证明，青霉素对多种细菌都有活性，而且没有严重副作用，不像磺胺类药物那样具有肾毒性。后来的研究表明，一些青霉素类药物即使稀释 100 万至 5000 万倍，仍可抑制链球菌的生长，令人称奇。

此时，青霉素的化学结构还不为人所知，也就不可能通过人工合成的方式生产。青霉素仍需从霉菌中提取，大批量生产是对微生物学家和细菌学家（而不是化学家）的一项挑战。位于伊利诺伊州皮奥里亚的美国农业部实验室拥有培养微生物的专业知识，并成为大规模研究青霉素项目的中心。到 1943 年 7 月，美国制药公司已经能够生产 8 亿单位的这种新抗生素。一年后月产量就超过了 1300 亿单位。

据估计，第二次世界大战期间，在美国和英国的 39 间实验室里，总计有 1000 名化学家致力于研究与确定青霉素的化学结构及探寻合成方法相关的问题。终于，在 1946 年，青霉素的结构得以确定，不过成功合成要等到 1957 年。

跟我们讨论过的其他分子相比，青霉素分子没那么大，结构看上去也没那么复杂，但对化学家来说，这种分子极不寻常，因为它含有一个被称为四元 β-内酰胺环的环。

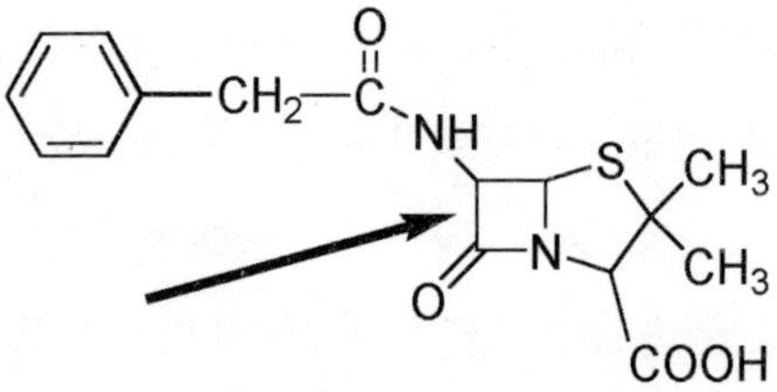

青霉素G分子结构图。箭头标示的是四元 β-内酰胺环

自然界中确实存在含有四元环的分子，但并不常见。化学家的确能合成这样的化合物，但难度往往较大。原因是四元环（构成一个正方形）每个角的角度都是 90°，而通常情况下，单键碳原子和氮原子之间的理想键角接近 109°，双键碳原子的理想键角是 120° 左右。

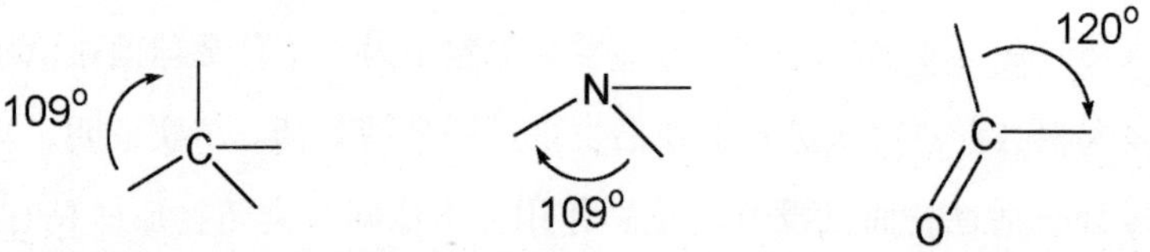

单键碳原子和氮原子在空间呈三维方式排列，碳双键与氧原子在同一个平面

有机化合物中的四元环并不位于同一平面，而是略呈弯曲的，但即便如此也不会减少化学家所称的环张力；所谓环张力，是指由于原子的真实键角与理想键角相差太大产生的不稳定性。但恰恰是四元环的这种不稳定性，赋予了青霉素分子的抗生素活性。细菌有细胞壁，并且能产生一种形成细胞壁时所必需的酶。在这种酶的作用下，青霉素分子的 β－内酰胺环裂开，释放环张力。在这个过程中，细菌酶上的一个羟基被酰化（与将水杨酸转化为阿司匹林的反应类型相同）。在酰化反应中，青霉素将四元环打开后的分子附着在细菌酶上。请注意，五元环仍然是完整的，但四元环已经打开了。

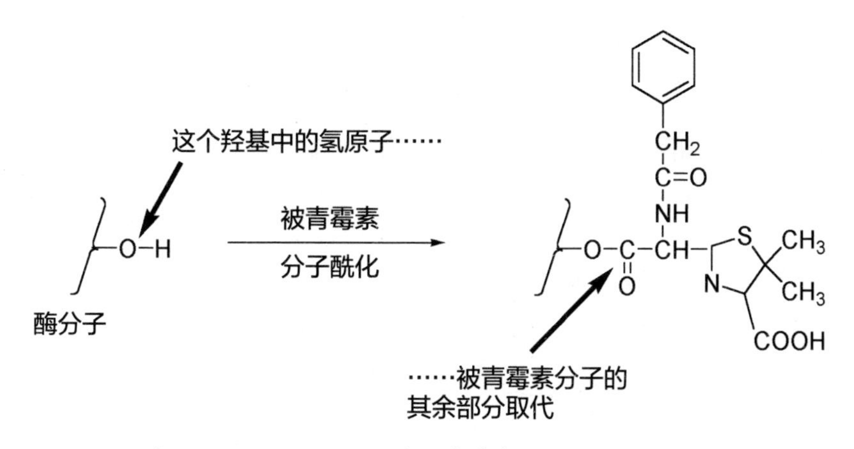

本图所显示的酰化反应中，青霉素分子与细菌酶相连

酰化作用令细胞壁赖以形成的酶失去活性。一旦失去构建细胞壁的能力，新细菌在生物体内的生长就会受到抑制。动物细胞有细胞膜，但没有细胞壁，因此也就不会像细菌一样拥有形成细胞壁的酶。正因如此，青霉素分子发生酰化反应不会对人类造成影响。

青霉素的四元 β－内酰胺环的不稳定性，也是青霉素类药物需要低温储存的原因，这与磺胺类药物不同。环一旦打开（热量会加速此过程），这种分子就不再是一种有效的抗生素。细菌似乎已经发现了开环的秘密。耐青霉素菌株已经进化出另一种酶，可以在青霉素分子让负责细胞壁形成的酶失去活性之前，打开青霉素的 β－内酰胺环。

下页最上图所示为青霉素 G 的分子结构，这种分子于 1940 年首次从霉菌中提取，至今仍被广泛应用。许多其他的青霉素分子都是从霉菌中分离出来的，还有一些是以化学的方式从天然抗生素中合成的。不同青霉素分子的结构只在下图圈出的部分有所不同。

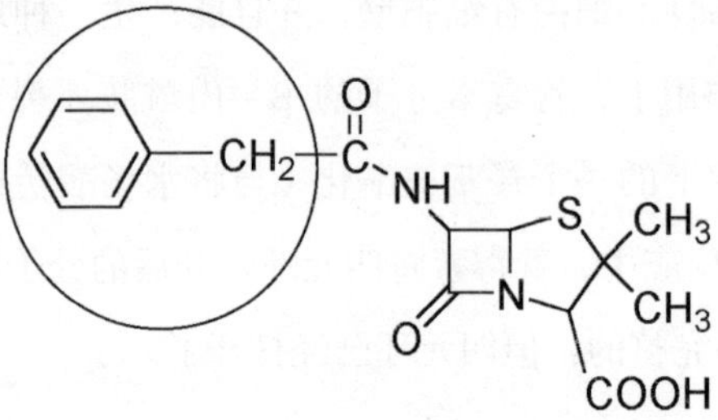

青霉素G。分子中不同的部分用圆圈标出

氨苄西林是一种合成的青霉素，与青霉素略有不同，额外多了一个氨基（$—NH_2$）。有些细菌对青霉素G产生了抗药性，就可以用氨苄西林来对付。

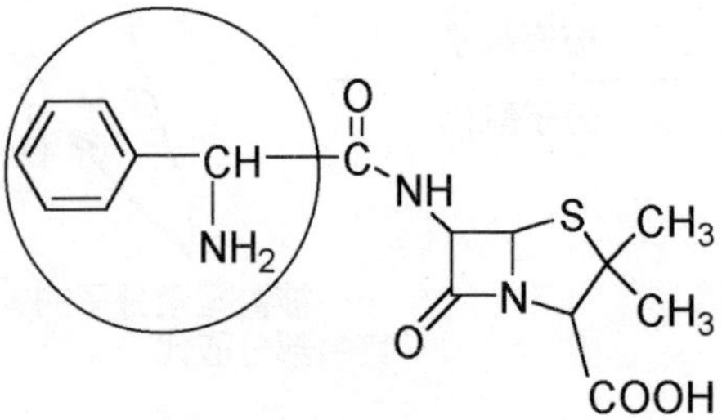

氨苄西林

作为当今美国使用最为广泛的处方药之一，阿莫西林的侧基团与氨苄西林非常相似，但多了一个羟基。侧基团可能非常简单，如青霉素O，也可能相当复杂，如氯唑西林。

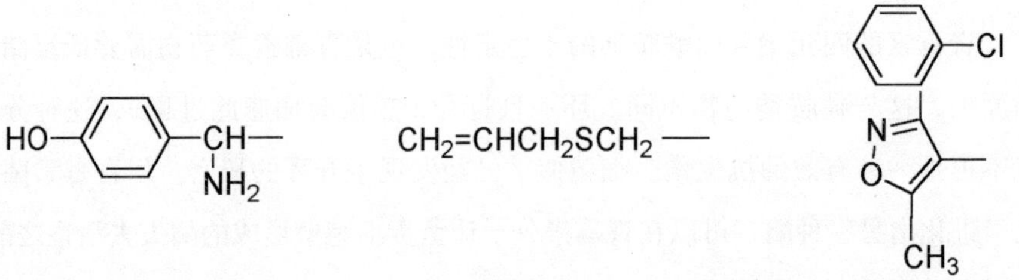

从左到右依次为阿莫西林、青霉素O和氯唑西林分子被圈出部分的侧基团结构

今天仍在使用的青霉素类药物有十种左右，前面只提到了其中四种。另外还有很多种青霉素类药物已不再用于临床医疗。在分子上的同一（圈出的）位置，结构的修正可能有很多种，但四元 β – 内酰胺环总是存在的。如果你用到过青霉素类抗生素，请记住，正是分子结构的这部分救了你的命。

尽管过去几个世纪的人口死亡率的准确统计数字已经不可能获得，但人口学家能够估算出某些地方的平均寿命。从公元前 3500 年到大约公元 1750 年，在这 5000 多年的时间里，欧洲社会的预期寿命在 30 至 40 岁之间浮动；在古典时期的希腊，公元前 680 年左右，预期寿命升高到 41 岁；在公元 1400 年的土耳其，预期寿命只有 31 岁。这些数字与当今世界不发达国家的预期寿命差不多。造成高死亡率的主要原因有三个：食物供应不足、卫生条件差和流行病，而这三个原因彼此密切相关。营养不良导致抗感染能力差，而卫生条件差则有利于疾病的传播。

在世界那些拥有高效农业、良好运输系统的地区，粮食供应量不断增加。同时，个人卫生和公共卫生举措——净水供应、污水处理系统、垃圾回收和虫害控制，以及大规模的免疫和疫苗接种计划——得到了极大改善，使流行病减少，人口健康水平提高，对疾病的抵御力增强。正是由于这些改进，自 19 世纪 60 年代以来，发达国家的死亡率一直在稳步下降。但是，对那些世代以来给人类造成无尽痛苦、无数死亡的细菌的最后一击，是由抗生素来完成的。

从 20 世纪 30 年代起，这些分子对传染病死亡率的影响就已经非常显著。在引入磺胺类药物来治疗肺炎（麻疹病毒的一种常见并发症）后，麻疹的死亡率迅速下降。在 1900 年的美国，肺炎、肺结核、胃炎和白喉都是致死的主要疾病，到今天却都排不上号了。在发生细菌性传染病（如鼠疫、霍乱、斑疹伤寒和炭疽）的地方，由于有了抗生素，原本可能大规模暴发的疾病得到了遏制。今天，生物恐怖主义行为已经让公众关注到发生重大细菌性流行病的可能性。正常情况下，我们目前拥有的一系列抗生素足以应对此类威胁。

如今令人担忧的是另一种形式的生物恐怖主义，那就是在人类越来越多地使用甚至滥用抗生素的情况下，细菌在适应过程中发动的生物恐怖袭击。一些常见但可能致命的细菌获得了抗药性，而抗药性菌株已然出现并广泛传播。不过，随着生物化学家对细菌以及人类代谢途径的了解越来越深入，对早期的抗生素的起效原理了解得越来越清晰，就有可能针对特定细菌反应合成新的抗生素。要想在与致病细菌的无休止斗争中保持优势，了解化学结构以及化学结构与活细胞的互动方式至关重要。

第十一章

避孕药

到了20世纪中叶，抗生素和抗菌剂已被广泛使用，极大地降低了死亡率，特别是女性和儿童的死亡率。人们也不再需要尽量多生孩子，从而确保能有孩子顺利长大成人。儿童因传染性疾病而死亡的恐惧逐渐被淡忘，与此同时，通过避孕来限制孩子数量的需求却不断增长。1960年，一种具有避孕功能的分子面世，在塑造当代社会方面起到了重要作用。

毫无疑问，这种分子就是炔诺酮（norethindrone），世上第一种口服避孕药，也是人们口中的“那种药片”。人们常将20世纪60年代的性解放运动、妇女解放运动、女性主义的兴起、职场女性所占比例上升甚至家庭的解体归功于——或者归咎于，这取决于你的立场——这种分子。尽管有关炔诺酮利弊的意见林林总总，但不可否认的是，这种分子问世后的40年左右的时间内，社会生活发生了翻天覆地的变化，这种分子起到了举足轻重的作用。

20世纪初期，美国人玛格丽特·桑格（Margaret Sanger）和英国人玛丽·斯特普（Marie Stopes）等著名的改革者为了合法获取节育知识及避孕用品所进行的斗争，对当今人们而言，似乎只存在于遥远的过去。今天的年轻人听人说起，20世纪最初的几十年里，在许多国家仅仅提供避孕知识都是一种犯罪时，往往会露出不可思议的表情。但避孕的需求就明白地摆在那里：城市贫困区的婴儿死亡率和孕产妇死亡率往往很高，而这往往与子女数量多有关。当时，中产阶级家庭已经在使用可资利用的避孕方法，而工人阶级女性虽有同样迫切的需求，却难以实现。子女数量众多的母亲们曾向节育倡导者写信，详细描述她们在面对又一次意外怀孕时的绝望心情。到了20世纪30年代，公众对节育——通常会用更容易接受的术语“计划生育”来表述——的接受度越来越高；在开具避孕药具方面，卫生诊所和医务人员也开始参与进来，而且至少在一些地方，法律也得以修订。在限制节育的法规仍然存在的地方，司法追究也越来越少见，尤其是在避孕事宜处理得非常谨慎的情况下。

口服避孕药的早期尝试

几个世纪以来，在各个国家的文化中，女性都曾吞服过各种各样的“药”，希望能阻止受孕。而这些药物无一例外都没有达到这个目的，当然，不可否认也有些药物导致女性病势沉重，因而无法受孕。有些药物的服用方法相当简单：泡水喝，比如冲泡欧芹和薄荷，或者山楂、常春藤、柳树、糖芥、桃金娘或杨树的叶或皮。也有人建议用蜘蛛卵或蛇泡水。水果、鲜花、腰豆、杏仁以及混合多种成分的草药也都在建议之列。骡子曾一度在避孕方面占据重要地位，据信这是因为作为马和驴的后代，骡子本身是不能生育的。据称，如果女性吃了骡子的肾或子宫，就能保证不怀孕。如果要让男性不育，这种动物也大有作为，把去势骡子的睾丸烤了吃。在公元7世纪，中国女性会吞服“油煎水银”来避孕，这种“药”之所以有避孕的效果，很可能是因为汞的毒性，当然，这种方法有效的前提是女性没有因为汞中毒而死亡。在古希腊和19世纪欧洲的部分地区，人们会把各种铜盐溶液当作避孕药。中世纪时有一种奇怪的避孕法子，那就是让女性往青蛙口中吐三口唾沫。然而，想要得到避孕效果的是这名女性，可不是青蛙啊！

类固醇

尽管涂抹在身体不同部位以防止怀孕的一些“药”可能具有杀精的功效，但20世纪中叶出现的口服避孕药才是最早的真正安全有效的化学避孕手段。炔诺酮是一种类固醇，而类固醇是一类化合物的统称，如今一些运动员非法使用的用以提高成绩的违禁药物也常常被称为类固醇。违禁药物当然是类固醇，但很多跟运动能力无关的化合物也都是类固醇，在本书中，我们是在广义上使用类固醇这个术语。

对许多分子来说，结构上的微小变化可能导致功效上的非常大的变化，性激素就是一个非常好的例子；性激素包括男性性激素（雄激素）、女性性激素（雌激素）和妊娠激素（孕激素）。

所有被归为类固醇的化合物都有相同的基本分子模式，即一系列以相同方式融合的四环结构。其中三个环分别有 6 个碳原子，第四个环有 5 个碳原子。我们用 A、B、C 和 D 来标注这些环，其中 D 环始终是五元环。

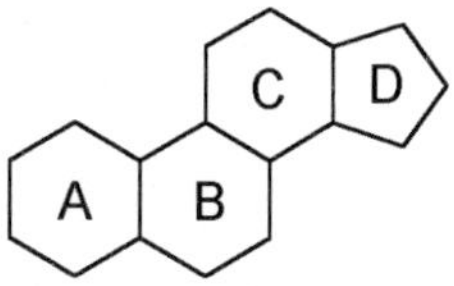

类固醇结构中的四个环，分别标为 A、B、C、D

胆固醇是所有动物类固醇中最常见的一种，存在于大多数动物组织中，蛋黄和人类胆结石中胆固醇的含量尤其高。众所周知，这种分子名声不佳，但这样的坏名声可谓无妄之灾。我们的身体系统需要胆固醇；胆固醇作为我们体内所有其他类固醇的前体分子——包括胆汁酸（让我们能够消化油脂的化合物）和性激素——发挥着重要作用。我们并非不需要胆固醇，只是不需要在饮食中摄入大量额外的胆固醇，因为我们自身就能合成足够的胆固醇。胆固醇的分子结构中含有 4 个融合在一起的环以及侧基，包括一定数量的甲基（—CH_3，有时为了标注方便，会写成 H_3C—）。

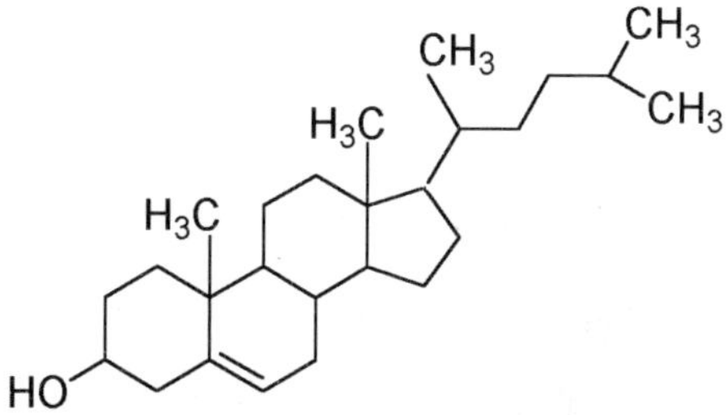

胆固醇，最常见的动物类固醇

睾酮是主要的雄激素，1935年首次从磨碎的公牛睾丸中分离出来，但第一种人工分离出来的雄激素并不是睾酮，而是雄酮，雄酮是睾酮的一种代谢产物，效力较低，会随尿液排出。比较这两种结构可以看出，它们之间的差异很小，雄酮是一种氧化版本，一个双键氧原子取代了睾酮结构中的羟基。

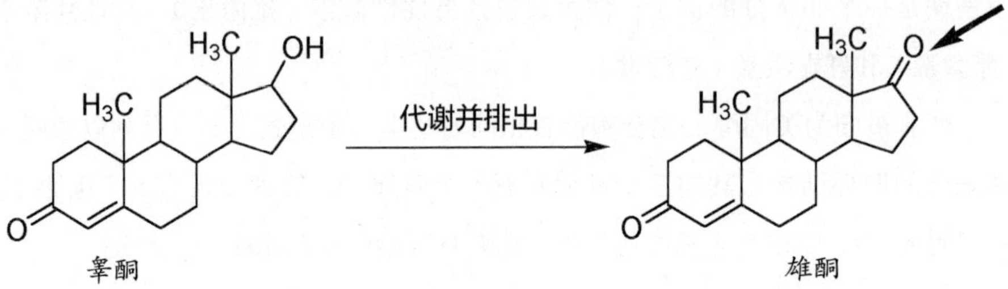

睾酮 → 代谢并排出 → 雄酮

雄酮与睾酮只在一个位置上有所不同（箭头标出）

男性性激素第一次被分离出来是在1931年，当时，研究人员从比利时警察队伍收集的1.5万升尿液中提取了15毫克男性性激素；在那个年代，警察队伍的成员都是男性。

第一种分离出来的性激素是女性性激素雌酮，于1929年从孕妇的尿液中获得。与雄酮和睾酮的关系一样，雌酮是一种主要的、效力更强的女性性激素——雌二醇的代谢产物。雌二醇分子结构中的一个羟基可通过类似的氧化过程变为双键氧。

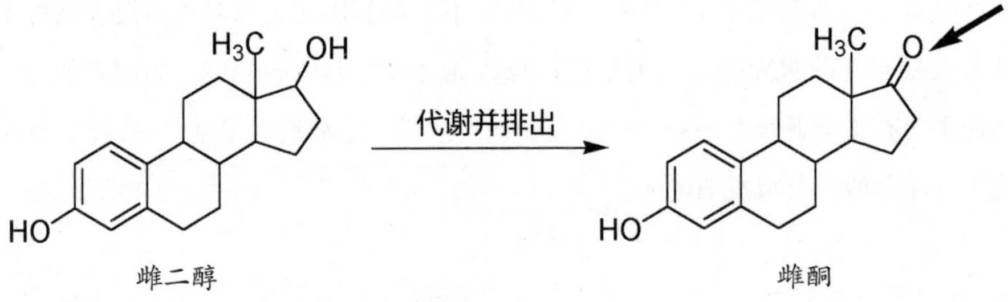

雌二醇 → 代谢并排出 → 雌酮

雌酮与雌二醇只在一个位置上有所不同（箭头标出）

动物体内这些分子的含量非常少：雌二醇首次被分离出来的时候，用了4吨的猪卵巢，但提取出来的雌二醇只有12毫克。

有意思的是，考察一下雄激素睾酮和雌激素雌二醇的结构，会发现两者在结构上非常相似。仅仅是分子结构上的一些变化，就导致了雌雄激素的巨大差异。

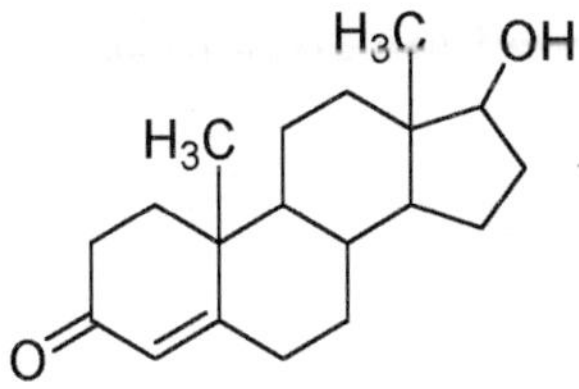

睾酮 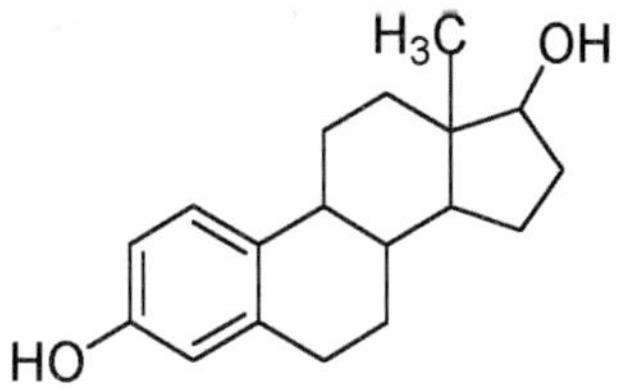　　　　雌二醇

如果男孩的睾酮中少了一个甲基（$—CH_3$），原有的双键氧原子被羟基代替，多了几个碳碳双键（C══C），那么到了青春期就不会出现男性第二性征（面部和体表毛发旺盛、嗓音低沉、肌肉发达），而是会乳房增大，臀部变宽，并开始来月经。

睾酮是一种合成代谢类固醇，也就是说它是一种促进肌肉生长的类固醇。人工睾酮是一种刺激肌肉组织生长的人造化合物，结构与睾酮相似。人们研发这些化合物的目的，是要治疗导致肌肉退化的损伤或疾病。在处方剂量下，此类药物有助于康复，雄性化效应微乎其微，但如果这类合成类固醇——如美雄酮（Dianabol）和司坦唑醇（Stanozolol）——被想要“增肌”的运动员以正常剂量的 10 或 20 倍使用，就可能带来非常严重的副作用。

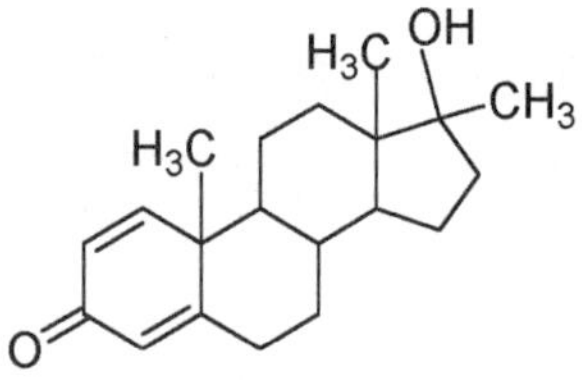

美雄酮 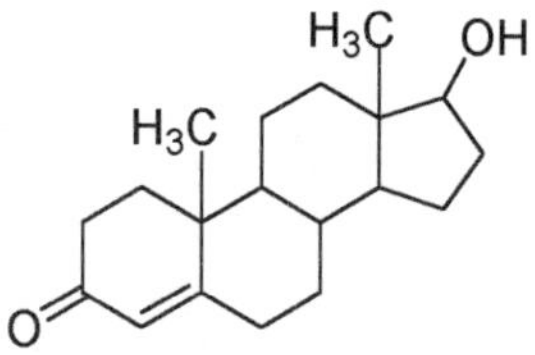　　　　司坦唑醇 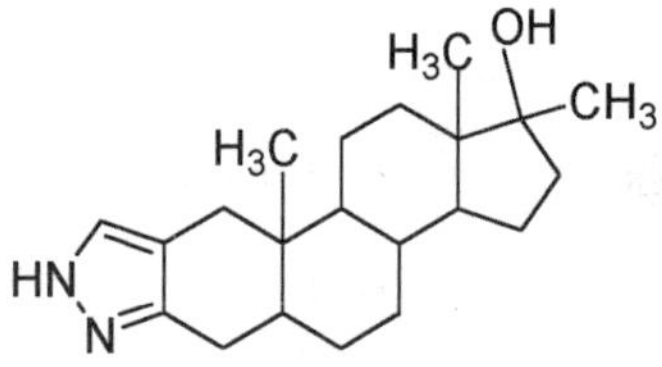　　　　睾酮

人工合成的美雄酮、司坦唑醇与天然睾酮的对比

罹患肝癌和心脏病的风险增加、表现出高度攻击性、严重的痤疮、不育以及睾丸萎缩，这些只是滥用此类分子所带来的一部分危险。合成雄性激素类固醇（一种促进男性第二性征的类固醇）竟会导致睾丸萎缩，乍一听有些不可思议，但仔细想想也不难理解，一旦有身体之外的来源提供人工睾酮，那么不再需要发挥作用的睾丸就会萎缩。

一个分子具有与睾酮相似的结构，并不一定意味它会起到跟雄性激素相似的作用。孕酮是一种主要的妊娠激素，从结构上而言，与睾酮和雄酮的相似度更高，而与司坦唑醇的相似度则相对较低，而且与雄性激素的相似程度要高于与雌性激素的相似程度。在孕酮中，一个乙酰基（CH_3CO—，见下图圈出部位）取代了睾酮的羟基。

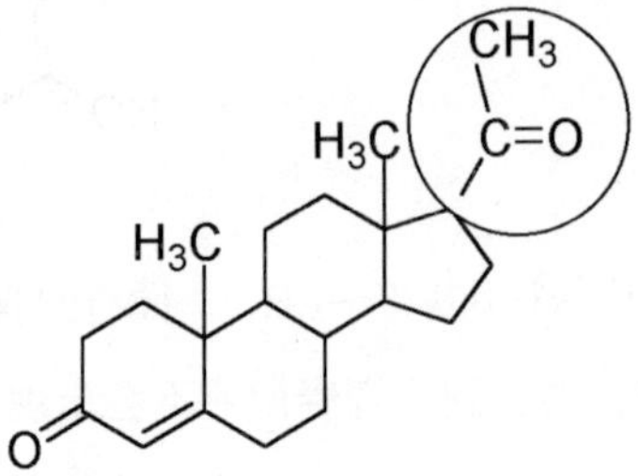

孕酮

从化学结构上来看，孕酮与睾酮的唯一区别就在于此，但二者的作用却大相径庭。孕酮向子宫内膜发出信号，为受精卵着床做好准备。孕妇在怀孕期间不会再受孕，因为持续供应的孕酮会抑制排卵。这就是用化学方法避孕的生物学基础：外源性孕酮或类孕酮物质会抑制排卵。

用孕酮达到避孕的目的，也面临着不少难题。孕酮必须用注射的方式输入体内，直接口服效果会大打折扣，原因可能在于，孕酮会与胃酸或其他消化道化学物质发生反应。另一个问题在于，天然类固醇在动物体内的含量非常少（如前文所述，数吨猪卵巢只能分离出区区十余毫克雌二醇），从这些来源提取孕酮，显然不切实际。

要解决这些问题，方法只有一个，那就是合成人工孕酮，并且能够在口服的情况下保持活性。要想大规模进行这样的合成，就需要一种具备四环类固醇系统的起始材料，而且在分子结构特定位置上有甲基（$—CH_3$）。换句话说，要合成能模拟孕酮作用的分子，前提是能方便大量获得另一种类固醇，而这种类固醇的结构可以在实验室中通过适当的化学反应加以改变。

拉塞尔·马克的神奇冒险

这里我们明确提出了这个化学问题，但需要强调的是，我们是凭借后见之明才得到这样的洞见。第一种避孕药的合成是经过多次解谜尝试的结果。参与解谜过程的化学家们并不知道，他们最终合成的这种分子能够加速社会变革，让女性掌控自己的生活，并且改变传统的性别角色。美国化学家拉塞尔·马克（Russell Marker）也不例外，尽管他的工作对避孕药的开发至关重要，但他做化学实验的目标不是合成一种避孕分子，而是寻找一种低成本生产另一种类固醇分子——可的松的方法。

马克的一生是与传统和权威不断发生冲突的一生，由这样的人发现一种将与传统和权威对阵的分子，真可谓恰如其分。他不顾佃农父亲的意愿上了高中，然后又上了大学，1923 年他获得了马里兰大学的化学学士学位。尽管他坚持认为继续接受教育是为了“摆脱务农的生活”，但马克的能力及其对化学的兴趣，肯定也是他决定攻读研究生学位的因素。

马克完成博士论文并在《美国化学会期刊》（*Journal of the American Chemical Society*）发表后，他被告知需要再修一门课程——物理化学课，才能满足获得博士学位的要求。马克认为这无非是在浪费宝贵时间，还不如把这些时间花在实验室里更有收获。尽管教授们一再警告他，没有博士学位就没有机会从事化学研究，他还是离开了大学。三年后，他加入了位于曼哈顿的著名的洛克菲勒研究所，显然他的才华克服了没有博士学位的障碍。

在洛克菲勒研究所，马克对类固醇产生了兴趣，他特别想要开发一种方法，好生产足够多的类固醇，这样化学家们就能放开手脚做实验，通过多种方式改变四个类固醇环上不同侧基的结构。当时，从怀孕母马的尿液中分离出孕酮，其成本在每克 1000 美元以上，令化学家们难以承受，而通过这种方法获得的少量孕酮，主要被富有的赛马主人用来防止名贵的孕马流产。

马克知道，某些含有类固醇的化合物存在于一些植物当中，比如毛地黄、铃兰、墨西哥菝葜和夹竹桃。尽管在当时的条件下，单纯分离出四环类固醇系统还不可能做到，但人们已经发现，植物体内的这种化合物含量要比动物体内的含量高得多。对马克来说，选择从植物中提取类固醇的途径合情合理，但他不得不再次与传统和权威对抗。洛克菲勒研究所的传统是，植物化学属于药理学部门的研究领域，而不是马克所在的部门。权威（洛克菲勒研究所所长本人）禁止马克从事植物类固醇的研究。

马克于是离开了洛克菲勒研究所，做了宾夕法尼亚州立学院的研究员，在那里继续研究类固醇，后来与帕克－戴维斯药物公司展开了合作。马克最终利用植物得到了工作所需的大量类固醇。一开始他使用的是菝葜藤的根（用来给根汁啤酒和类似饮料调味），当时人们已经知道菝葜藤含有皂苷（saponin）这种化合物；皂苷之所以叫皂苷，是因为把它混在水中能形成肥皂样泡沫。尽管远不及纤维素或木质素等聚合物的分子大，但皂苷分子却相当复杂。菝葜皂苷包含3个连接在一个类固醇环系统上的糖单元，而这个系统又在D环处与另外两个环融合。

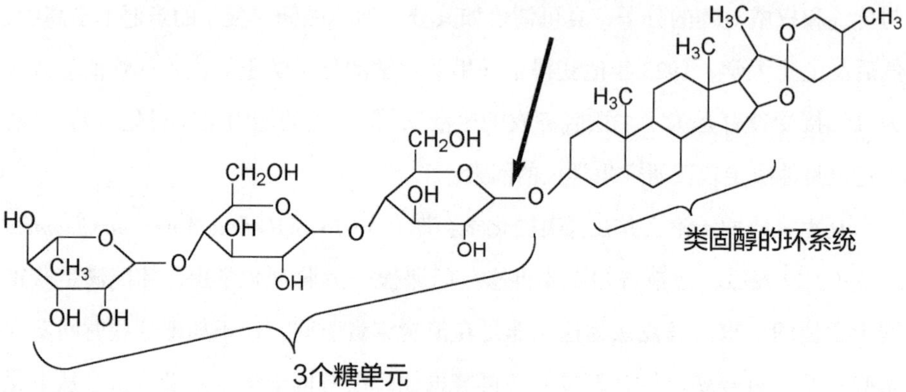

类固醇的环系统

3个糖单元

菝葜皂苷结构图

众所周知，去除这3个糖单元——2个葡萄糖单元和1个叫作鼠李糖的糖单元——简便易行。在酸的作用下，糖单元会在上图结构中箭头所示的位置脱落。

菝葜皂苷 —(与酸或者酶反应)→ 菝葜皂苷配基 + 2个葡萄糖 + 1个鼠李糖

真正难以处理的是剩余部分，也就是皂苷配基（sapogenin）。要从菝葜皂苷配基中提取类固醇环系统，就得去掉下图中圈出的侧基。当时人们的普遍看法是，如果不破坏类固醇结构的其他部分，这件事不可能做到。

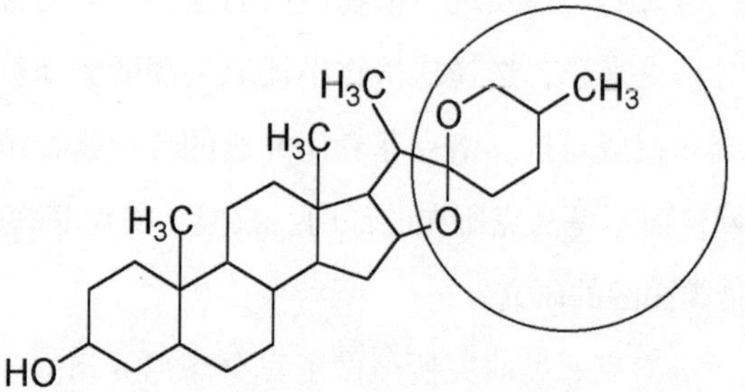

菝葜皂苷配基

马克却坚信可以做到，事实证明他是对的。他开发的工艺可产生出基本的四环类固醇系统，只需再增加几个步骤，就能得到纯合成孕酮，其化学性质与女性体内生成的孕酮完全一致。而一旦去掉这个侧基，合成许多其他类固醇化合物就有可能实现。马克发明的从类固醇系统中去除皂苷配基的侧基的方法后来被称为“马克降解法”，规模达数十亿美元的合成激素行业至今仍在使用这种方法。

马克的下一项挑战是找到一种比菝葜含有更多起始材料的植物。皂苷配基存在于菝葜以外的许多植物体内，包括延龄草、丝兰、毛地黄、龙舌兰属仙人掌和天门冬。他搜索了数百种热带和亚热带植物，最终找到了薯蓣属的一个种，一种在墨西哥韦拉克鲁斯的山区发现的野生薯蓣。此时已是 1942 年年初，美国卷入了第二次世界大战。在墨西哥当局不会发放植物采集许可证的情况下，有人建议马克不要冒险进入该地区采集这种薯蓣。此类建议向来不曾让马克裹足不前，这次他依旧我行我素，乘坐当地的公共汽车，最终到达了这种植物生长的地方。在那里，他收集了两袋该植物黑色、1 英尺长的根，当地人称这种植物为“黑头”（cabeza de negro）。

回到宾夕法尼亚后，他从“黑头”中提取了一种与菝葜皂苷配基结构非常相似的皂苷配基。唯一的区别是薯蓣皂苷配基上多出来一个双键（下图箭头所示）。

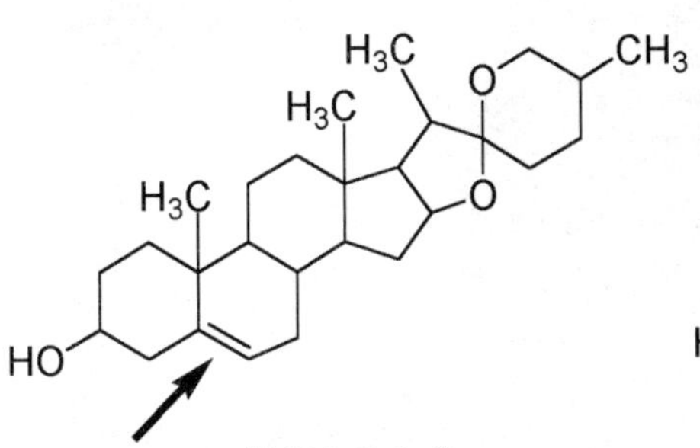

薯蓣皂苷配基 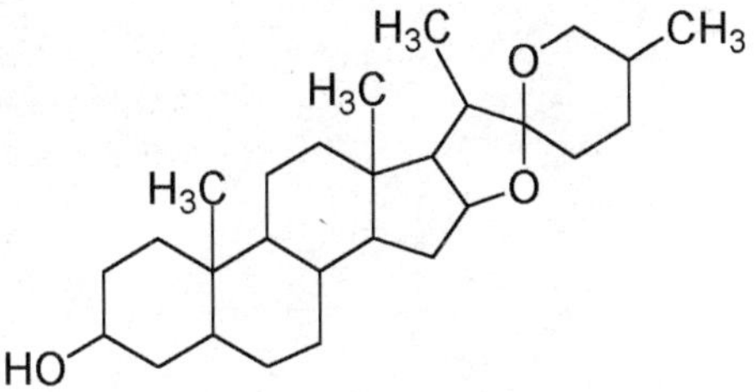　　　　菝葜皂苷配基

薯蓣皂苷配基与菝葜皂苷配基唯一的不同之处在于一个额外的双键（箭头所示）

通过马克降解法除去不需要的侧基，再通过进一步的化学反应就能生成大量孕酮。马克相信，要想以合理的成本生产大量类固醇激素，最好的方法是在墨西哥建立一个实验室，当地的薯蓣就是生产这种激素的取之不尽的原料。

然而，尽管在马克看来，这个解决方案既切合实际，又合情合理，但对那些他试图吸引关注的主要制药公司来说，情况并非如此。传统和权威再一次堵塞了他前行的道路。制药公司的那些头面人物告诉他，墨西哥未曾有过进行如此复杂的化学合成程序的历史。因为无法从老牌药企获得资金支持，马克决心亲自投身到激素生产行业。他从宾夕法尼亚州立学院辞职，并想方设法搬到了墨西哥城，1944 年，他在墨西哥与他人合作，成立了辛泰克斯［Syntex，Synthesis（合成）和 Mexico（墨西哥）两个词的合体］公司，这家制药公司后来成为开发类固醇产品的全球领导者。

但马克与辛泰克斯的关系没有维持多久。因为不堪忍受有关付款、利润和专利方面的纷争，他选择了离开。他建立的另一家公司——Botanica-Mex——最终被欧洲药物公司收购。此时，马克已经发现了皂苷配基含量更丰富的其他薯蓣品种。合成孕酮的成本稳步下降。这些原本毫不起眼、只被当地农民用来捕鱼——鱼吃了这种诱饵会被麻痹，但仍可食用——的薯蓣，如今在墨西哥已经成为一种商业作物。

拉塞尔·马克。他首创的马克降解法让化学家们得以将大量植物类固醇分子派上用场

马克一直不愿为他的工艺申请专利，在他看来，他的发现不应该对任何人设限。到了1949年，对化学家同事大失所望、对逐利动机深恶痛绝的马克——他认为这些人做化学研究完全是为了金钱——销毁了自己所有的实验室报告和实验记录，试图让自己完全脱离化学圈子。尽管他付出了这样的努力，但直到今天，人们仍然认为马克首创的降解法奠定了避孕药研发的基础。

合成其他类固醇

1949年，一个名叫卡尔·杰拉西（Carl Djerassi）的奥地利年轻人移民到美国，加入了位于墨西哥城的辛泰克斯公司从事研究。当时，杰拉西刚刚在威斯康星大学获得博士学位，他的毕业论文就是研究如何通过化学方法将睾酮转化为雌二醇。辛泰克斯希望找到一种方法，将现在资源相对丰富的野生薯蓣中的孕酮转化为可的松。从肾上腺皮质（毗邻肾脏的肾上腺外侧部分）中可以分离出至少28种不同的激素，可的松是其中之一，它是一种强效抗炎剂，对治疗类风湿性关节炎有特效。像其他类固醇一样，可的松在动物组织中的含量非常少，虽然可以在实验室里合成，但成本非常高。合成可的松需要32个步骤，而且起始材料去氧胆酸必须从牛胆汁中分离，而牛胆汁可不是唾手可得的原料。

利用马克降解法，杰拉西向人们展示可以利用低成本的薯蓣皂苷配基来生产可的松。制造可的松的一个主要困难是在C环的11号碳——在胆酸或性激素中这个位置没有发生取代——上连接双键氧。

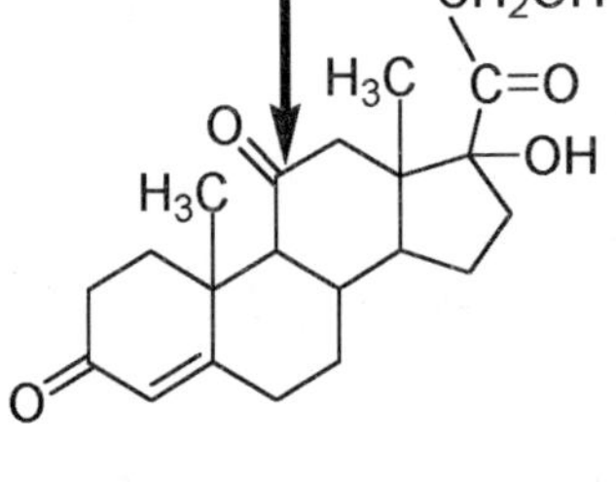

可的松。11号碳上的C=O用箭头标出

后来，人们发现了一种新方法，利用黑根霉（*Rhizopus nigricans*）可以在这个位置上附着氧原子。这种方法产生了意想不到的效果：利用孕酮生成可的松总共只需 8 个步骤——1 个微生物步骤和 7 个化学步骤。

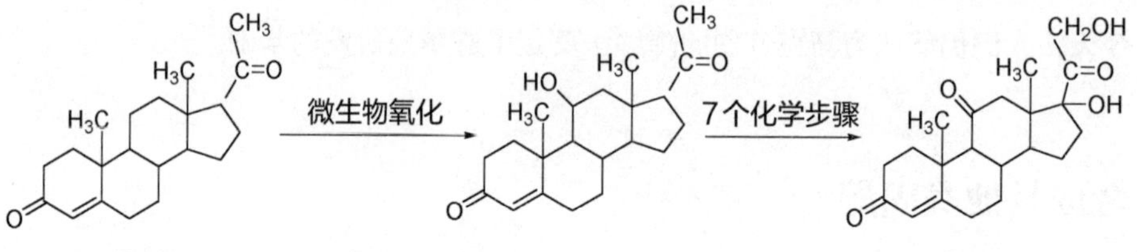

微生物氧化　7个化学步骤

孕酮　可的松

制造出可的松后，杰拉西又成功利用薯蓣皂苷配基合成了雌酮和雌二醇，使辛泰克斯成为全球主要激素和类固醇供应商。他的下一个项目是制造一种人工孕酮，一种具有孕酮的特性但可以口服的化合物。他的目标并不是造出避孕药。彼时，孕酮已经能够以合理的价格买到——每克不到 1 美元，可用来治疗有流产史的女性。不过，孕酮的施打方式只有注射一途，而且剂量相当大。杰拉西不断阅读科学文献，读的过程中他开始设想，在 D 环上用 1 个碳 - 碳三键（≡）取代 1 个基团，是否能使孕酮在口服的情况下保持有效性？有一份报告提到，去除一个甲基（$-CH_3$）——该碳为 19 号碳——似乎可以增强其他类孕酮分子的效力。1951 年 11 月，杰拉西和他的团队生产出一种分子，并申请了专利，该分子的效力是孕酮的 8 倍，而且可以口服。它被命名为炔诺酮（norethindrone）——英文名称中的 nor 意指缺少一个甲基。

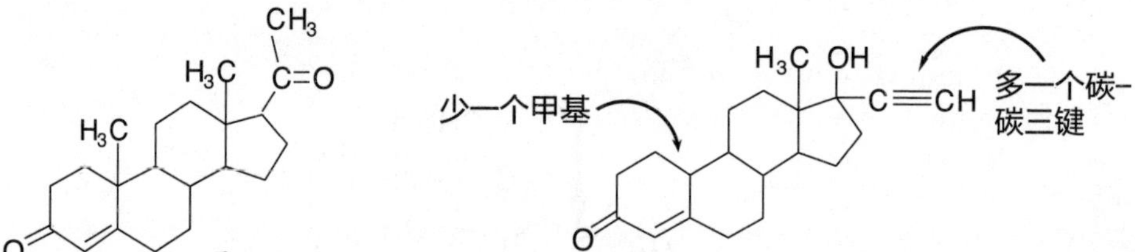

少一个甲基　多一个碳-碳三键

孕酮　炔诺酮

孕酮与炔诺酮结构图

对避孕药持批评态度的人士往往会说，这种控制生育的药片是男性研发出来的，却要由女性来服用。诚然，参与炔诺酮分子合成的化学家大多数是男性，但在避孕药面世数年之后，杰拉西——如今已被尊为“避孕药之父”——表示：“我们做梦都没想到，这种物质最终会成为全球近半数口服避孕药的有效成分。”按照研发时的想法，炔诺酮作为一种激素类药物，可用于助孕或缓解月经不调，如果患者伴有严重失血的症状，炔诺酮尤其有效。到了 20 世纪 50 年代初期，专用于治疗不孕症的炔诺酮，逐渐转变为无数女性日常生活中都会用到的一种药物，两名女性在这中间发挥了主导作用。

避孕药之母

玛格丽特·桑格是国际计划生育联合会的创始人，1917 年，她曾因在布鲁克林一家诊所向移民女性提供避孕药具而入狱。终其一生，她都强烈信奉一个理念：女性拥有自己身体的控制权和生育的决定权。凯瑟琳·麦考密克（Katherine McCormick）是首批获得麻省理工学院生物学学位的女性之一。在丈夫去世后，她变得非常富有。她与桑格夫人相识已逾 30 年，甚至还曾帮助她把法律禁止使用的避孕膜偷运到美国，并为节育事业提供资金支持。当时，这两名女性都已年逾古稀，她们来到马萨诸塞州的什鲁斯伯里，与格雷戈里·平卡斯（Gregory Pincus）会面，他不仅是女性生育专家，还是伍斯特实验生物学基金会（Worcester Foundation for Experimental Biology）——一个规模不大的非营利组织——的创始人之一。桑格夫人向平卡斯提出一项挑战：能否生产一种安全、廉价、可靠的“完美避孕药”，而且可以“像阿司匹林一样口服”。麦考密克出资支持朋友的事业，并在接下来的 15 年里为这项事业投入了 300 多万美元。

平卡斯和他在伍斯特基金会的同事首先核实，孕酮确实抑制了排卵。一开始他们的验证工作是在兔子身上完成的，但后来平卡斯遇到了另一位生殖研究者——哈佛大学的约翰·洛克（John Rock）博士，这才了解到在人类身上也有类似的试验结果。洛克是一位妇科医生，致力于解决病人的生育问题。他使用孕酮治疗不孕症基于如下设想：先通过孕酮抑制排卵、阻断生育能力几个月，然后停止注射孕酮，从而引发“回弹效应”。

1952 年，马萨诸塞州制定了全美范围内最严厉的生育控制法律。控制生育本身并不违法，但展示、销售、开具和提供避孕药具，甚至提供避孕知识都是重罪。这项法律直到 1972 年 3 月才被废除。考虑到这些法律方面的限制，我们就不难理解为什么洛克要小心谨慎地向患者解释孕酮注射疗法。由于这种疗法仍属于实验性质，取得患者的知情同意特别有必要。因此，他对抑制排卵做了解释，但强调这只是一个暂时性的副作用，治疗的最终目标是提高生育能力。

洛克和平卡斯都认为，从长期避孕的角度来讲，大剂量注射孕酮并不可行。平卡斯开始联系药物公司，想要了解到目前为止所开发的人造孕酮中，是否存在一种小剂量使用的情况下也有效，并且可以口服的品类。他得到了答案：有两种合成孕酮符合要求。总部设在芝加哥的西尔列制药公司（G.D.Searle）已经为其开发的异炔诺酮——与杰拉西在辛泰克斯合成的炔诺酮分子结构非常相似——申请了专利。异炔诺酮与炔诺酮的区别仅在于一个双键的位置。真正起效的分子应该是炔诺酮；胃酸能将异炔诺酮的双键位置翻转，从而得到其异构体——炔诺酮。

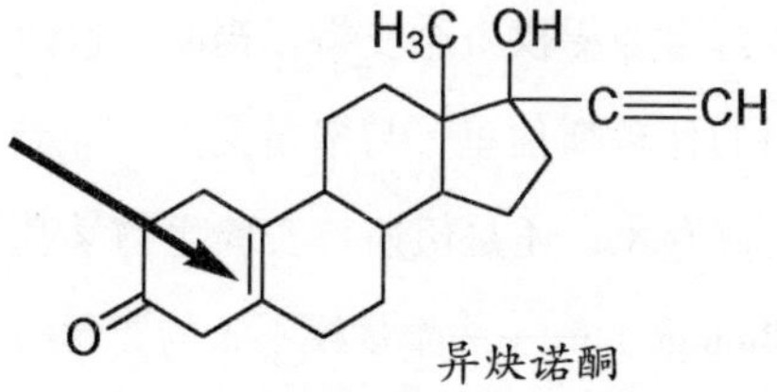

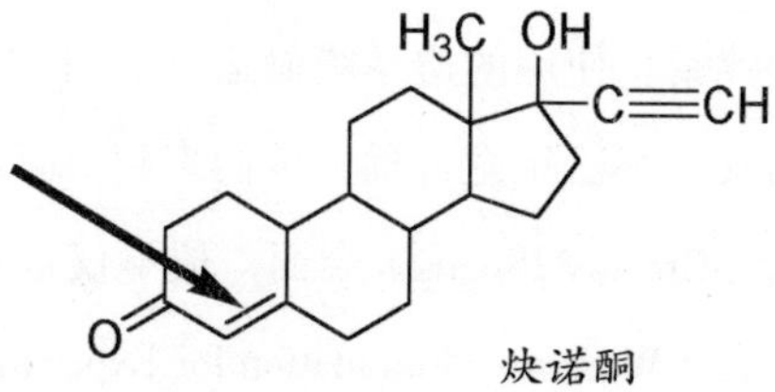

箭头指示双键的位置，异炔诺酮与炔诺酮的唯一不同之处就在于双键的位置

这两种化合物都被授予了专利。至于一种分子在体内发生反应，变为另外一种分子是否构成专利侵权的法律问题，则从来没有人深究过。

在伍斯特基金会，平卡斯尝试用这两种分子抑制兔子的排卵。唯一的副作用就是没有兔子宝宝降生。随后，洛克开始小心翼翼地在病人身上试验异炔诺酮——现在它已经被命名为伊诺维德（Enovid）。他采用的说辞是自己仍在研究不孕症和月经不调，尽管这种说法并非全然不实。他的病人仍会就这些问题向他求助，而他也在做跟以往一样的试验——阻断排卵数月，并抓住生育力反弹的机会加以利用，至少对一些女性是有效的。不过，他用的是人工孕激素，以口服方式用药，而且剂量低于合成孕酮。疗法产生的回弹效应看上去没有什么不同。洛克对病人仔细监测后发现，在抑制排卵方面伊诺维德的有效率达到了100%。

事到如今，就只差临床试验了。这项试验随后在波多黎各进行。近些年来，有批评者对“波多黎各试验”大加挞伐，认为这是对贫穷、未受过教育、毫不知情的女性的剥削。但是，在控制生育的启蒙方面，波多黎各远远领先于马萨诸塞州。虽然波多黎各的人口以天主教徒为主，但在1937年，波多黎各修改了法律，使用和分发避孕用品不再违法，这比马萨诸塞州早了35年。计划生育诊所——所谓的“准妈妈”诊所——已经设立，而且波多黎各医学院的医生以及公共卫生官员和护理人员都支持临床试验口服避孕药。

被选为研究对象的女性都是经过仔细筛查的，并在整个试验过程中受到全方位的监测。她们虽然很穷，没受过教育，但也很务实。尽管这些女性并不了解“女性激素周期”等复杂晦涩的术语，但她们都相当清楚多生孩子有多么危险。对一名有13个孩子、在自耕农场的两间棚屋里勉强度日的36岁的母亲来说，避孕药可能产生的副作用似乎比再次意外怀孕要安全得多。在1956年的波多黎各，志愿者绝无匮乏之虞；后来在海地和墨西哥城开展深入研究时，志愿者同样大有人在。

这三个国家共有2000多名女性参加了试验。避孕失败率约为1%，相比之下，其他避孕措施的失败率在30%到40%之间。口服避孕药的临床试验取得巨大成功；玛格丽特·桑格和凯瑟琳·麦考密克——这两位年长女性看过太多不受约束的生育造成的人间疾苦——提出的这个方案是可行的。具有讽刺意味的是，如果这些试验是在马萨诸塞州做，就连告知受试者试验目的都属违法行为。

1957年，美国食品药品监督管理局（FDA）有限度地批准了将伊诺维德用于治疗月经不调。传统和权威的力量仍占据着上风；尽管这种药片的避孕特性已经众所周知，但人们认为女性不可能每天都服用避孕药，而且相对较高的花销（每月约10美元）也会让人望而却步。然而，在FDA批准的两年后，因“月经不调”而服用伊诺维德的女性已有50万名。

西尔列制药公司最终申请将伊诺维德作为口服避孕药，并于1960年5月正式获批。到1965年，服用这种药片的美国女性已近400万；20年后，有人估计全世界有多达 8000 万名女性曾受益于拉塞尔·马克用墨西哥薯蓣做实验时所生成的分子。

临床试验中最初使用的伊诺维德剂量是 10 毫克（这也是今天的批评者对波多黎各试验持反对意见的理由之一），然后很快减少到 5 毫克，再后来减至 2 毫克，后来甚至更少。研究人员发现，将合成孕激素与少量雌激素相结合，可以减少副作用（例如体重增加、恶心、突破性出血和情绪波动）。到 1965 年，辛泰克斯的炔诺酮占据了避孕药市场的大半江山，能取得这样的成绩，两名授权许可生产商——帕克·戴维斯和强生旗下的奥森多——功不可没。

为什么没有开发出男性用的避孕药？玛格丽特·桑格——她的母亲育有 11 个孩子，曾多次流产，50 岁时死于肺结核——和凯瑟琳·麦考密克都在避孕药的开发方面发挥了至关重要的作用。两人都认为女性应该拥有避孕的控制权。她们是否会支持开发男性避孕药，这件事很难说得清。如果口服避孕药的先驱合成了一种供男性服用的药物，那么现在的批评者会不会说“男性化学家研发出来，只有男性才能服用”？可能吧。

开发男性口服避孕药的困难在于生物学方面。炔诺酮（以及其他人工孕激素）只是模仿了天然孕激素，告诉身体要做什么（也就是停止排卵）。男人没有激素周期。暂时性阻断每天产生数以百万计的精子，要比防止每月一次的排卵困难得多。

不过，为了满足两性之间更平等地分担避孕责任的需要，人们正在研究一些不同的分子，看是否能为男性研发出避孕药。其中一种非激素方法用到了棉酚分子，即我们在第七章提到的从棉籽油中提取的有毒多酚。

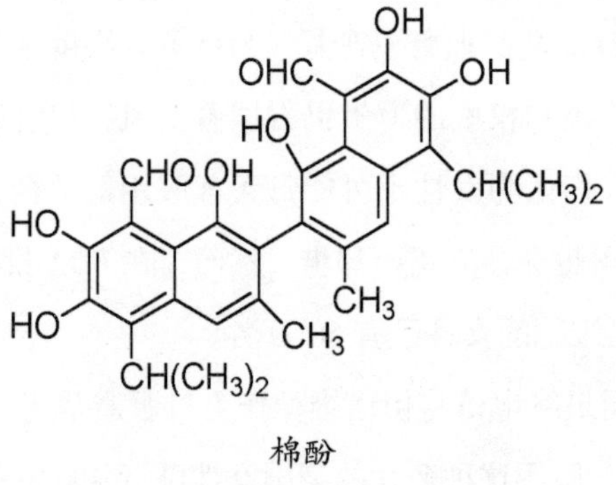

棉酚

20世纪70年代，中国的一项试验表明，棉酚能够有效抑制男性精子的生成，但该过程的可逆性存在不确定性，而且钾离子流失过多也会引发心律失常。近来中国和巴西的试验都表明，降低棉酚的剂量（每天10至12.5毫克），上述副作用可以得到控制。研究人员计划对这种分子进行更大范围的测试。

尽管在将来可能出现新的、更好的避孕方法，但不太可能出现另一种能像“小药片”那样改变社会的避孕分子了。时至今日，仍有很多人不愿意接受这种分子；道德、家庭观念、潜在的健康问题、长期作用以及其他担忧都是争论的主要议题。但几乎无可置疑的是，避孕药带来的巨大变化——女性控制自己的生育——掀起了一场社会革命。过去40年间，在一些可以开放使用炔诺酮及类似药物的国家，生育率已经下降，女性受教育水平上升，而且职场女性的数量不断创下新纪录；在政治、商业和贸易领域，女性的存在已经不再仅仅是“例外”。

炔诺酮的意义已经超越了生育控制本身。它的问世是一个信号，标志着女性的意识逐渐开始觉醒，不仅是对生育和避孕的意识，也包括对开放和机遇的意识，使得女性能够坦然针对几个世纪以来诸如乳腺癌、家庭暴力、乱伦等禁忌话题发声，并采取行动促成改变。仅仅40年的时间里，人们的态度就发生了翻天覆地的变化。除了生孩子和养家外，今天的女性拥有更多的选择权，她们可以管理国家，驾驶喷气式战斗机，做心脏手术，跑马拉松，成为宇航员，管理公司，当然也可以驾船环游世界。

第十二章

巫术与化学

从14世纪中叶到18世纪末期，数以万计的人因为某一类化学分子而遭遇厄运。在这几个世纪里，几乎在欧洲的每一个国家，都有人被当作"巫"烧死在火刑柱上、被吊死或遭受折磨，而这个数据确切是多少，已经永远无法得知。有人估计是4万人，也有人估计有几百万人。尽管被指为"巫"的包括男性、女性和儿童，也包括贵族、庄稼人和神职人员，但大多数人都将矛头指向了女性——通常是贫穷以及上了年纪的女性。数百年的时间里，这股歇斯底里、狂悖妄想的浪潮让所有人都付出了代价，为什么女性会成为主要受害者，人们提出了五花八门的理论试图予以解释。而我们猜测，在这场歧视女性的运动中，某些分子起到了重要作用——尽管不能说这些分子应为持续数百年的社会迫害负全部责任。

对巫术和魔法的信仰可谓人类社会古已有之的一项传统，可以追溯到中世纪末猎巫运动之前相当久远的时期。在石器时代，雕成女性人形的石像曾受到崇拜，因为据说这种石像具有神奇的力量，能影响生育。所有远古文明的神话传说都充斥着超自然现象的描述：具有动物形态的神祇、怪物、会施咒的女神、幻术师、幽灵、地精、鬼魂、半人半兽的可怕生物、精灵，以及生活在天上、森林、湖泊、海洋和地下的各种神明。前基督教时代的欧洲也不例外，那是一个充满魔法和迷信的世界。

随着基督教传播到欧洲各地，许多古老的异教符号和节日被纳入教会的仪式和庆祝活动当中。我们仍然会在“万圣节前夕”（Halloween）举办庆祝活动，而这本是凯尔特人祭奠亡灵的节日，标志着10月31日这天冬季开始，而之所以把11月1日命名为“万圣日”（All Saints' Day），则是教会试图转移人们对异教节日的注意力。圣诞前夜（Christmas Eve）最初是罗马人的农神节（Saturnalia），如今与圣诞节相关的象征物，包括圣诞树、冬青、常春藤、蜡烛，很多都源自异教。

辛勤劳作

在1350年之前，行巫事（witchcraft）一直被看作将巫术（sorcery）付诸实践的行为，而运用巫术的目的则是操控自然之力以实现个人目的。利用护符来保护庄稼或人、念咒来施加影响或做事先防备、召唤神灵在当时都属司空见惯之事。在欧洲的大部分地区，巫术已构成人们日常生活的一部分，而运用巫术只有在造成伤害的情况下才被视为罪行。若有人因巫术受到伤害，受害者可以通过法律渠道向施术者追索赔偿，但如果受害者不能证明控罪成立，那他们自己就要遭受惩罚，并承担诉讼费用。这项规定有效地阻止了滥诉。巫者被处死的情况极其少见。行巫事既不是有组织的宗教行为，也不是有组织的反宗教行为。甚至可以说，行巫事根本就谈不上组织，充其量也只是民间传统之一端。

但到了14世纪中期，人们对行巫事的态度发生了明显的转变。基督教并不反对魔法，但前提是“魔法”要得到教会的认可，并被冠以“神迹”的名义。未经教会允许而使用魔法，则被视为撒旦作祟，这时候的巫者会被视为与恶魔沆瀣一气。宗教裁判所原本是罗马天主教会在1233年前后设立的一个法庭，主要审判异端者（尤其是法国南部的异端者），后来该法庭扩大了权限，开始处理与巫事相关的案件。一些权威人士认为，正是因为异端者被歼灭殆尽，宗教裁判所需要寻找新的受害者，就把目光投向了巫者群体。在整个欧洲，可能被称为“巫者”的人大有人在，而对宗教裁判所的审判官来说，可能获得的收益也非常可观；审判官会与当地有关方面瓜分收缴的不动产以及受审者的财物。很快，巫者就纷纷被定罪，而罪名并非以巫术作恶，而是（据称）与恶魔订立契约。

当时的观念认为，行巫事简直罪大恶极，以至于到了 15 世纪，在审判巫者时普通的法律都已经不敷使用。指控本身就足以作为证据。酷刑不但得到准许，而且动辄实施；未施酷刑而得到的供述是不可靠的——这种观点在今天看来相当匪夷所思。

据称为巫者的罪行——举行纵欲狂欢仪式、与魔鬼发生性关系、骑扫帚飞行、谋杀儿童、食婴——大多数是经不起理性推敲的，但人们仍然发狂般地宁信其有。受到指控的巫者中，大约 90% 是女性，而指控者当中女性和男性的比例差不多。至于这场“猎巫运动”是否反映出针对女性以及女性性欲的偏执妄想，论辩双方直到今天仍然各执一词。哪里一旦发生天灾，比如洪水、干旱、作物歉收，就会有人站出来，说某个女性——或者某些女性，这种情形更加常见——在魔筵（巫者们的半夜聚会）上与魔鬼纵情嬉笑，或者在村庄周围飞来飞去，往往还带着魔宠（某种以猫和蟾蜍等动物形态存在的恶灵）。

这种狂热既影响了天主教国家，也影响了新教国家。在猎巫妄想的高潮期，也就是大约 1500 年到 1650 年，瑞士的一些村庄几乎已经没有活着的女性。在德国的某些地区，一些小村庄的所有居民都被烧死在火刑柱上。但在英格兰以及荷兰，猎巫狂热从未像欧洲其他地区那样深入人们的骨髓。英格兰的法律不允许动用酷刑，尽管被指控为巫者的人要接受“水之考验”。所谓的水之考验，是指把被疑者捆绑起来，扔进池塘，真正的巫者会漂浮在水面，这时候就要将其捞起，处以适当的惩罚——绞刑。如果被疑者沉入水中并溺死，那么对此人的指控即告不成立；虽然对溺死者的家人来说，洗脱罪名或多或少是一种慰藉，但已经死去的人又如何复生呢？

不管怎样，猎巫运动的恐怖阴云终于逐渐消退。但由于受到指控的人为数众多，经济环境不免受到不利影响。随着封建主义的式微以及启蒙时代的来临，随着那些不顾绞刑架和火刑柱的危险而反抗这种疯狂运动的勇士们——既有男性也有女性——发出的声音越来越响亮，这场席卷欧洲几个世纪的狂热浪潮最终消弭于无形。在荷兰，最后一次处决女巫是在 1610 年，在英格兰是在 1685 年。在斯堪的纳维亚，最后一批被处决的女巫——1699 年被烧死在火刑柱上的 85 名老年妇女——被定罪的唯一依据是，一些孩童声称曾与她们一路飞行去参加魔筵。

这块来自荷兰代尔夫特的瓷砖（18世纪上半叶）描述了一场对女巫的审判。画面右侧的被告人正在下沉，可见的只有她位于水面之上的双腿，而且将被宣告无罪。画面左侧的女人漂浮在水面，可以看到撒旦的手正支撑着她，她的罪行已得到证明，将被从水中拉出，并在火刑柱上活活烧死

到了18世纪，因行巫事指控而由官方处以死刑的事情渐渐绝迹：苏格兰在1727年，法国在1745年，德国在1775年，瑞士在1782年，波兰在1793年。尽管教会和国家不再处决巫者，但几个世纪以来民间的固有观念里对巫者的恐惧和厌恶之感根深蒂固。在较偏远的农村社区，旧的信仰仍未断绝，许多被疑为巫者的人依然躲不过凄惨的命运，尽管并非官方为之。

在遭到行巫事指控的女性当中，有很多人是草药师，擅长使用当地植物疗疾止痛。她们时不时地还会向人提供“爱情药水”、施咒以及消解灾祸。她们的某些草药确实具有治疗效果，而在当时的人们看来，草药与巫者在仪式上念诵的咒语、做出的举动一样具有魔力。

当时，使用草药以及在处方中加入草药是一件风险很高的事，时至今日依然如此。同种草药不同部位的有效成分的含量也不同；从不同地点采集的草药，治疗效果也不一样；在一年当中的不同时节，要配出适当剂量所需的草药量也

不尽相同。有些所谓的灵丹妙药当中所含的草药往往几无益处，而有的草药可能药效很好，但同时也是剧毒之物。这些植物所含的分子不但让草药师更难洗脱巫术师的名声，而且这些分子的功效可能会给这些女性带来灭顶之灾。第一批被打上“巫者”标签的人，很有可能就是那些医术最为高超的草药师。

疗愈之草，害命之草

水杨酸来自欧洲各地随处可见的柳树和旋果蚊子草，早在 1899 年拜耳公司开始销售阿司匹林之前的几个世纪，水杨酸就已为人所知（参阅第十章）。野芹根也可入药，用来预防肌肉痉挛；欧芹被认为可以引发流产；常春藤被用来缓解哮喘症状。人们很早之前就已经知道，常见的洋地黄属植物毛地黄（*Digitalis purpurea*）的提取物中含有的强心苷（cardiac glycosides）分子，能降低心率、调节心律以及加强心跳，就算是在经验尚浅的医生手里，也能发挥奇效。（这些分子也是皂苷，与菝葜和墨西哥薯蓣中发现的皂苷分子非常类似；炔诺酮就是通过菝葜皂苷和薯蓣皂苷合成的，参阅第十一章。）强心苷的一个例子是异羟基洋地黄毒苷分子（地高辛），它是美国最为广泛使用的处方药之一，也是现代医药从民间医药中寻找灵感的一个很好的例子。

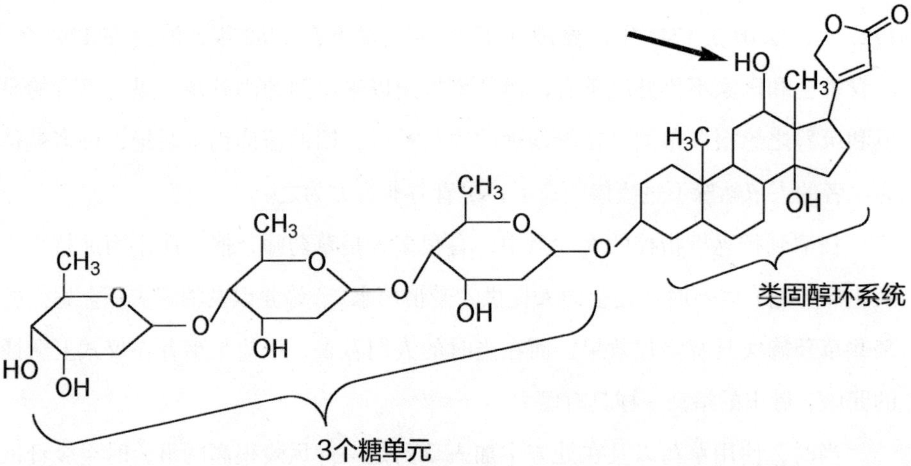

地高辛分子结构图。这3个糖单元与菝葜或墨西哥薯蓣皂苷的糖单元不同。洋地黄毒苷分子的类固醇环系统在箭头所示位置没有羟基

1795 年，一位名叫威廉·威瑟林（William Withering）的英国医生听说了有关毛地黄治疗作用的传言后，曾使用毛地黄提取物来治疗充血性心力衰竭。不过，化学家们分离出真正起作用的分子，则要等到一个多世纪之后了。

在毛地黄提取物中还有其他与异羟基洋地黄毒苷非常相似的分子；例如洋地黄毒苷分子，如结构图所示，它只比异羟基洋地黄毒苷少了 1 个羟基。类似的强心苷分子在其他植物（通常是百合科和小茴香科的成员）中也有，但毛地黄如今仍然是强心苷的主要提取来源。草药师在自己的花园和当地的草地上找到补心的植物并不难。古代埃及人和罗马人曾使用风信子科成员海葱的提取物作为心脏补药，甚至还用作老鼠药（较大剂量使用）。我们现在知道，海葱中含有另一种不同的强心苷分子。

这些分子都有相同的结构特征，正因如此，这种结构很有可能是造成强心作用的原因。所有这些分子都有 1 个五元内酯环，连接到类固醇系统的末端，并且在类固醇系统的 C 环和 D 环之间有 1 个额外的羟基，如图所示。

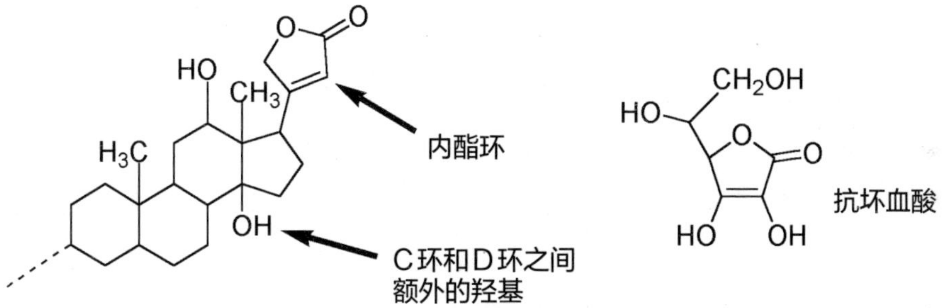

地高辛分子中的非糖部分，箭头标示了内酯环和额外的羟基。抗坏血酸（维生素C）的分子结构中也存在内酯环

对心脏有影响的分子并不只存在于植物中。在动物体内也发现了与强心苷结构相似的有毒化合物。这些分子不含糖结构，也不用作心脏兴奋剂。相反，它们是惊厥性毒药，几乎没有医药价值。这种毒素的来源是两栖动物；蟾蜍和青蛙的提取物在世界许多地方都被用作箭毒。有趣的是，蟾蜍是继猫之后民间传说中最常见的被巫者用作魔宠的动物。据说许多所谓巫者制备的药水都含有蟾蜍的某些身体部位。欧洲常见的普通蟾蜍（*Bufo vulgaris*）的毒液中的活性成分是蟾毒素（bufotoxin），这也是目前所知的毒性最强的分子之一。蟾毒素分子

与异羟基洋地黄毒苷分子的类固醇环系统惊人地相似，不仅在 C 环和 D 环之间都有 1 个额外的羟基，而且都是六元内酯环而不是五元内酯环。

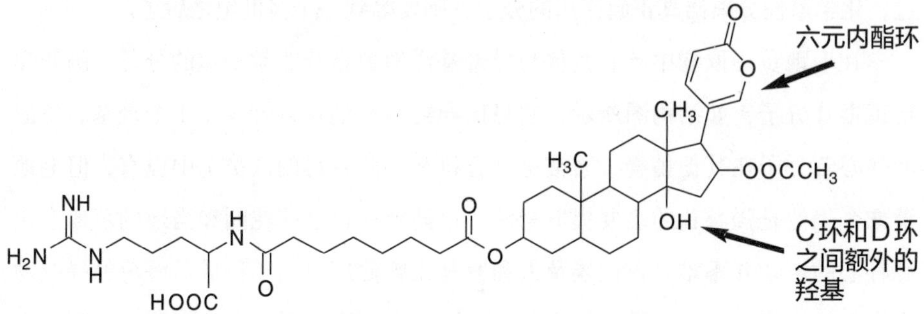

蟾毒素与洋地黄毒苷这两种分子的类固醇部分结构相近

然而，蟾毒素会对心脏造成极大损害，并不能用作强心剂。从毛地黄中的强心苷到蟾蜍的毒液，那些人们口中的巫者拥有一个相当不同凡响的“化武库”（化合物武器库）。

除了对蟾蜍的强烈偏好，有关女巫（尽管巫者也不乏男性，但考虑到女巫更具代表性，为叙述及理解方便，下文只称女巫）流传最广的一个传说是她们能飞，而且往往是骑着扫帚飞去出席魔筵——一场午夜之约，据信这是对基督教弥撒带有狂欢气质的一种戏仿。很多被指控为女巫的人都曾在受到严刑拷打后承认，曾飞着去参加魔筵。这件事本身没有什么好奇怪的，如果我们被人以“求真”的名义施加可怕的酷刑，大概也会做出这样的招供。真正令人意外的是，有一些被指控为女巫的人在受到酷刑之前，就招供了这项纯属无稽之谈的超能力。考虑到这样的供词不太可能帮助这些受害者逃脱酷刑，一个可能的解释是，这些女性真的相信自己骑着扫帚飞出烟囱，满足各种性变态欲望，纵情享乐。对她们的这种扭曲的信念，或许可以用一组被称为生物碱的化合物来解释。

生物碱是指具有一个或多个氮原子的植物化合物，这些氮原子通常是碳原子环的一部分。我们在前文已经见识过一些生物碱分子，比如胡椒中的胡椒碱、辣椒中的辣椒素、靛蓝、青霉素和叶酸。可以说，生物碱家族对人类历史进程的影响比其他任何化学物质家族都要大。生物碱在人体内通常具有生理活性，往往会影响中枢神经系统，而且通常具有很强的毒性。这些自然生成的化合物中，有一些已被用作药物达数千年之久。生物碱衍生物还为许多现代药品的开发奠定了基础，如止痛分子可待因、局部麻醉剂苯佐卡因和抗疟药氯喹。

我们前文曾提到化学物质在保护植物方面发挥的作用。在面临危险的时候，植物既不能逃跑，也不能在捕食者出现的第一时间躲起来；有些植物长有针刺，这类物理防护手段并不总能让横下心来的草食者裹足不前。化学手段虽然是一种被动的保护方式，但非常有效，不但能防范动物，还能抵御真菌、细菌和病毒的侵害。生物碱是天然的杀菌剂和杀虫剂。据估计，我们每个人平均每天从植物类的饮食中摄取大约 1.5 克的天然杀虫剂，合成杀虫剂的残留量约为每天 0.15 毫克——大概只相当于天然杀虫剂摄取量的万分之一！

如果小剂量使用，生物碱所起的生理作用往往会受到人类的欢迎。几个世纪以来，许多生物碱已经被当作药物使用。槟榔（*Areca catechu*）的果实中含有的槟榔次碱是一种生物碱，在非洲和东方作为兴奋剂使用的历史非常悠久。人们常把碾碎的槟榔果包上槟榔叶放在口中咀嚼。习惯嚼槟榔的人很容易辨认，他们的牙齿上有明显的暗斑，而且会吐出大量的暗红色唾液。来自麻黄（*Ephedra sinica*）植株的麻黄素在中国的草药治疗中已有数千年的使用历史，现在在西方被用作减充血剂和支气管扩张剂。B 族维生素的成员，如硫胺（B_1）、核黄素（B_2）和烟酸（B_4），都被列为生物碱类。用作降压药和镇静剂的利血平（Reserpine）是从印度蛇根木（*Rauwolfia serpentina*）中分离出来的。

仅仅是“有毒”这个特性就足以让一些生物碱名声大振了。公元前 399 年，哲学家苏格拉底服毒而死，杀死他的是毒参（*Conium maculatum*），有毒成分就是一种生物碱——毒芹碱。苏格拉底受到指控——不信神灵以及败坏年轻人的精神——并被判处死刑，他选择喝下用毒参的果实和种子制成的药水。毒芹碱是所有生物碱中结构最简单的一种，但与那些结构较复杂的生物碱相比，如来自亚洲树种马钱子（*Strychnos nux-vomica*）种子的马钱子碱，致死能力却不遑多让。

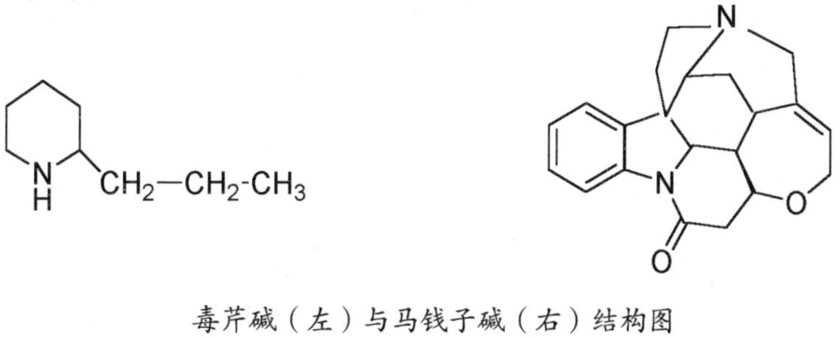

毒芹碱（左）与马钱子碱（右）结构图

据信可以辅助女巫飞行的“飞行药膏”中往往含有曼陀罗、颠茄和莨菪的提取物。这些植物都属于茄科（Solanaceae）。曼陀罗（*Mandragora officinarum*）植株的根部有分枝，看上去有些像人形，这种植物原产于地中海地区。自古以来，它一直被用作恢复性活力和催眠的药剂。关于曼陀罗有一些相当奇异的传说。据说，当把这种植物从地里拔出来时，它会发出刺耳的尖叫声，所发出的气味和诡异的叫声会让附近的人陷入危险境地。这种特性人所共知，莎士比亚的《罗密欧与朱丽叶》中就有相关描述，作品中朱丽叶说：“……散发着污秽的臭味，凄厉的锐叫就像曼陀罗草刚从地里拔出，活人一听到，顿时陷入癫狂。”据传，曼陀罗植株生长在绞刑架下，从吊死的死刑犯流出的精液中获取养分而存活。

用于制作“飞行药膏”的第二种植物是颠茄（*Atropa belladonna*），种加词“*belladonna*”是意大利语，意为“美丽的女子”。颠茄之所以有这么一个好听的名字，跟意大利女性的一种习以为常的做法有关，她们会把从这种植物的黑色浆果中挤出的汁液滴入眼睛，以产生瞳孔扩张的效果，她们认为这会让自己看起来更加美丽动人。内服较大量的颠茄会令人陷入死亡一般的沉睡。这件事很可能也是众所周知的，朱丽叶喝下的可能就是这种药水。莎士比亚（在《罗密欧与朱丽叶》中）写道“寒液奔流于你全身血管之中，你将昏沉迷糊，所有脉搏亦将停止跳动”，但最终“42 小时后你会复苏，宛若从一场酣睡中醒来”。

制作“飞行药膏”要用到的第三种茄科植物天仙子（henbane），有可能是莨菪（*Hyoscyamus niger*），尽管其他物种也可能被女巫用来制作药水。它作为一种催眠剂、止痛剂（特别是针对牙痛）、麻醉剂有着悠久的历史，甚至有可能用作毒药。天仙子的特性似乎也是众所周知的：哈姆雷特被他父亲的鬼魂告知“你的叔叔偷偷地走来，拿着一瓶可恨的 hebona 汁，把这毒汁倒在我的耳朵里”。“hebona”一词有人说是指紫杉树，也有人说是乌木树，还有人说是天仙子，不过从化学的角度看，我们认为更有可能是指天仙子。

曼陀罗、颠茄和莨菪都含有一些性质非常相似的生物碱，其中主要的生物碱有两种，分别是莨菪碱和东莨菪碱，这三种植物中都含有这两种生物碱，只是含量比例有所不同。莨菪碱经过消旋处理后即可得到阿托品，时至今日阿托品仍然是一种很有价值的药物，在眼科检查中，稀释后的低浓度阿托品可用于散瞳。高浓度阿托品会造成视力模糊、烦躁不安甚至谵妄等症状。体液丧失是阿托品中毒的早期症状之一，在某些情况下，医生会利用这一特性，在处方中加入阿托品，以防患者唾液或黏液过度分泌可能会影响手术。至于东莨菪碱，也被称为吐真剂，不过这一名头可能名不副实。

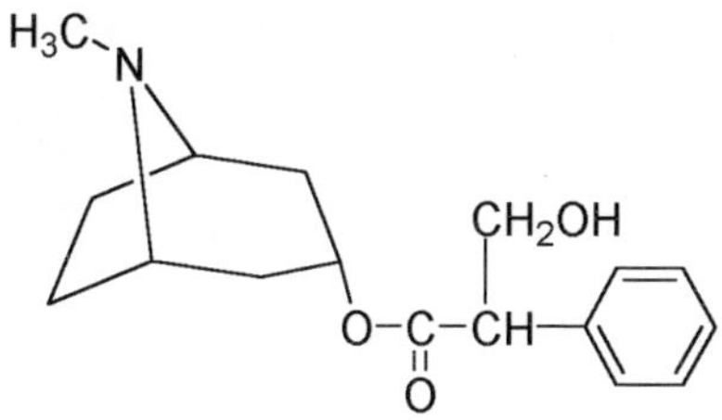

这两种生物碱之间唯一的区别

阿托品 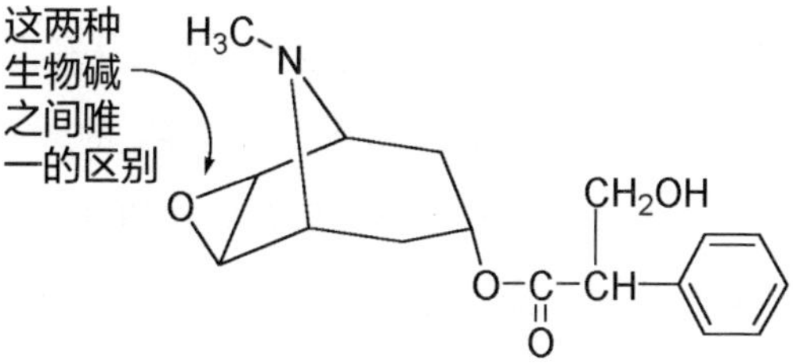　　东莨菪碱

东莨菪碱与吗啡合用，可以让人进入半麻醉状态，这种麻醉剂因此获得了“蒙眬浅睡”的雅号，不过在半麻醉状态下，人们说的话该归为胡言还是真言，我们并不清楚。不过，侦探小说作者似乎都很喜欢吐真剂，而且东莨菪碱很有可能还会继续背负这个名声。跟阿托品一样，东莨菪碱具有抗分泌和引发欣快反应的特性，少量使用可以治疗和预防晕车，美国宇航员也会使用东莨菪碱来治疗太空晕动病。

尽管听起来有些匪夷所思，但事实是，阿托品这种有毒化合物竟然可以作为一些毒性更强的化合物的解毒剂。沙林——1995 年 4 月，恐怖分子曾在东京地铁释放这种毒气——这样的神经毒剂，以及巴拉松这样的有机磷杀虫剂，作用原理都是阻断正常的信使分子清除过程；信使分子负责人体跨神经接点传递信号。一旦信使分子未得以清除，神经末梢就会持续受到刺激，从而导致抽搐，如果心脏或肺部受到影响，还可能导致死亡。阿托品能阻断这种信使分子的产生，因此只要施打适量的阿托品，就可以有效地对付沙林或巴拉松。

人们现在已经知道，而且当年欧洲的女巫们显然也知道的是，阿托品和东莨菪碱这两种生物碱都不易溶于水。同样，她们也已经发现，吞下这些化合物可能会导致死亡，而非她们想要的那种欣快和陶醉的状态。因此，人们往往会将曼陀罗、颠茄和莨菪的提取物溶解在脂肪或油中，然后把这种油腻的东西涂抹在皮肤上。通过皮肤吸收——经皮给药——是今天某些药物的标准给药方法。想要戒烟的人会使用尼古丁贴片，某些晕车药以及激素补充疗法，所利用的都是这种给药方法。

正如有关女巫“飞行药膏”的记录所示，这种技术在数百年前就已经为人所知。今天我们知道，把药膏贴于皮肤最薄、血管正好位于表皮之下的部位，吸收效率最高，正因如此，阴道栓剂和直肠栓剂得以广泛使用，以确保药物能被快速吸收。女巫们肯定也都了解人体解剖学，因为据说她们会把“飞行药膏”涂满全身，或在腋下以及“其他多毛的地方”涂匀。一些报告说，女巫会将药膏涂在扫帚的长柄上，然后跨骑在扫帚柄上，这样一来就将含有阿托品和东莨菪碱的混合物涂抹在生殖器黏膜上。此类描述的性意味是显而易见的，早期雕版画也常会描摹一丝不挂或半裸的女巫跨骑在扫帚上，涂抹药膏，或围着炼药釜手舞足蹈的形象。

当然，从化学角度看，那些被当成女巫的人并没有骑着扫帚赴魔筵。种种有关此类飞行的描述全属幻想，是致幻生物碱带来的幻觉。现代人对东莨菪碱和阿托品产生的致幻状态的叙述，听起来与女巫的午夜冒险极为相似：飞翔或降落的感觉、扭曲的视觉、欣快感、歇斯底里、离魂感、周围的一切都在旋转以及遭遇野兽。这一过程的最终阶段是深沉的、近乎昏迷的睡眠。

不难想象，在巫术和迷信大行其道的时代，使用“飞行药膏”的人真的会相信自己曾在夜空中飞翔，投身于狂野的舞会和其他更狂野的享乐。阿托品和东莨菪碱所引起的幻觉堪称栩栩如生。女巫没理由相信“飞行药膏”的效果只发生在她们的脑海里。同样也不难想象，这种美妙秘密的体验是如何不断传递下去的——而且这种效果本身的确应该算作一个美妙的秘密。在那些时代，大多数女性都过着相当艰辛的生活。工作永无做完之日，疾病和贫困如影随形，至于控制自己的命运，这种事更是闻所未闻。几个小时的自由，凌风飞行去赴一场聚会，尽情释放自己的性幻想，然后在自己的床上安全地醒来，这无疑是巨大的诱惑。但不幸的是，事实证明，由阿托品和东莨菪碱分子创造的对现实的短暂逃避，往往是致命的，那些受到行巫事指控的女性在承认了幻想中的午夜狂欢后，都被烧死在火刑柱上。

除了曼陀罗、颠茄和莨菪外，“飞行药膏”也包含其他植物成分。根据历史记录，毛地黄、欧芹、乌头、毒参和曼陀罗花都名列其中。乌头和毒参含有有毒的生物碱，毛地黄含有有毒的苷类，欧芹含有致幻的肉豆蔻醚，而曼陀罗花含有阿托品和东莨菪碱。曼陀罗花是一种曼陀罗属（*Datura*）植物，该属的植物还包括恶魔的苹果、天使的号角、臭草和吉姆森草。如今，曼陀罗属植物广泛分布在世界的温暖地区，不仅为欧洲的女巫提供制造魔药的生物碱，亚洲和美洲的成人礼和其他仪式场合也少不了用到它们。在这些国家，与使用曼陀罗属植物相关的民间传说显示了涉及动物的幻觉，而众所周知，女巫在飞行时常有动物相伴。在亚洲和非洲的部分地区，人们会把曼陀罗属植物的种子与其他植物相混合，像烟草一样吸食。生物碱通过肺部吸收进入血液，可以让人体快速获得提神效应，后来 16 世纪的欧洲烟草吸食者也发现了这一点。时至今日，寻求刺激的人有时会用曼陀罗属植物的花、叶或种子让自己嗨起来，阿托品中毒的情形仍时有发生。

哥伦布踏足美洲后不久，一些茄科植物从新大陆被引入欧洲。其中某些含有生物碱的植物，比如烟草和辣椒，立即受到了欢迎，但令人惊讶的是，这个科的另外两个成员——西红柿和马铃薯最初却引来广泛的质疑。

人们在原产于南美洲部分地区的几个品种的古柯树叶片中，发现了与阿托品化学性质相似的其他生物碱。古柯树不是茄科成员，这种情形很不寻常，因为一般而言，彼此间有关联的化学物质通常见于有关联的物种。但在历史上，人们是根据形态特征对植物进行分类的，如今对植物分类进行修订也会考虑化学成分和 DNA 证据。

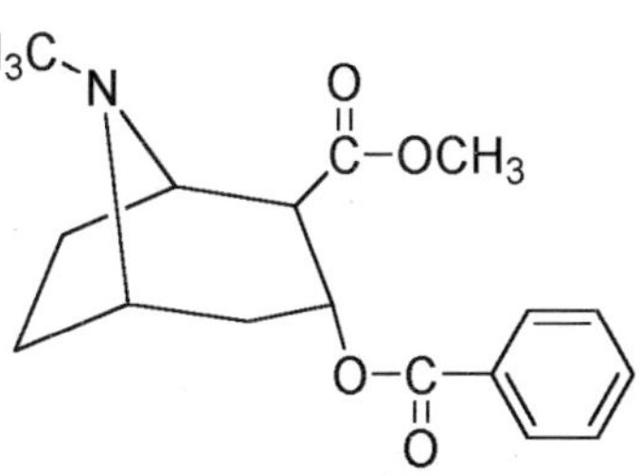

可卡因 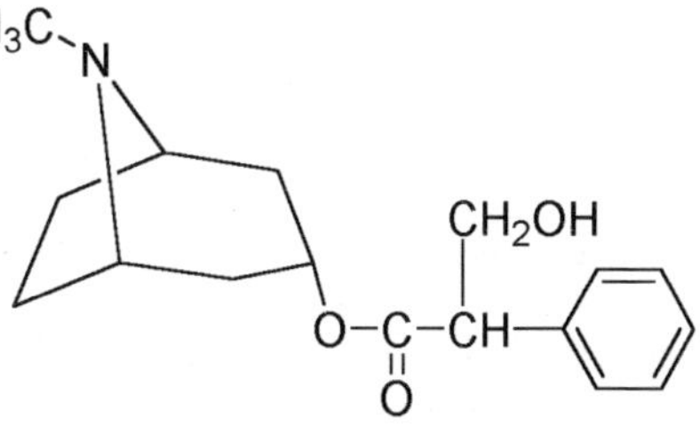　　阿托品

古柯树所含的主要生物碱是可卡因。在秘鲁、厄瓜多尔和玻利维亚的高地地区，把古柯叶当兴奋剂使用已有数百年历史。把古柯叶与石灰糊混合后制成古柯糊，然后含在牙龈和腮之间，其中的生物碱会缓慢释放，有助于消除疲劳、

饥饿和口渴。据估计，以这种方式吸收的可卡因量每天不到半克，不致成瘾。这种传统的古柯碱吸收法类似于今天我们喝咖啡和茶来摄取咖啡因，但经过提纯的可卡因就完全不可同日而语了。

可卡因最初被分离出来是在19世纪80年代，在当时的医疗条件下，可卡因堪称神药。它的局部麻醉效果极佳。精神病学家西格蒙德·弗洛伊德（Sigmund Freud）认为可卡因是医学上的万灵药，而且往往会为了达到刺激精神的目的在处方中开具可卡因。他还用可卡因治疗吗啡成瘾的患者。然而人们很快就发现，可卡因本身极易上瘾，与其他任何已知成瘾物相比都有过之而无不及。可卡因能让人迅速产生极强的欣快感，但之后会伴随极强的压抑感，使用者会非常渴望再嗨起来。滥用可卡因对人类健康和现代社会造成的灾难性后果众所周知。不过，可卡因的化学结构是一些可用作表面麻醉药和局部麻醉药的极为有用的分子的基础。苯佐卡因、普鲁卡因和利多卡因等化合物都模仿了可卡因的作用原理，通过阻断神经冲动的传递来缓解疼痛，同时不会产生可卡因刺激神经系统或扰乱心律的副作用。我们中的许多人都曾在牙医或医院急诊室那里体验过这些化合物的麻醉效果，这不能不说是一件幸事。

麦角碱

欧洲有成千上万的女巫被烧死，另一类结构大不相同的生物碱可能也要负些责任，尽管属于间接责任。不过，这类化合物并没有用在有致幻效果的药膏当中。在这类生物碱分子中，有些分子能造成非常具有破坏性的影响，使得整个社会都遭受可怕的痛苦，有人甚至会认为，发生如此灾祸肯定是因为当地女巫施下了邪恶诅咒。这类生物碱存在于黑麦麦角菌（*Claviceps purpurea*）中，这种真菌能感染多种谷物，黑麦尤其容易受到感染。直到不久前，麦角病（麦角中毒）是继细菌和病毒之后的第三大微生物杀手。其中一种生物碱麦角胺会导致血管收缩，而另一种生物碱麦角新碱则会诱发人类和牲畜的自然流产；其他一些生物碱则会导致神经系统紊乱。麦角中毒的症状各不相同，这与麦角生物碱含量有关，通常表现为抽搐、癫痫发作、腹泻、嗜睡、行为狂躁、出现幻觉、肢体扭曲、呕吐、痉挛、皮肤好像有虫子在爬行、手脚麻木，以及因血液循环受阻而出现坏疽时的极难忍受的灼痛感。在中世纪，麦角病有很多名字，比如圣火、圣安东尼之火、秘火和圣维特之舞等。之所以会用到“火”字，是因为坏疽恶化引起了剧烈的灼痛感，而且四肢会发黑，病人往往会因此失去手、脚或生殖器。当时的人们认为，圣安东尼身具异能，可以抵抗火、感染和癫痫的侵袭，因此人们如果患上麦角病，就会向圣安东尼祈祷，以求祛病消灾。所谓“圣维特之舞”，是指由于某些麦角生物碱对神经的作用而导致的抽搐和痉挛性扭曲。

不难设想，大量村民或城镇居民罹患麦角病会是什么情况。在收割黑麦前的那段时期，如果雨水特别充足，黑麦就会长出真菌；如果储存在潮湿环境下，就会促使真菌进一步繁殖。面粉中含有少量麦角碱就会引发麦角中毒。随着出现可怕症状的居民变得越来越多，人们就会开始猜疑，为什么偏偏是他们要遭灾受难，而邻近的城镇却风平浪静。他们的村子被施了邪法，这个推测似乎相当合理。不管是麦角病还是自然灾害，人们往往认为这是“天谴”，并把上天降罚归咎于一名老年女性——已经没有生育能力的女性非但没有价值，而且往往不会有家人为她出面说话。这样的女性通常属于边缘人群，有可能靠草药师技能谋生，甚至可能连从镇上磨坊主那里购买面粉的那点儿钱都拿不出来。或许正是因为买不起面粉，她才免受麦角病之害，但吊诡的是，也正因为她是唯一未受麦角病影响的人，也就更容易受到行巫事指控。

人们很早以前就见识过麦角病了。公元前 600 年的一份报告中就暗示了麦角病的根源，当时亚述人注意到“谷穗上长出了毒脓包”。公元前 400 年左右，波斯就有记载显示，来自“毒草”的麦角生物碱可导致牛流产。在欧洲，即使人们曾经知道谷物上的真菌或霉菌是致病原因，但到了中世纪，这项知识也已经消失了。由于冬季潮湿再加上储存不当，谷物中的霉菌和真菌随处可见。而在饥荒时期，即便粮食已被麦角菌感染，人们也舍不得丢弃，往往都会用掉。

欧洲的首次麦角病记录出现在公元 857 年，地点在德国的莱茵河谷。存档报告显示，994 年法国有 4 万人死亡，现在死因被认为是麦角病；1129 年又有 1200 人死亡，死因也同样被认为是麦角病。几百年间，麦角病周期性暴发，一直持续到 20 世纪。1926—1927 年，在俄国乌拉尔山附近的一个地区，有超过 1100 人患上麦角病。1927 年，英国报告了 200 个麦角中毒病例。1951 年，在法国普罗旺斯，有 4 人死于麦角病，还有数百人因麦角中毒而身体不适，原因是感染了麦角菌的黑麦被送入了磨坊，所研磨的面粉卖给了一名面包师，尽管农夫、磨坊主和面包师原本都应该知道麦角病是怎么回事。

据信，麦角生物碱在历史上发挥作用的情形至少有四次。公元前 1 世纪，在高卢的一次战役中，麦角病在恺撒大帝的军团中流行开来，士兵苦不堪言，军队的战力大受影响，恺撒扩张罗马帝国的野心或许因此受到了打击。1722 年夏天，彼得大帝麾下的哥萨克兵团在流注里海的伏尔加河河口的阿斯特拉罕扎营时，士兵和马匹都吃了被污染的黑麦。据称这次麦角病暴发导致 2 万名士兵死亡，彼得大帝的军队因此陷入瘫痪，他对土耳其人的作战计划也不得不取消。因此可以说，俄国在黑海建立南部港口这一目标，因麦角生物碱而功亏一篑。

1789 年 7 月，法国成千上万名农民对富有的地主发起暴动。有证据表明，这次被称为“大恐慌”（La Grande Peur）的事件，不仅仅是一场法国大革命背景下的民间动乱。记录显示，造成这次暴动的起因可能是农民们食用了“坏面粉”，一时精神错乱而引起的。1789 年春夏时分，法国北部地区异常潮湿闷热，为麦角菌的滋生繁殖创造了完美条件。穷人为了果腹，面包就算发霉也只能吃下，因此患麦角病的穷人的数量要远远多于富人。那么，麦角病是法国大革命的一个关键影响因素吗？有报告显示，1812 年秋天，拿破仑的军队穿越俄国平原时，麦角病也曾流行一时。因此，也许麦角生物碱与制服纽扣中的锡一起，对法国军队的莫斯科大撤退负有一定责任。

一些专家认为，麦角病是 1692 年期间马萨诸塞州塞勒姆约 250 人（主要是妇女）受到行巫事指控的根本原因。确有证据表明与麦角生物碱有关。17 世纪末叶，该地区种植黑麦；记录显示，1691 年春夏两季温暖多雨；塞勒姆村靠近沼泽草地。所有这些事实都表明，该村庄的面粉所用谷物可能受到了真菌感染。受害者表现出的症状与麦角病患者一致，特别像是痉挛型麦角病症状，如腹泻、呕吐、痉挛、出现幻觉、抽搐、胡言乱语、四肢怪异扭曲、刺痛感以及急性感觉减退等。

一个可能的解释是，至少在初期，麦角病可能是导致塞勒姆猎巫事件的原因；几乎所有声称中了巫术的 30 名受害者都是女孩或年轻女性，众所周知，年轻人更容易受到麦角生物碱的影响。然而，后来发生的事件，包括对受到行巫事指控者的审判和越来越多的控诉，往往以该社群以外的人为目标，这更多是出于歇斯底里，或者是纯粹的恶意。

麦角中毒的症状不存在可以开启或关闭的开关。审判中常见的现象——受害者一见到被控诉为女巫的人立即全身抽搐——与麦角病的症状毫无相似之处。毫无疑问，这些所谓的受害者喜欢受到关注，清楚地知道自己拥有加害他人的能力，他们会告发他们认识的邻居，以及没怎么听说过的乡亲。塞勒姆猎巫行动的真正受害者——19 名被绞死的人（其中一人被一堆石头压死）、那些遭受酷刑和监禁的人、被摧毁的家庭——所承受的痛苦或许可以追溯到麦角生物碱分子，但归根结底，人性的弱点必须承担主要责任。

与可卡因一样，麦角生物碱虽然有毒而且危险，但也曾长期被用作治病救人的良药，而且时至今日麦角衍生物类药在医学上仍然发挥着作用。几个世纪以来，草药师、助产士和医生一直在使用麦角的提取物来加速分娩或终止妊娠。今天，麦角生物碱或其化学衍生物被用作治疗偏头痛的血管收缩剂，治疗产后出血，以及作为产妇分娩时的宫缩刺激剂。

麦角类生物碱都有相同的化学特征；它们都是麦角酸分子的衍生物。麦角酸的羟基（下图中用箭头标示）可被一个较大的侧基所取代，比如麦角胺分子（用于治疗重度偏头痛）和麦角灵分子（用于治疗产后出血）。下图中用圆圈圈出的是这两种分子的麦角酸结构。

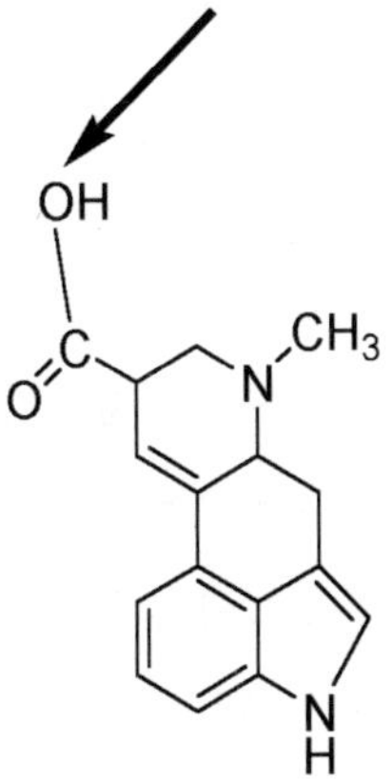

麦角酸 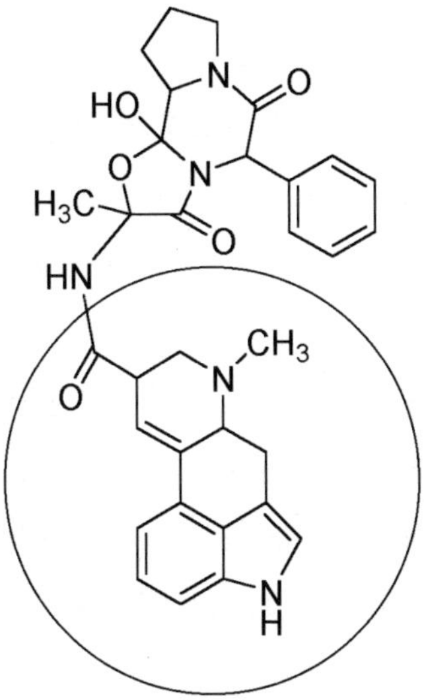　　　　麦角胺 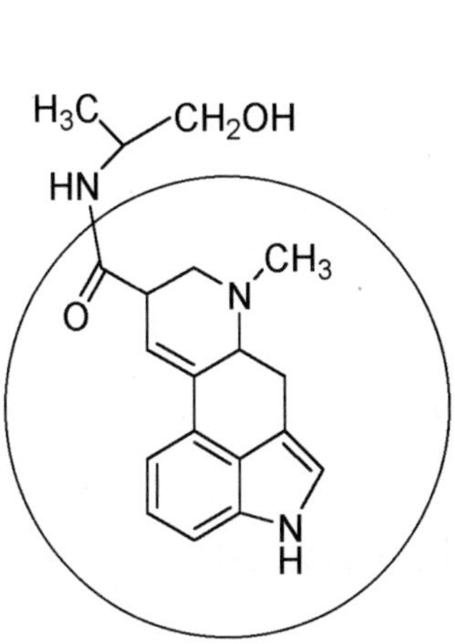　　　　麦角灵

1938年，在瑞士巴塞尔的山德士（Sandoz）制药公司的研究实验室工作的化学家阿尔伯特·霍夫曼（Albert Hofmann）制备了另一种麦角酸衍生物，之所以说是另一种，是因为之前他已经制备多种麦角酸的合成衍生物，而且事实证明，其中一些非常有用。他这次制备的是第25种衍生物，因此他把这种化合物命名为LSD-25[1]，也就是我们现在称为LSD的物质，不过在当时，没人发现LSD在有什么特别值得注意的特性。

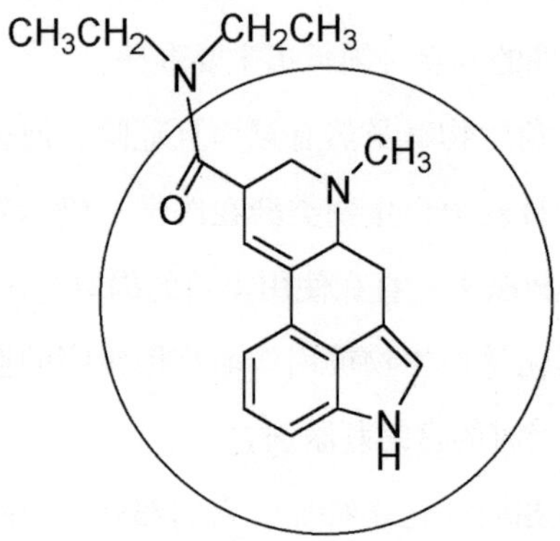

麦角酸的第25种衍生物——LSD-25，后来被称为LSD。麦角酸部分用圆圈圈出

然而到了1943年，当霍夫曼再次制备这种衍生物的时候，他无意中首次经历了后来20世纪60年代的人们所津津乐道的“迷幻之旅”。LSD不能通过皮肤吸收，所以霍夫曼可能是不经意间把手指上粘的LSD抹到嘴里。即使是微量的LSD，也足以产生他所描述的那种体验：眼前连续不断地呈现奇幻的图景，那些无以名之的形状，带有变幻无穷的色彩，就像万花筒。

于是，霍夫曼决定摄入一些LSD，看看让自己产生幻觉的是不是这种化合物。麦角胺等麦角酸衍生物的医疗剂量至少为几毫克。毫无疑问，他认为自己已经相当谨慎，只吞下了0.25毫克，然而这一剂量至少是产生现在众所周知的致幻效果所需剂量的5倍。作为一种致幻剂，LSD的效力比天然致幻剂麦司卡林强一万倍；得克萨斯州和墨西哥北部的佩奥特仙人球中就含有麦司卡林，数个世纪以来这种仙人球一直都是美国原住民进行宗教仪式时的常用之物。

① LSD是“Lysergic Acid Diethylamide”的缩写，即麦角酸二乙基酰胺。——编者注

霍夫曼很快就感到头晕目眩，在助手的陪同下，他骑自行车穿过巴塞尔的街道回到家里。接下来的几个小时里，他全程经历了一次后来被使用者称为“糟糕之旅”的体验。他不仅出现视幻觉，还表现出偏执症状态，强烈的不安感和无力感交替出现，语无伦次，害怕自己就要窒息，感觉自己的灵魂离开了身体，只能用视觉感知声音。在某个瞬间，霍夫曼甚至认为他可能遭受了永久性的脑损伤。之后他的各种症状逐渐有所缓解，但视觉错乱仍持续了一段时间。这次经历后的第二天早上，霍夫曼醒来后感觉自己完全正常，能完整记起所发生的事情，而且似乎没有任何副作用。

1947 年，山德士制药公司开始将 LSD 作为心理治疗用药进行销售，特别是用于治疗酒精性精神分裂症。20 世纪 60 年代，LSD 成为全世界年轻人的宠儿。就职于哈佛大学人格研究中心的心理学家蒂莫西・利里（Timothy Leary）大力鼓吹，LSD 就是 21 世纪的宗教，是达成心灵满足和创造力圆满的途径。成千上万的人成为他的拥趸，纷纷响应他提出的“激发热情、向内探索、脱离体制”这一宣言。20 世纪由生物碱引起的对日常生活的抽离，与几百年前受到行巫事指控的女性的经历相比，又有多大不同呢？虽然时空相隔，但几个世纪后的迷幻体验也不是总能带来积极的作用。对于 20 世纪 60 年代的“花童”嬉皮士来说，服用生物碱衍生物 LSD 可能导致闪回、永久性精神病，极端情况下可能会让人结束自己的生命；而对欧洲的女巫来说，从“飞行药膏”中吸收生物碱阿托品和东莨菪碱，可能会把自己送上火刑柱。

阿托品和麦角生物碱并不具有魔法。然而，它们的致幻作用却被解读为对大量无辜女性不利的证据，而这些女性通常是社会中最贫穷、最弱势的群体。人们往往会提出这样的指控：“她一定是个女巫，她说她会飞。”或者：“她一定有罪，整个村子的人都被施了巫术。”即使火烧女巫的行为已经停止，但 4 个世纪以来指控女巫的风气并没有一夕之间发生改变。社会对女性的偏见由来已久，生物碱分子是否难辞其咎呢？而对女性的偏见恐怕仍将在我们这个社会继续存在。

在中世纪的欧洲，正是那些被迫害的女性让重要的草药知识得以保留，而在世界其他地区，保存此类知识的是原住民。如果没有这些草药知识的传承，我们今天使用的很多药品可能永远都不会出现。但如今，虽然我们不再处决那些重视植物药用价值的巫者，却反过来破坏这些植物。世界上的热带雨林面积不断缩减，据估计，如今的缩减程度大约是每年 200 万公顷，这可能会使我们失去发现其他在治疗病症方面效果更好的生物碱的机会。

我们可能永远不会知道，在那些濒临灭绝的热带植物中，有抗肿瘤特性的分子，有对抗艾滋病的分子，还有的可能成为治疗精神分裂症、阿尔茨海默病或帕金森病的特效药。从分子的角度看，过去的民间传说可能蕴藏着我们未来生存的关键。

第十三章

吗啡、尼古丁与咖啡因

人类的天性让我们渴求有快感的东西，因此，几千年来三类不同的生物碱分子——罂粟中的吗啡，烟草中的尼古丁，以及茶叶、咖啡和可可中的咖啡因——一直受到追捧，也就不足为奇了。这些分子给人类带来了多种益处，但同时带来了危险。尽管——或者可以说因为——具有成瘾性，这些分子已经通过多种方式影响了许多不同的社会。

鸦片

尽管如今一提到罂粟（*Papaver somniferum*），人们就会想到缅甸、老挝和泰国三国交界的"金三角"地区，实际上罂粟的原产地是地中海东部地区。人们可能在史前时代就已经开始采集罂粟的果实了，对它的价值有一定的了解。有证据表明，5000 多年前，幼发拉底河三角洲的居民就知道鸦片的特性，研究者普遍认为，该地区出现过可识别的最早的人类文明。塞浦路斯的考古发掘显示，人类至少在 3000 年前就开始使用鸦片了。在希腊、腓尼基、米诺斯、埃及、巴比伦和其他古文明的草药清单和治病药方中，鸦片赫然在列。据推测，公元前 330 年左右，亚历山大大帝东征时将鸦片带到了波斯和印度，而罂粟种植也是从这两个地方逐渐向东扩散，并在大约 7 世纪传到了中国。

几百年来，鸦片一直是一种医用草药，有人泡水饮下（味道很苦），也有人团成小丸吞服。到了18世纪，特别是19世纪，欧洲和美国的艺术家、作家和诗人用鸦片来达到一种“如梦似幻”的精神状态，并认为这样可以提升创造力。当时鸦片比酒更便宜，穷人也就把它当作一种廉价的麻醉剂。这些年里，即使有人认识到鸦片的成瘾性，也几乎不会引发关注。鸦片的使用非常普遍，就连初生不久以及刚刚长牙的婴儿都被施用鸦片制剂，而这类被广泛宣传为具有舒缓效果的糖浆或甜饮料，其吗啡含量最高可达10%。鸦片的酒精溶液鸦片酊曾盛行一时，在随便一家药店都可买到，无须处方。在20世纪初被禁用之前，鸦片酊已经是一种为社会公开接受的鸦片制剂。

摩耳甫斯的怀抱

鸦片含有24种不同的生物碱，其中含量最高的当数吗啡。粗制鸦片提取物——罂粟蒴果的黏稠分泌物干燥后制成——的吗啡含量约为10%。1803年，德国药剂师弗里德里希·瑟图纳（Friedrich Serturner）首次从罂粟乳液中分离出纯吗啡。吗啡是一种麻醉药物，能够麻痹人体感官（因而可以消除疼痛）并诱发睡眠，因此，瑟图纳用罗马神话中的梦神摩耳甫斯（Morpheus）的名字将这种化合物将其命名为吗啡（morphine）。

继瑟图纳的发现之后，人们对吗啡进行了大量研究，但直到1925年才最终确定了吗啡的化学结构。这122年的延迟绝非无益。有机化学家一般认为，解密吗啡结构的过程对人类的裨益，可与这种分子的镇痛作用相提并论。经典的结构测定方法、新的实验室流程、对碳化合物三维属性的理解以及新的合成技术，只是解开这一化学难题漫长过程中取得的部分成果。而且由于在吗啡结构方面所做的工作，其他重要化合物的结构也得以推导出来。

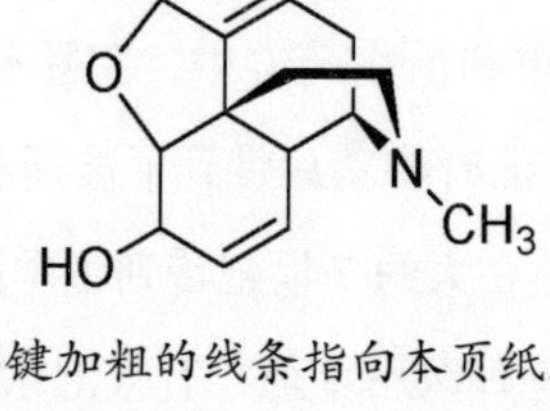

HO
O
N
CH_3
HO

吗啡的结构图。楔形键加粗的线条指向本页纸所在平面之外（之上）

今天，吗啡及其相关化合物仍然是已知最有效的镇痛药。遗憾的是，其镇痛效果似乎与成瘾性存在关联。可待因的结构与吗啡类似，但在鸦片中的含量要少得多（大约 0.3% ~ 2%），上瘾性没那么强，但镇痛效果不怎么好。两者结构上的差异微乎其微；可待因的结构用一个甲氧基（CH_3O—）取代了羟基，位置如图所示。

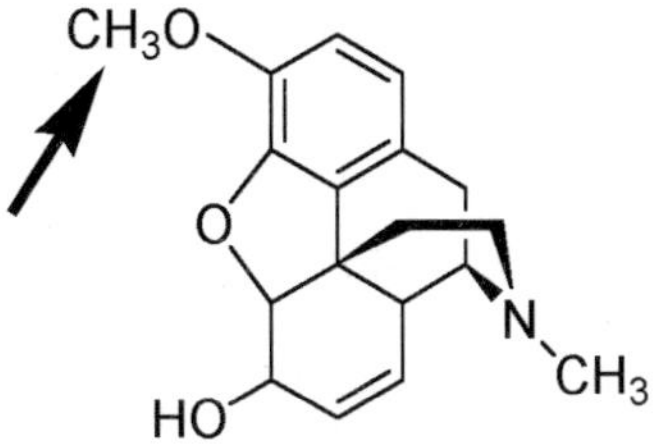

可待因 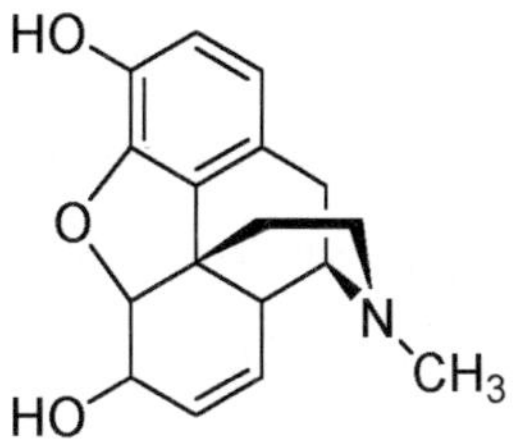　　吗啡

可待因结构图。箭头所示是可待因与吗啡结构的唯一不同之处

早在吗啡的完整结构为人所知之前，人们就已经尝试对其进行化学改性，希望能制出一种没有成瘾性的镇痛剂。1898 年，在拜耳公司的实验室，化学家们将吗啡进行了与水杨酸转化为阿司匹林一样的酰化反应。他们的推理相当合乎逻辑：事实已经证明，阿司匹林是一种效果非常好的镇痛剂，而且毒性比水杨酸小得多。

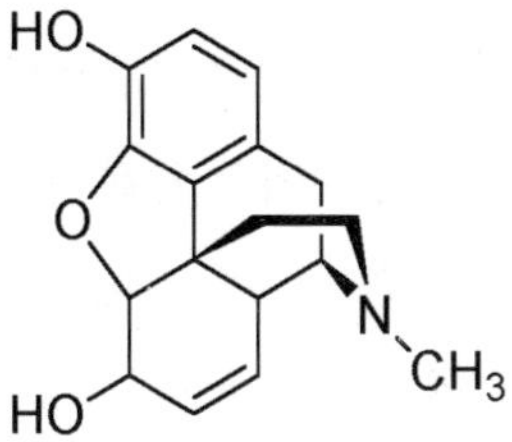

吗啡 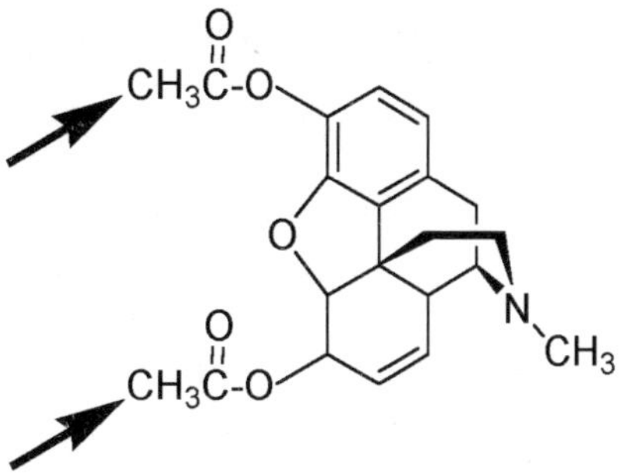　　二乙酰吗啡

吗啡的二乙酰衍生物。箭头所示为乙酰基（CH_3CO—）取代了羟基中的氢原子

然而，用两个乙酰基取代吗啡的两个羟基中的氢原子，并没有得到预期中的结果。起初，实验结果看起来相当鼓舞人心。二乙酰吗啡是一种比吗啡效力

更强的麻醉剂，只需非常小的剂量就能得到非常好的效果。但有效性掩盖了一个大问题，这个问题是什么，只需看一眼二乙酰吗啡的通用名就不言而喻了。最初它的商品名是“Heroin”（海洛因），意思是一种堪称“英雄”的药品，但它却是人类所知的成瘾性最强的物质之一。吗啡和海洛因对人体的生理作用是一样的；在大脑中，海洛因的两个乙酰基被转化回吗啡原本的羟基。但海洛因分子比吗啡更容易穿透血脑屏障，产生成瘾者所渴求的快速而强烈的欣快感。

起初，拜耳公司研制出的海洛因没有吗啡常见的副作用，如恶心和便秘，因此人们倾向于认为海洛因也不具成瘾性，把它当作止咳剂和治疗头痛、哮喘、肺气肿甚至肺结核的药物进行销售。但随着“超级阿司匹林”的副作用变得显而易见，拜耳公司悄然停止了对海洛因的宣传。当乙酰水杨酸的原始专利于1917年到期其他公司开始生产阿司匹林时，拜耳公司曾大张旗鼓提起诉讼，指控这些公司侵犯了该名称的商标权。然而，毫不意外的是，拜耳公司从未就二乙酰吗啡的“海洛因”商标权被侵犯提起诉讼。

大多数国家现在已经禁止进口、制造或持有海洛因，但海洛因的非法贸易却无法禁绝。在实验室，用吗啡制造海洛因往往面临一个很大的难题，那就是如何处理酰化反应的副产品——乙酸。乙酸有非常易识别的醋味，这并不奇怪，因为醋就是乙酸含量约为4%的溶液。这种气味会提醒有关部门，可能有人在非法制造海洛因。经过专门训练的警犬可以嗅到人类嗅不到的微弱醋味。

吗啡及类似的生物碱为什么能如此有效地缓解疼痛呢？研究表明，吗啡并不干扰发送给大脑的神经信号，而是会有选择性地改变大脑接收这些信息的方式，亦即改变大脑感知疼痛的方式。吗啡分子似乎能够占据并阻断大脑中的疼痛受体，这一理论与需要特定形状的化学结构来适应疼痛受体的观念不谋而合。

吗啡与内啡肽的作用类似。内啡肽在大脑中的浓度非常低，是天然的镇痛剂，在感受到压力的时候浓度会增加。内啡肽是多肽，由氨基酸端对端连接而成。这与蚕丝等蛋白质的结构（参阅第六章）的肽组合方式是相同的。不过，一个蚕丝分子有数百个甚至数千个氨基酸，而内啡肽分子则只有寥寥几个。研究人员已经分离出来的两种内啡肽都是五肽，也就是说每个分子含有5个氨基酸。这两种内啡肽和吗啡在结构上有一个共同点：都含有一个 β-苯乙胺单元，有研究者认为，LSD、麦司卡林和其他某些致幻剂分子之所以能影响大脑，就在于这种化学结构。

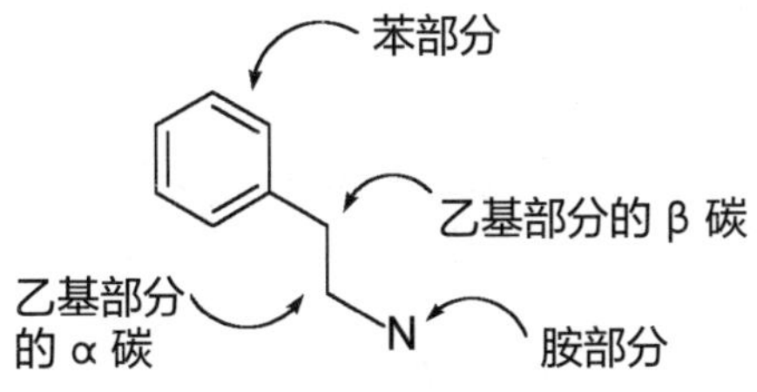

苯部分
乙基部分的 β 碳
乙基部分
的 α 碳
N
胺部分

β-苯乙胺单元

尽管这两种内啡肽分子在其他方面与吗啡分子大不相同，但这一结构相似性被认为是两者在大脑中具有共同结合部位的原因所在。

芳香环或苯环
HO
含2个碳原子的乙基部分
O
N
CH3
HO
胺部分的氮

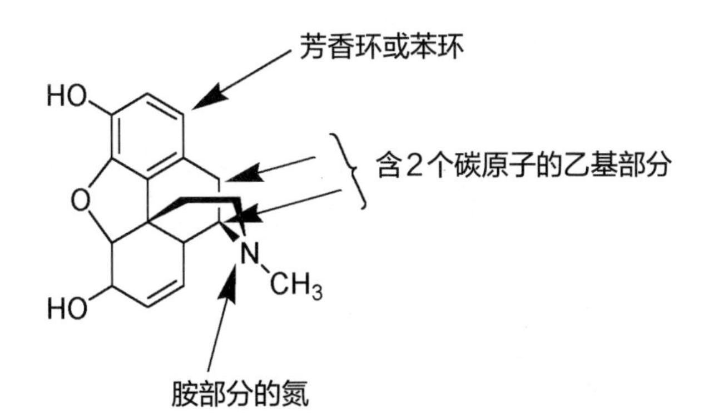

吗啡分子结构图，标示出了 β-苯乙胺单元

与其他致幻剂不同的是，吗啡及其类似物还具有镇静作用，也就是含有缓解疼痛、诱导睡眠且令人上瘾的成分。有研究认为，其中原因在于吗啡化学结构中的另一种组合，各部分依次为：（1）1 个苯基，也就是芳香环；（2）1 个季碳原子，也就是 1 个碳原子直接与其他 4 个碳原子相连；（3）1 个 $CH_2—CH_2$ 基团；（4）1 个叔氮原子（1 个氮原子直接与 3 个碳原子相连）。

C
C—C—C
C
—CH2CH2—
C
C
N
C

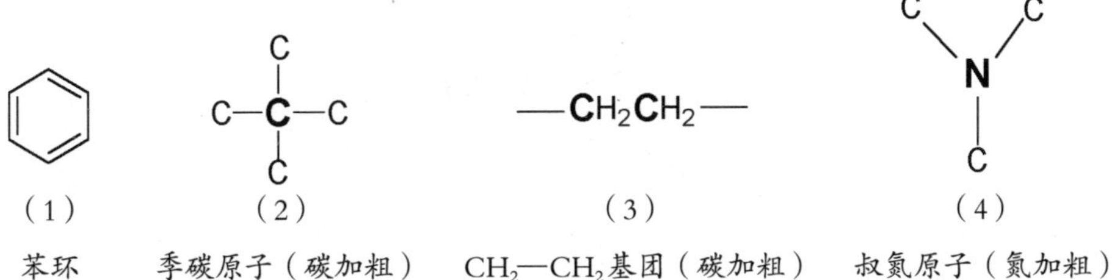

（1）苯环　（2）季碳原子（碳加粗）　（3）$CH_2—CH_2$基团（碳加粗）　（4）叔氮原子（氮加粗）

综合到一起，这套要求——吗啡规则——看起来是这个样子的：

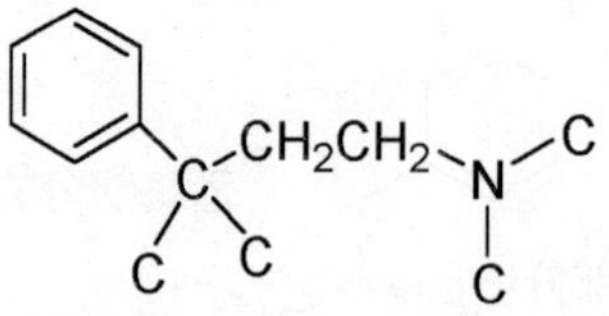

吗啡规则的基本组成部分

可以看出，在吗啡的结构图中，上述四项要求全部满足；可待因和海洛因分子也是如此。

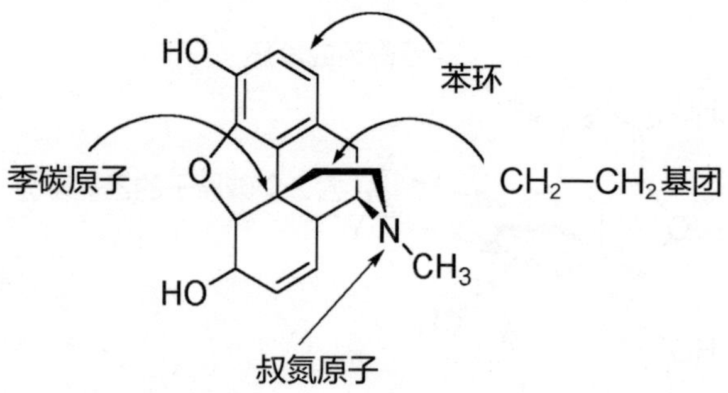

吗啡分子结构图，按吗啡规则做出标记

在化学史上，偶然性发挥重要作用的例子不胜枚举，上述发现——吗啡分子的这一结构可能是镇静作用产生的原因——就是其中之一。研究人员将人造化合物麦佩里定注射到大鼠体内后发现，这些大鼠的尾巴会呈现出特定的形状，而以前在吗啡注射试验中就曾看到过这种现象。

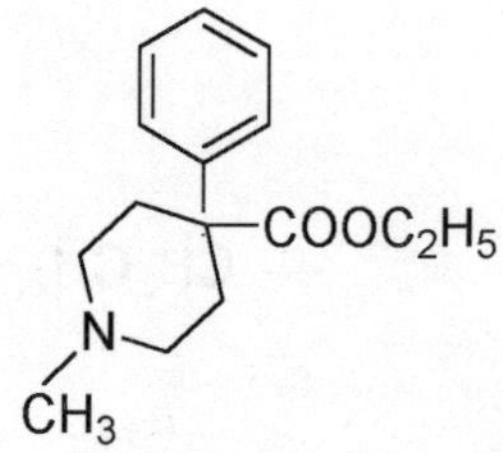

麦佩里定

麦佩里定分子与吗啡分子并不十分相似，不过，麦佩里定和吗啡的确存在某些共同点：1 个芳香环连接到 1 个季碳原子，接下来是 $CH_2—CH_2$ 基团，然后是 1 个叔氮原子。也就是说，完全符合吗啡规则。

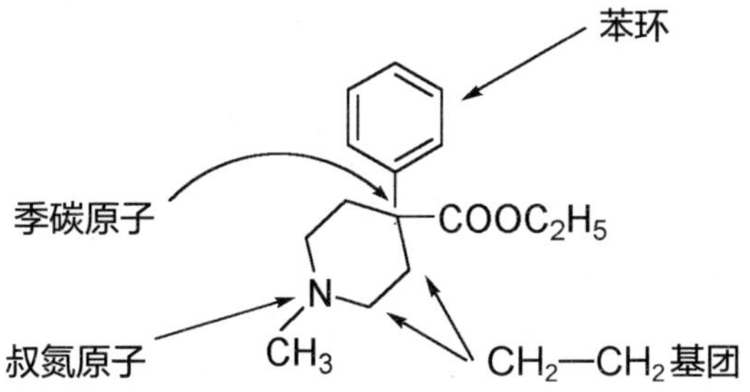

苯环

季碳原子

$COOC_2H_5$

N

叔氮原子

CH_3

$CH_2—CH_2$基团

麦佩里定结构图。按吗啡规则做出标记

试验结果显示，麦佩里定具有镇痛特性。它的商品名地美露（Demerol）更为人所知，经常被用来代替吗啡，因为尽管效果较差，但不太可能让人感到恶心。不过，麦佩里定仍然会让人上瘾。美沙酮是另一种非常有效的合成镇痛剂，像海洛因和吗啡一样，美沙酮能抑制神经系统，但不会像阿片类药物那样令人产生嗜睡或欣快感。美沙酮的结构与吗啡规则的要求不完全相符：1 个甲基（—CH_3）连接到—CH_2—CH_2—的第二个碳原子上。据推测，这种结构上的微小变化就是造成生物活性差异的原因。

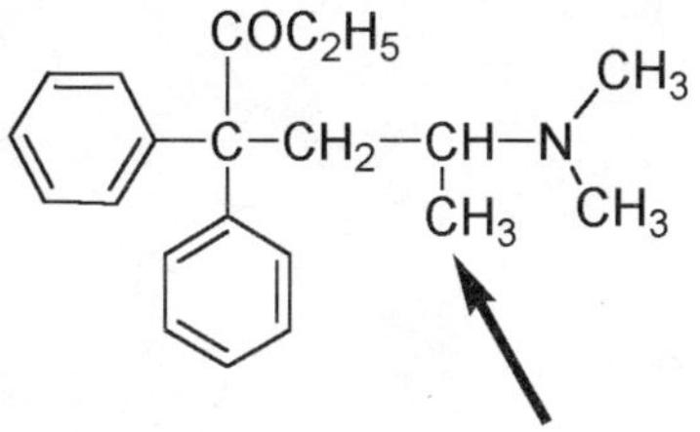

COC_2H_5

CH_3

C-CH_2-CH-N

CH_3　CH_3

美沙酮结构图。箭头所示为甲基的位置，这是唯一不符合吗啡规则的地方，但已经足以改变美沙酮的生理作用

不过，美沙酮仍然具有成瘾性。对海洛因的依赖可以转化为对美沙酮的依赖，但以这种方式解决海洛因成瘾相关问题是否合理，仍然是一个争议颇多的话题。

“饮”烟

我们要谈的第二种生物碱是尼古丁，直到哥伦布踏足新大陆之前，欧洲人尚不知道尼古丁为何物。哥伦布发现，新大陆的人无论男女都喜欢把一种叶子卷起来插入鼻孔，去“饮”（或者说吸入）叶子点燃后产生的烟雾。在南美洲、墨西哥和加勒比海地区的印第安人中，吸入、鼻嗅（将粉状物吸入鼻腔）和咀嚼烟草植物的叶子司空见惯；这里的烟草是指烟草属（*Nicotiana*）的各种植物。烟草的使用主要是在各种仪式性场合；从烟斗或卷好的叶片吸入烟，或直接吸入散落在火堆上的叶片所产生的烟，据说这会使参与者“出神”产生幻觉。这意味着他们使用的烟草的活性成分浓度，明显高于后来引入欧洲和世界其他地区的烟草（*Nicotiana tabacum*）植物。引起哥伦布注意的烟草很可能是黄花烟草（*Nicotiana rustica*），即玛雅文明的烟草，现在人们已经知道黄花烟草的“劲儿”相当大。

来自巴西的一幅雕版画（1593年前后），这是表现南美洲吸烟习俗的第一幅铜凹版印刷品。图中的图皮族印第安人正用长管子吸食某种植物产生的烟

烟草很快就风靡了整个欧洲，烟草种植也随即传播开来。法国驻葡萄牙大使让·尼科（Jean Nicot）是一名狂热的烟草爱好者，他的名字与这种植物的学名以及相关生物碱的名字紧密联系到了一起，跟他拥有同样癖好的16世纪的名人还有很多，包括英格兰的沃尔特·罗利爵士和法兰西王后凯瑟琳·德·美第奇。不过，吸烟并不是一种得到普遍认可的行为。教宗谕令禁止在教堂内吸烟，据说英格兰国王詹姆斯一世在1604年撰写了一本小册子，谴责这种“观之不雅、闻之可厌、于脑有害、于肺有损的习惯”。

1634年，俄国立法禁止吸烟。违反者将受到严惩，包括割嘴唇、鞭笞、阉割或流放。大约50年后，这项禁令被取消，因为沙皇彼得大帝本人就是个烟民，还大力推广烟草。西班牙和葡萄牙水手把含有辣椒素生物碱的辣椒带到世界各地，同样把烟草和尼古丁生物碱带到了他们去过的每个港口。到了17世纪，吸烟已经在整个东方普及，严刑峻法也完全无法阻止烟草的流行。尽管包括土耳其、印度和波斯在内的各个国家有时会对烟草成瘾者施用终极治疗方案——死刑，但今天在这些地方，吸烟这种习惯和其他地方一样常见。

从一开始，欧洲种植的烟草就供不应求。西班牙和英格兰在新大陆的殖民地很快开始种植用于出口的烟草。烟草种植属于高度劳动密集型产业：清理杂草，将烟草植株修剪到合适的高度，打叶掐尖，清除害虫，烟叶采摘和干制，都需要人工操作。这些工作主要由奴隶在种植园内完成，这就意味着尼古丁与葡萄糖、纤维素和靛蓝一起，成为与新大陆奴隶制息息相关的一种分子。

烟草中至少含有10种生物碱，其中主要当数尼古丁。烟叶中的尼古丁含量从2%到8%不等，取决于烟草的种植方法、气候、土壤和烟叶熟化工艺。非常小剂量的尼古丁可以刺激中枢神经系统和心脏，但若大剂量使用，尼古丁则会起到镇静剂的作用。这种表面看起来互相矛盾的情况有一个合理的解释，那就是尼古丁能够模仿神经递质的作用。

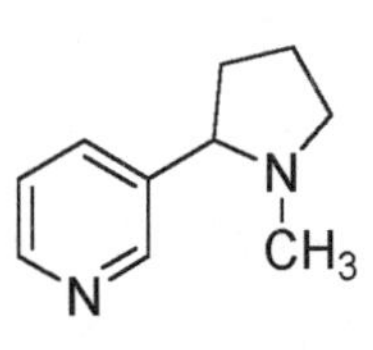

尼古丁结构图

尼古丁分子能在神经细胞之间的连接处充当桥梁的作用，起初这会加强神经冲动的传导。但这种连接在冲动间隙不会即时清除，因此最终传输通道会受阻。尼古丁的刺激作用会消失，人的肌肉活性，特别是心肌活性就会减慢。这样一来，血液循环会减慢，氧气输送给身体各部位和大脑的速度变慢，由此产生了全身性镇静效果。这就解释了为什么尼古丁使用者会说需要一支烟来冷静一下，但在需要保持头脑清醒的情况下，尼古丁实际上会起反作用。此外，长期吸烟的人更容易受到感染，比如在血液循环不良的低氧条件下，坏疽更容易滋生。

大剂量使用尼古丁会致人死亡。吸收低至50毫克的剂量就能在短短几分钟内杀死一名成年人。但尼古丁毒性不仅取决于剂量，还取决于摄入方式。皮肤吸收效力是口服效力的1000倍左右。据推测，胃酸会在一定程度上分解尼古丁分子。在吸烟的时候，烟草中含有的大部分尼古丁在燃烧时的高温下被氧化成毒性较低的产物。当然，这并不意味着吸烟无害，而只是说如果大多数尼古丁和其他烟草生物碱不发生这种氧化作用，那么抽上几支烟就会让人丧命。事实上，残留在烟草烟雾中的尼古丁会直接从肺部被吸收到血液中，因而尤其有害。

尼古丁是一种强效天然杀虫剂。在20世纪四五十年代，在合成杀虫剂开发出来之前，人们生产了数百万磅的尼古丁作为杀虫剂使用。不过，与尼古丁结构相似的烟酸和吡哆醇并不具毒性。事实上，这两种分子是有益的——二者都是B族维生素，对人类的健康和生存至关重要。这再一次展现了化学结构的微小变化使得分子性质发生了巨大变化。

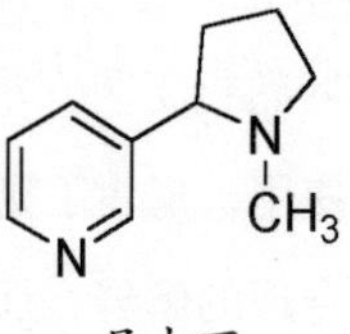

尼古丁 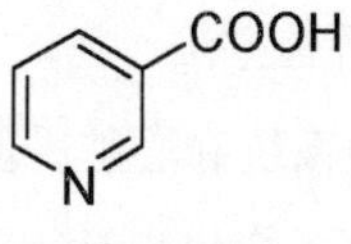　　烟酸 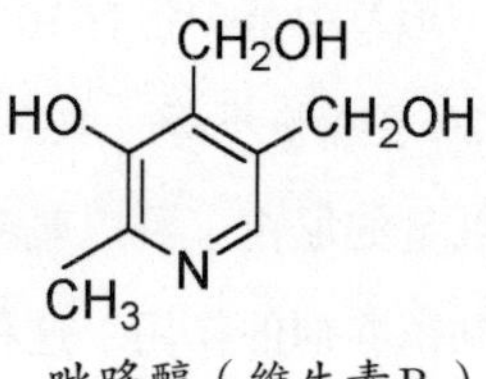　　吡哆醇（维生素B_6）

人类饮食中如果缺乏烟酸（也称为烟碱酸）会导致糙皮病，患此病者会出现三种症状：皮炎、腹泻和痴呆。在饮食几乎完全由玉米构成的地方，糙皮病一度相当流行，最初曾被认为是一种传染病，而且可能是麻风病的一种表现形式。在确认糙皮病是因缺乏烟酸引起之前，许多受害者被误送进了精神病院。在20世纪早期，糙皮病在美国南部相当常见，但美国卫生与公众服务部的医生约瑟夫·戈德伯格（Joseph Goldberger）的努力使医学界相信它确实是一种营养缺乏症。后来，因为商业烘焙机构不希望他们的白面包所富含的这种维生素有一个与尼古丁过于相似的名字，便将“nicotinic acid”（烟酸）这个名字改为“niacin”。

咖啡因为什么能提神

与前两种生物碱一样，咖啡因也是一种精神活性物质，但这种物质几乎在世界任何地方都可以自由获取，不受管制，甚至大量含有咖啡因的饮料还被制造出来并广而告之。咖啡因的结构，以及与其关系非常密切的生物碱——茶碱和可可碱的结构如下图所示：

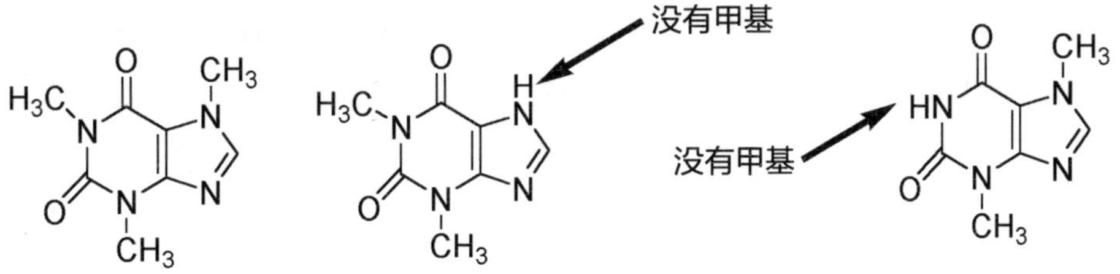

没有甲基　没有甲基

咖啡因　茶碱　可可碱

茶叶中含有茶碱，可可豆中含有可可碱，这两种生物碱与咖啡因的区别仅在于连在结构环上的甲基（$—CH_3$）的数量；咖啡因有 3 个，茶碱和可可碱各有 2 个，且位置略有不同。这种分子结构的微小变化使得这些分子具备不同的生理效果。咖啡因天然存在于咖啡豆和茶叶中，可可豆荚、可乐果和其他植物来源也含有咖啡因，但含量较低，如马黛树的叶、瓜拿纳（巴西香可可）的种子和约科翼朔藤的皮，这些植物主要原产自南美洲。

咖啡因是一种效力强劲的中枢神经兴奋剂，也是世界上被研究得最多的药物之一。多年来，人们为解释咖啡因对人类生理学的影响而提出的理论层出不穷，一项最新研究表明，咖啡因阻断了大脑和身体其他部位的腺苷的作用。腺苷是一种神经调节剂，该分子能降低自发性神经放电的速度，从而减缓其他神经递质的释放；正因如此，腺苷能诱发睡眠。但不能因此就说咖啡因能将我们唤醒，尽管感觉上可能是这样，它的作用实际上是阻碍让我们感到困倦的腺苷的正常作用。当咖啡因占据身体其他部位的腺苷受体时，我们会体验到如下感受：心跳速度加快，一些血管收缩而另外一些血管舒张，某些肌肉更易收缩。

在医疗领域，咖啡因可用于缓解和预防哮喘、治疗偏头痛、提高血压，还可以用作利尿剂以及治疗其他多种症状。咖啡因常常出现在非处方药和处方药中。探索咖啡因可能产生的副作用的研究汗牛充栋，包括咖啡因与各种形式的癌症、心脏病、骨质疏松症、溃疡、肝病、经前综合征、肾病、精子活力下降、生育能力受损、胎儿发育不良、多动症、运动员赛场表现变差和精神障碍的关系。到目前为止，没有明确证据表明适量摄入咖啡因会导致上述任何一种病症。

但咖啡因的确具有毒性；据估计，对一名中等身材的成年人来说，如果采用口服方式，致死剂量约为 10 克。一杯咖啡的咖啡因含量从 80 毫克到 180 毫克不等，依制备方法的不同而有所不同，要达到致死剂量，需要一口气喝下 55 杯到 125 杯。显而易见，用这种方式达到咖啡因中毒的可能性微乎其微，甚至可以说绝无可能。以干重计算，茶叶的咖啡因含量是咖啡豆的 2 倍，但因为每杯茶的茶叶用量较少，以通常方式泡茶析出的咖啡因量也较少，算下来一杯茶的咖啡因含量大约是一杯咖啡的一半。

茶叶中还含有少量的茶碱，这是一种与咖啡因有类似效果的分子。如今，茶碱被广泛应用于治疗哮喘。与咖啡因相比，茶碱是一种更好的支气管扩张剂，能起到松弛支气管组织的作用，同时对中枢神经系统的影响较小。制作可可粉和巧克力都会用到可可豆荚，可可豆荚含有 1% 到 2% 的可可碱。这种生物碱分子对中枢神经系统的刺激甚至比茶碱还要小，但由于可可产品中的可可碱含量是咖啡因产品中咖啡因含量的七八倍，因此效果仍然相当明显。像吗啡和尼古丁一样，咖啡因（以及茶碱和可可碱）会令人上瘾；戒断症状包括头痛、疲劳、昏昏欲睡，如果之前咖啡因摄入过多，甚至还会恶心和呕吐。好消息是，咖啡因从人体内清除的速度相对较快，最多一个星期——尽管不会有谁真的打算放弃这个世界上最受欢迎的瘾头。

史前人类很可能已经对含咖啡因的植物有所了解了。几乎可以肯定的是，这类植物在远古就已经有人在用了，只是不知道茶叶、可可、咖啡哪种的使用时间最早。按中国神话的说法，神农氏最早将“烧开水”的观念引入日常生活，目的是预防疾病。有一天，他注意到附近灌木丛中的几片树叶掉进了釜内的沸水中。据称，这就是饮茶习惯的来源，在此后的5000年里，人们享用了数以万亿杯计的茶水。尽管从中国的神话传说来看，饮茶习惯古已有之，但相关文献直到公元前2世纪才提到了茶，以及茶“使人头脑清明”的效用。也有中国传统故事表明，茶可能是从印度北部或东南亚引进的。无论起源于何处，许多世纪以来，饮茶一直是中国人日常生活的组成部分。在许多亚洲国家，特别是日本，茶也成为民族文化的一个重要组成部分。

葡萄牙在澳门设有贸易站，葡萄牙人也因此成为最早与中国建立贸易联系并养成了饮茶习惯的欧洲人。然而，在17世纪之初，最早将茶叶带到欧洲的却是荷兰人。起初，茶叶的价格极为昂贵，只有富人才买得起。随着茶叶进口量增加，进口关税逐渐下降，茶叶的价格也逐渐下降。到了18世纪初，茶开始取代麦芽酒成为英格兰的国民饮品，这为茶叶——或者说茶叶中所含的咖啡因——在鸦片战争及英中通商等事件发挥重要作用埋下了伏笔。

人们通常认为，美国独立战争之所以爆发，是因为茶叶发挥了重要作用，尽管这种作用与其说是实打实的，倒不如说是象征性的。到1763年，英国人成功地将法国人赶出了北美洲，并与当地人就签署条约展开谈判，控制新大陆定居点的扩张，并对当地贸易活动进行监管。被殖民者不满于英国国会的控制，在他们看来，本地事务应该由本地管理，这种不满有可能将愤懑情绪激发为武装暴动。尤其令人恼火的是，不管是内部贸易还是外部贸易，都面临着高额征税。尽管1764—1765年的《印花法令》——要求几乎所有类型的文件都要使用带印花标记的纸张，以此牟利——被废止，也取消了糖、纸张、油漆和玻璃的关税，但从事茶叶贸易仍需缴纳高额关税。1773年12月16日，一群愤怒的波士顿市民将一船茶叶倾倒入波士顿港。这次抗议的核心理念在于“无代表，不纳税”，而不在于茶叶，但在人们的心目中，这些后来被称为“波士顿茶党”的人士拉开了美国独立运动的序幕。

考古发现表明，新大陆的第一种咖啡因来源就是可可豆。早在公元前1500年，墨西哥人就开始使用可可豆；后来的玛雅人和托尔特克人也都种植这种作为中美洲生物碱来源的植物。1502年，第四次航行到新大陆后返回的哥伦布向西班牙国王斐迪南赠送了可可豆荚。但直到1528年，当埃尔南·科尔特斯（Hernán Cortés）在蒙特祖马二世的宫廷中喝下这种阿兹特克人的苦味饮品时，欧洲人才认识到其中所含生物碱的提神作用。科尔特斯用阿兹特克人的描述——“众神之饮”来指代可可，其中所含的主要生物碱可可碱存在于热带树种可可（*Theobroma cacao*）1 英尺长的荚果的种子（也就是可可豆）中；可可碱的名称“theobromine”取自希腊语中的“theo”（神）和“broma”（食物）。

这种饮品后来被称为巧克力，在整个 16 世纪，饮用巧克力一直都是西班牙富人和贵族才能享受的特权，不过这种风尚最终传播到了意大利、法兰西和荷兰，然后又传播到欧洲其他国家。因此，尽管可可中的咖啡因含量较低，但比茶或咖啡更早成为欧洲人摄入咖啡因的来源。

巧克力含有另一种有趣的化合物，叫作花生四烯酸乙醇胺（anandamide），研究表明，这种化合物与大麻的活性成分——酚类化合物四氢大麻酚（THC）在大脑中结合的受体相同，尽管花生四烯酸乙醇胺与 THC 在结构上有很大不同。如果花生四烯酸乙醇胺是巧克力让人回味无穷——很多人都这么声称——的原因，那么我们可以问一个颇具挑衅意味的问题：我们想要认定为非法的究竟是什么，是四氢大麻酚分子，还是其改变情绪的作用？如果是后者，我们是否应该考虑将巧克力认定为违禁品？

可可树的荚果

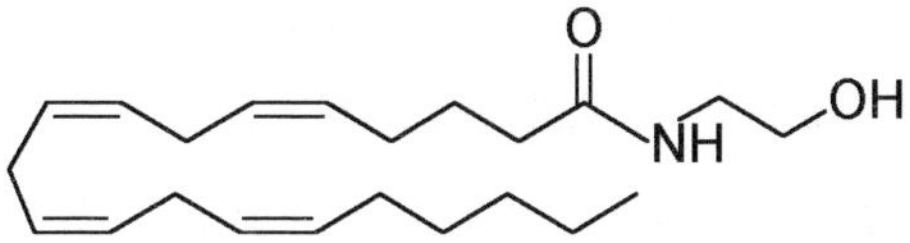

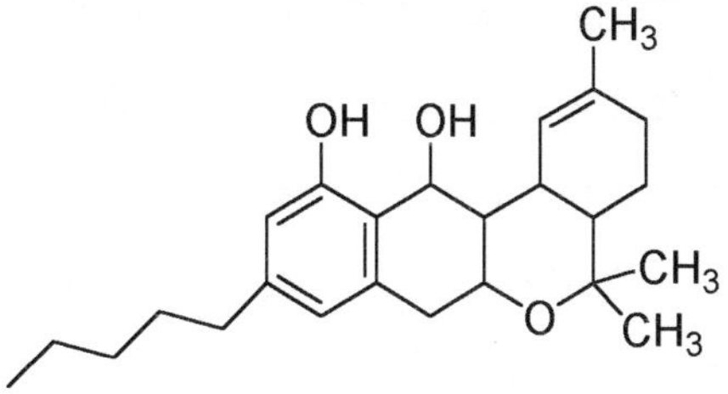

花生四烯酸乙醇胺（左）与四氢大麻酚（右）在结构上存在差异

咖啡因是通过巧克力传入欧洲的。至少一个世纪之后，一种咖啡因含量更高的饮品才传入欧洲，那就是咖啡，不过彼时咖啡在中东已有数百年的饮用历史。现存最早的关于喝咖啡的记录来自10世纪的阿拉伯医生拉吉斯（Rhazes）。毫无疑问，咖啡在这之前就已经为人所知，埃塞俄比亚神话传说中牧羊人卡尔迪的故事就提到过咖啡。卡尔迪发现，他的山羊啃食了一种他从未见过的树的叶子和浆果后，变得异常活泼，开始后腿站立并跳起舞来。于是卡尔迪决定也品尝一下这种鲜红的浆果，而后跟他的山羊一样变得无比振奋。他带着一些浆果去拜访当地的一位伊斯兰教圣徒，圣徒认为不该品尝这种不知名的东西，并把浆果扔到了火堆里。火焰中散发出一股奇妙的香气。后来，有人把烘烤过的浆果从火堆中取出来，并制作了第一杯咖啡。虽然这是个有趣的故事，但没有什么证据表明发现小果咖啡（*Coffea arabica*）含有咖啡因的是卡尔迪的山羊，不过，咖啡有可能源自埃塞俄比亚高原的某个地方，并传播到非洲东北部和阿拉伯地区。以“咖啡豆”形式存在的咖啡因并不总能被接受，有时甚至还遭到禁止；尽管如此，到15世纪末，穆斯林朝圣者已经把这种豆子带到了伊斯兰世界的各个地方。

17世纪，咖啡传入欧洲的过程也如出一辙。起初，教会、政府以及医生都忧心忡忡，但最终咖啡因的诱惑打消了他们的顾虑。在意大利的街道上，在威尼斯和维也纳的咖啡馆里，在巴黎和阿姆斯特丹，在德国和斯堪的纳维亚，人们对咖啡赞不绝口，都说咖啡让头脑更加清醒。从某种程度上而言，它在南欧取代了葡萄酒的地位，在北欧则取代了啤酒的地位。工人们早餐的时候已不再饮用麦芽酒。到1700年，伦敦有2000多家咖啡馆；光顾咖啡馆的都是男士，许多人来咖啡馆都是为了与特定的宗教、行业或其他专业领域的人士打交道。

水手和商人聚集在爱德华·劳埃德（Edward Lloyd）的咖啡馆内阅读船讯，最终导致了海运保险的出现，著名的伦敦保险交易所劳合社也由此成立。据信，有不少银行、报纸和杂志以及证券交易所最初都是在伦敦的咖啡馆起家的。

咖啡种植在新大陆很多地区的开发过程中发挥了巨大作用，尤其是在巴西和中美洲国家。1734年，海地首先种植咖啡树，50年后，世界上有一半的咖啡都产自此地。今天，海地社会的政治和经济状况通常归因于从1791年开始的漫长而血腥的奴隶起义，当时海地的咖啡和糖的生产主要依靠奴隶进行，而这些奴隶的生存条件极为恶劣，于是奋起反抗。在西印度群岛的咖啡贸易式微后，其他国家——巴西、哥伦比亚、中美洲各国、印度、锡兰、爪哇和苏门答腊——的咖啡种植园纷纷将各自的产品推向迅速增长的世界市场。

特别值得一提的是，在巴西，咖啡种植开始主导农业和商业。原本为了种植甘蔗而建成的大片种植园转而用于种植咖啡树，以期从咖啡豆中获得巨额利润。巴西的咖啡种植园园主拥有强大的政治影响力，而他们对廉价劳动力有着巨大的需求，奴隶制的废除因而遭到推迟。直到1850年，巴西才禁止进口奴隶。从1871年起，所有奴隶生下的孩子都被法律认定为自由人，确保该国最终废除了奴隶制——尽管这一目标是逐步实现的。1888年，巴西的奴隶制终于被完全废除，比西方国家晚了不少年。

连接咖啡种植园和主要港口的铁路逐渐建成，咖啡种植由此推动了巴西的经济增长。奴隶制废除后，成千上万的新移民——主要是贫穷的意大利人——来到咖啡种植园工作，并改变了这个国家的种族和文化面貌。

持续不断的咖啡种植从根本上改变了巴西的环境。大片土地被开垦，大片原始森林遭到砍伐烧毁，大量本土动物被捕杀，所有这一切都是为了让更多的咖啡种植园覆盖乡村地区。由于实行单作种植，咖啡树很快就会耗尽土壤的肥力，一旦这片土地的产量变得越来越少，就需要开垦新土地。热带雨林的再生可能需要几个世纪的时间；如果没有植被覆盖，水土流失会令本就不多的土壤流失殆尽，在这样的情况下，森林的更新再生几乎是不可能的。对单一作物的过度依赖，通常意味着当地居民放弃种植传统意义上人们生活所必需的作物，这样一来，变化无常的世界市场就会给当地经济带来巨大影响。单作也很容易受到毁灭性虫害的侵袭，如咖啡锈病在几天内就能毁掉一个种植园。

中美洲的大多数咖啡种植国都出现过这种过度剥削劳动者、过度压榨环境的开发模式。高海拔山地为咖啡灌木的种植提供了完美的条件，从19世纪的最后几十年开始，随着咖啡单作向山地蔓延，危地马拉、萨尔瓦多、尼加拉瓜和墨西哥的原住民玛雅人被系统地从他们的土地上赶走。流离失所的人们被强迫参加劳动，这是咖啡种植业劳动力的主要来源；不论男女老少都被迫从事长时间劳作，而且收入微薄，作为被压迫的劳动者，他们几乎没有任何权利。作为精英阶层的咖啡种植园园主控制着国家的财富，主导制定政府政策以满足私利，由此导致数十年来人们对社会不平等的怨恨不断发酵。这些国家政治动荡和暴力革命的历史，有一部分是人们对咖啡的渴望所书写的。

罂粟最初是地中海东部地区的一种珍贵草药，后来传到了整个欧洲和亚洲。今天，非法贩运鸦片的利润仍是有组织的犯罪集团和国际恐怖主义组织的主要资金来源。来自罂粟的这种生物碱直接或间接地破坏了数百万人的健康和幸福生活，但与此同时，其令人赞叹的镇痛效果也令无数人从中受益。

与鸦片一样，尼古丁也时而被批准、时而遭受禁止。烟草曾经被认为有健康方面的益处，还被用来治疗多种疾病，但在有的时期和地域，使用烟草则被视为危险且堕落的行为并被禁止。在20世纪上半叶，吸烟不仅被容许，甚至在许多国家得到提倡。那时的人们看来，吸烟的女性是被解放的女性，而吸烟的男人是成熟的男人。在21世纪初，钟摆又摆到了另一个极端——在许多地方，尼古丁得到了鸦片中的生物碱一样的待遇：被控制、被征税、被谴责、被禁止。

相比之下，咖啡因尽管曾受到政府法令和宗教律令的限制，如今却唾手可得，没有任何法律或法规禁止儿童或青少年摄入这种生物碱。事实上，许多国家的父母经常为孩子提供含咖啡因的饮料。各国政府现在将鸦片生物碱的使用限制在受管制的医疗用途上，却从咖啡因和尼古丁的销售中获得了大量的税收收入，因此他们也就不太可能放弃如此有利可图的可靠的收入来源，这两种生物碱中的任一种也都不大可能被明令禁止。

正是人类对吗啡、尼古丁和咖啡因这三种分子的渴望，引发了种种事件，最终导致了19世纪中期鸦片战争的爆发。但是，这些化合物在历史上甚至还发挥过更重大的作用。鸦片、烟草、茶叶和咖啡在远离其原产地的土地上得到种植，并对当地居民和种植人群产生了巨大影响。在很多地方，为了种植罂粟、烟草、茶树和咖啡树，当地的植物群被破坏，生态环境因而发生了巨大的变化。这些植物所含的生物碱分子刺激了贸易，创造了财富，催生了战争，支撑了政府，资助了政变，并奴役了数以百万计的人口，而这一切都源于我们对“化学快感”的永恒渴望。

第十四章

油酸

商品交易有一个首要的前提条件，对此条件的化学解释是：人人都想得到的分子在全世界的分布并不平衡。我们前文提到的许多化合物——香料、茶叶、咖啡、鸦片、烟草、橡胶和染料中所含的化合物——都符合这一条件，油酸也是如此，这种分子大量存在于橄榄树的绿色小果实榨出的油中。几千年来，橄榄油一直是备受珍视的贸易品，被称为地中海周边社会发展的生命之血。即使历经无数兴衰变迁，橄榄树和金色的橄榄油始终是地中海各国经济繁荣的基础和文化的核心。

橄榄树的传说

关于橄榄树及其起源的神话传说比比皆是。据称，古埃及人信奉的女神伊希斯将橄榄带给人类，并保佑人类获得丰收。罗马神话认为赫拉克勒斯将橄榄树从北非带回故土；据说和平与智慧女神雅典娜传授了橄榄树的种植和榨油的技术。还有一个传说将橄榄树的起源追溯到了人类的始祖：据说第一棵橄榄树是从亚当的坟墓中长出来的。

古希腊人讲述了海神波塞冬跟雅典娜之间的一场竞赛。谁能为阿提卡地区一座新建城市的人们送上最有价值的礼物，谁就是获胜者。波塞冬用三叉戟击打一块岩石，一道甘泉从岩石缝隙中汩汩流出，一匹马——马是实力与权力的象征，也是战争中的得力助手——也在泉水中出现。轮到雅典娜的时候，她把手中的矛掷到地上，矛变成了橄榄树，而橄榄树不但是和平的象征，还能为人们提供食物和燃料。于是，人们认为雅典娜的礼物更有价值，为了纪念雅典娜，这座新城也被命名为雅典。如今，橄榄仍被认为是神圣的礼物。今天，在雅典卫城的顶部仍然生长着一株橄榄树。

关于橄榄树的地理起源，还存在争议。在意大利和希腊都发现了被认为是现代橄榄树的祖先的化石证据。人们通常认为橄榄树最初种植于地中海东部地区，分布于今天的土耳其、希腊、叙利亚、伊朗和伊拉克等国的多个地区。油橄榄（*Olea europaea*）是木犀榄属植物中唯一为了收获果实而被栽种的树种，栽种历史至少有 5000 年，甚至可能长达 7000 年。

橄榄树种植从地中海东岸传到巴勒斯坦，再传到埃及。一些权威人士认为，橄榄树种植始于克里特岛，公元前 2000 年，这里的橄榄树种植产业已经非常繁荣，所生成的橄榄油出口到希腊、北非和小亚细亚。随着殖民地的扩大，希腊人将橄榄树带到了意大利、法兰西、西班牙和突尼斯。在罗马帝国扩张时期，橄榄文化也扩展到整个地中海盆地。几个世纪的时间里，橄榄油一直是该地区最重要的贸易品。

雅典卫城最高处的橄榄树

除了可以食用，能够为人体提供宝贵的热量外，橄榄油还被地中海地区的人们用于日常生活中的许多其他方面。装满橄榄油的灯照亮了黑暗的夜晚。橄榄油还被用于美容；希腊人和罗马人在沐浴后会用橄榄油擦拭皮肤。运动员认为橄榄油按摩对保持肌肉的柔韧性至关重要。摔跤手在全身涂完橄榄油之后会再涂一层沙或土，从而方便对手抓握。运动赛事结束后的仪式包括洗澡，以及再涂一遍橄榄油，通过按摩渗入皮肤，以舒缓并治愈擦伤。女性用橄榄油来保持皮肤的年轻态和头发的光泽。人们还认为橄榄油有助于防止脱发，增强体能。草药中负责芳香和风味的化合物通常可溶于油，因此月桂、芝麻、玫瑰、茴香、薄荷、杜松、鼠尾草和其他叶子以及花朵都可以拿来泡在橄榄油中，从而制成洋溢着异国情调且价格昂贵的香味混合物。希腊的医生们会将橄榄油或某种橄榄油混合物用于治疗多种疾病，包括恶心、霍乱、溃疡和失眠。在早期的埃及医学文献中也有许多内服或外用橄榄油的记载。甚至橄榄树的叶子也被用于退烧和缓解疟疾症状。我们现在知道，橄榄树的叶子含有水杨酸，也就是柳树和旋果蚊子草中所含的分子，1893 年费利克斯・霍夫曼就是利用这些植物中的水杨酸分子开发出了阿司匹林。

橄榄油对地中海人民的重要性还反映在他们的文学创作甚至法律当中。希腊诗人荷马称它为“液体黄金”。希腊哲学家德谟克利特认为食用蜂蜜和橄榄油能让人活到 100 岁，在那个预期寿命 40 岁左右的时代，百岁绝对算是高寿了。公元前 6 世纪，雅典立法者梭伦颁布了保护橄榄树的法律。每片橄榄树林每年只能砍伐两棵树，违反这一法律会招致严惩，包括处决。（梭伦的功绩还包括制定了人道的法典，建立起人民法庭，确立了集会权，设立了参议院。）

《圣经》中提到橄榄和橄榄油的地方有 100 多处。例如，大洪水之后鸽子口衔橄榄枝带回给诺亚；摩西被指示用香料和橄榄油混合制成膏油；“好撒玛利亚人”把酒和橄榄油相混合，涂抹在被强盗所伤者的伤口；聪明的贞女给油灯装满橄榄油，维持其不灭；耶路撒冷有座橄榄山；希伯来王大卫任命守卫来保护他的橄榄园和仓库。公元 1 世纪的罗马历史学家普林尼提到，意大利拥有地中海地区最好的橄榄油。维吉尔这样赞美橄榄：“你们应大量栽种橄榄，那是和平女神所钟爱的树。”

在橄榄的传说逐渐融入宗教、神话、诗歌以及日常生活的背景下，橄榄树成为多种文化的象征也就不足为奇了。在古希腊时期，大概是因为食物和灯具中有充足的橄榄油供应就意味着繁荣，而在战争时期供应就会中断，所以橄榄成为和平时代的同义词。今天，当我们想要表达某一方试图实现和平的时候，仍然会说这一方“伸出了橄榄枝”。橄榄也被认为是胜利的象征，在古代的奥林匹克运动会上，获胜者不但会被授予以橄榄叶制成的花环，还会得到橄榄油。在战争中，橄榄园经常成为攻击目标，因为摧毁橄榄园不仅意味着破坏了对方一个主要的食物来源，还能给对方心理造成毁灭性打击。橄榄树也代表着智慧和新生；看似因火烧或砍伐而毁坏殆尽的橄榄林往往会萌发新芽，并终将再次结出果实。

最后，橄榄还代表着力量（赫拉克勒斯的木棒就是用橄榄树干制成的）和牺牲（据说基督被钉的十字架是用橄榄木制成的）。在不同的时期和不同的文化中，橄榄象征着权力和财富、童贞和生育能力。几个世纪以来，在国王、皇帝和主教的加冕仪式或授职仪式上，都会涂抹用橄榄油制成的神圣膏油。以色列的第一位王扫罗在加冕时让人把橄榄油抹在自己的额头上。数百年后，在地中海的另一边，法兰克人的第一位王克洛维在加冕仪式上涂抹了橄榄油，成为克洛维一世。另有 34 位法兰克君主用同一个梨形小瓶中的橄榄油举行膏油仪式，但后来小瓶在法国大革命期间被毁。

橄榄树非常耐寒。它需要经历短暂且寒冷的冬季才能结出果实，而且不能让春季的霜冻摧折花朵，经历漫长而炎热的夏季、香醇的秋季，果实就成熟了。地中海的洋流使得南岸的北非温度降温，又使得北岸温度升高，使该地区成为种植橄榄的理想之地。在内陆地区，远离大面积水体的调节作用，橄榄就无法生长。橄榄树可以在降雨量极少的地方生存。它们长长的主根可以深入地下吸收水分，橄榄树叶子窄小，呈皮革质地，背面略带模糊的银色，这些适应环境的特征可以防止水分因蒸发而流失。橄榄树耐干旱，可以在岩质土壤和石质梯田上生长。极端的霜冻和冰暴可能会摧折树枝，让树干开裂，但橄榄树十分顽强，即使看起来要被严寒摧毁，也能再生，在第二年春天生发出新鲜的绿色枝条。难怪几千年来“靠树吃树”的人们会对它产生深厚的崇敬之情。

橄榄油与化学

很多植物都可以榨油，比如核桃、杏仁、玉米、芝麻籽、亚麻籽、葵花子、椰子、大豆以及花生，而且这还远不是全部。油和通常源自动物的脂肪在化学结构上非常接近，而长期以来油和脂肪一直受到珍视，既可食用，也可用于照明、美容和医疗等领域。但是，没有任何一种油或脂肪能像橄榄树果实中的油那样，成为文化和经济的重要组成部分，与人们的精神世界交织在一起，并对西方文明的发展起到如此重要的作用。

橄榄油和其他任何油或脂肪之间的化学结构上的差异都非常小。这再一次说明了，化学结构上的细小差异会形成性质完全不同的分子，并在人类历史进程中发挥重大作用。油酸是以橄榄的名字命名的一种化合物，正是这种分子让橄榄油与其他的油脂分子区分开来。人们常说，如果没有油酸，西方文明和民主制度的发展可能会走上一条截然不同的道路，这种说法绝非故作惊人之语。

脂肪和油都是甘油三酯——1 个甘油分子和 3 个脂肪酸分子结合形成的化合物。

$$
\begin{array}{l}
H_2C-OH \\
\;\;\; | \\
\;HC-OH \\
\;\;\; | \\
H_2C-OH
\end{array}
$$

甘油分子

脂肪酸是由碳原子长链与 1 个羧基（写作—COOH 或 HOOC—）结合而成的长链，羧基在长链的一端：

$$HO-\underset{\underset{O}{\|}}{C}-CH_2-CH_2-CH_2-CH_2-CH_2-CH_2-CH_2-CH_2-CH_2-CH_2-CH_3$$

12碳脂肪酸分子。左侧的羧基用圆圈标出

脂肪酸的结构通常都比较简单，但脂肪酸有多个碳原子，因此写成“之”字形结构会显得更清楚，每一个交叉点和每一条线的端点都代表 1 个碳原子，大部分氢原子都不用表示出来。

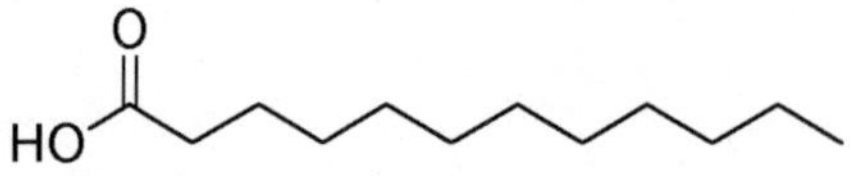

该脂肪酸仍有12个碳原子

甘油上的3个羟基的氢原子和3个脂肪酸分子的羧基的羟基之间脱掉3个水分子之后，就形成了1个甘油三酯分子。这种缩合过程——以脱水的方式连接分子——与多糖的形成类似（请参阅第四章）。

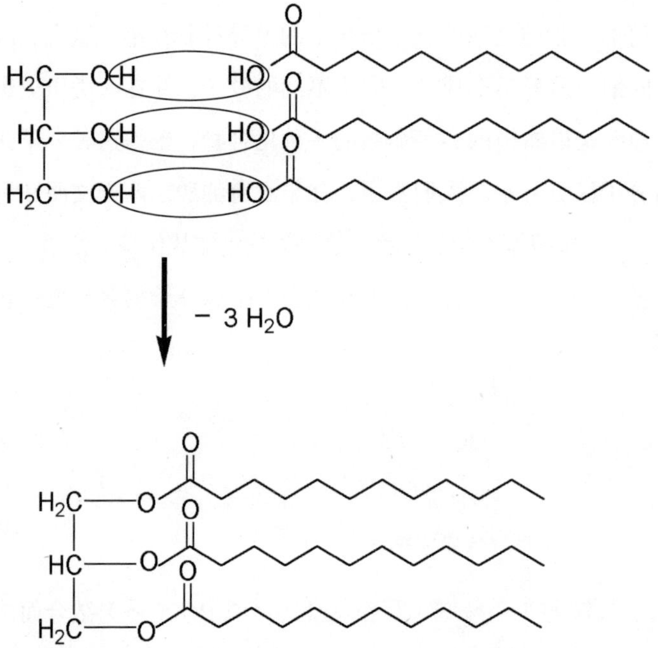

甘油和3个脂肪酸

$-3\ H_2O$

结合成

1个甘油三酯

上图所示的甘油三酯分子的3个脂肪酸分子都是一样的。但也存在只有2个脂肪酸分子相同的情形，或者这3个脂肪酸分子也可以全部不同。脂肪和油具有相同的甘油部分，不同之处在于脂肪酸部分。在上面的例子中，我们使用的是饱和脂肪酸。“饱和”指的是氢原子的饱和；该分子的脂肪酸部分没有办法增加更多的氢原子，因为没有碳碳双键可以被打开从而连接更多氢原子。如果脂肪酸中存在这样的双键，那么它就是不饱和脂肪酸。常见的饱和脂肪酸包括：

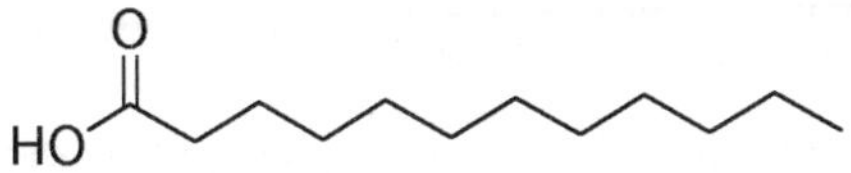

月桂酸——含 12 个碳原子

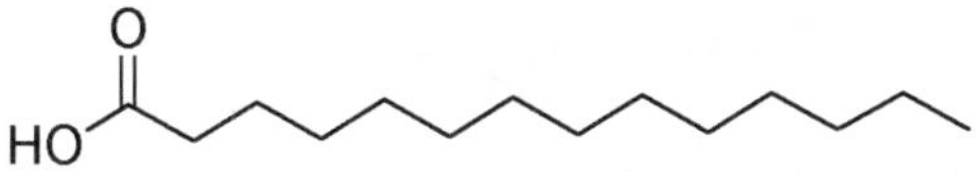

肉豆蔻酸——含 14 个碳原子

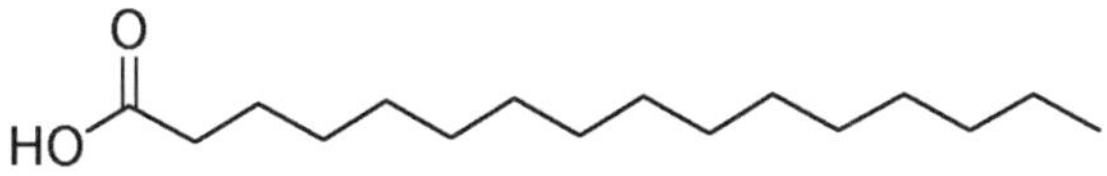

棕榈酸——含 16 个碳原子

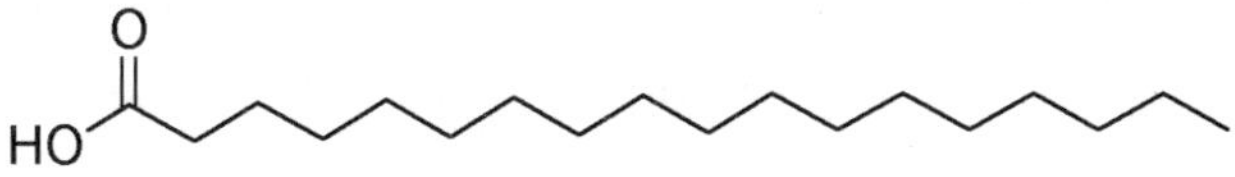

硬脂酸——含 18 个碳原子

硬脂酸的主要来源是牛油，而棕榈酸（也就是软脂酸）是棕榈油的组成成分。

几乎所有脂肪酸中所含的碳原子数都为偶数。上述例子都是最常见的脂肪酸，当然还可以举出其他例子，比如黄油中所含的丁酸只有 4 个碳原子，而存在于黄油和羊奶脂肪中的已酸含有 6 个碳原子。

不饱和脂肪酸中含有至少 1 个碳碳双键。如果只有 1 个双键，这种酸就是单不饱和脂肪酸；有 2 个及以上的双键，就是多不饱和脂肪酸。下图所示的甘油三酯是由 2 个单不饱和脂肪酸和 1 个饱和脂肪酸组成。其中的双键呈顺式排列，也就是说长链上的碳原子在双键的同一侧。

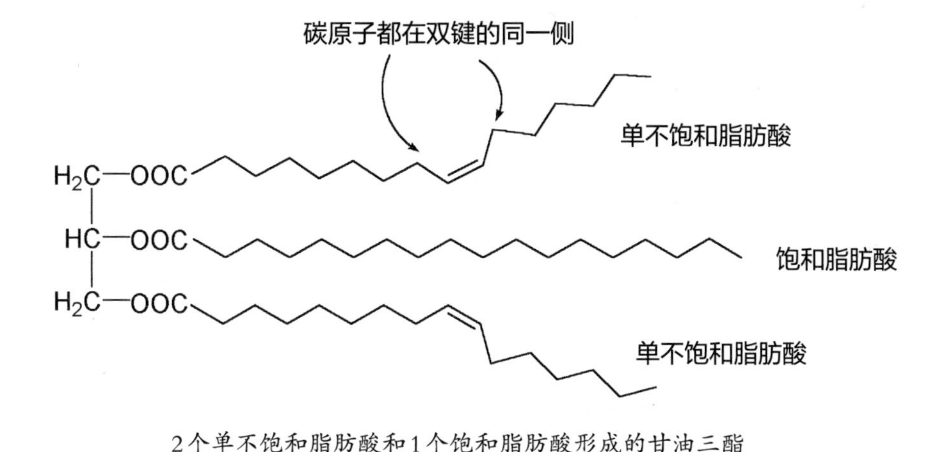

2 个单不饱和脂肪酸和 1 个饱和脂肪酸形成的甘油三酯

这样一来链条上就产生了弯折结构，因此这种甘油三酯不能像由饱和脂肪酸组成的甘油三酯那样紧密地“打包”在一起（如下页最上图所示）。

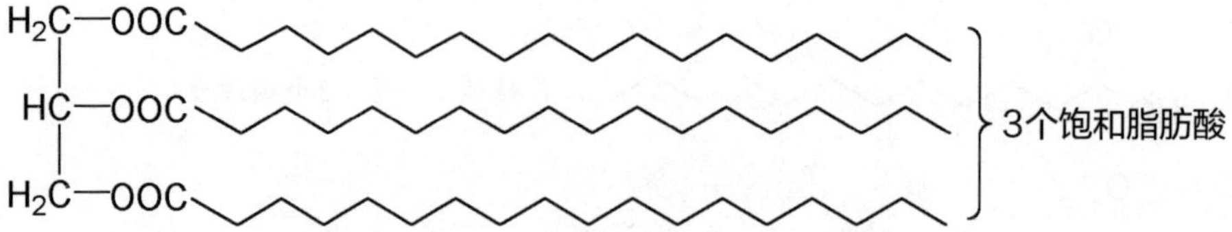

$$
\begin{array}{l}
H_2C-OOC\text{∼∼∼} \\
HC-OOC\text{∼∼∼} \\
H_2C-OOC\text{∼∼∼}
\end{array}
\Bigg\}\ \text{3个饱和脂肪酸}
$$

3个饱和脂肪酸形成的甘油三酯

脂肪酸中含有的双键越多，弯折度就越高，“打包”效率就越低。分子打包效率越低，克服将分子结合在一起的引力所需要的能量就越少，因此就越有可能在较低的温度下分解。在室温下，不饱和脂肪酸比例较高的甘油三酯往往是液体而不是固体。我们将其称为油；油最常见的来源是植物。饱和脂肪酸可以紧密地“打包”在一起，要分解单个分子需要的能量更多，因此需要更高的温度。来自动物的甘油三酯，其饱和脂肪酸的比例高于油，在室温下呈固体状，我们称为脂肪。

常见的不饱和脂肪酸包括：

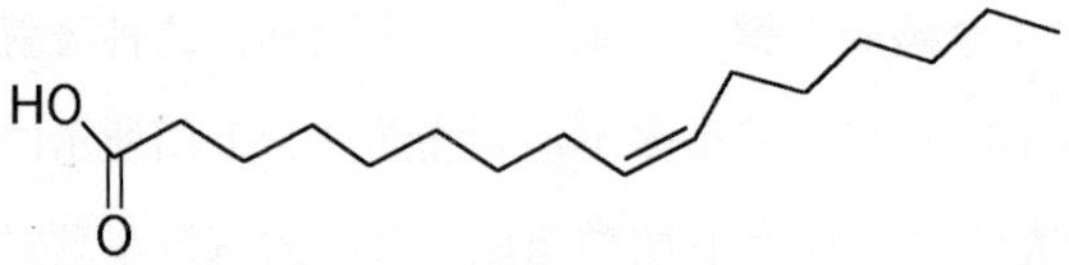

HO, O

棕榈油酸——
16个碳原子——
单不饱和

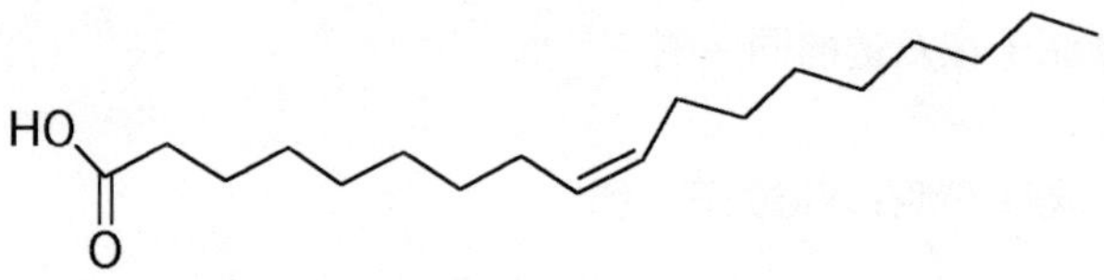

HO, O

油酸——
18个碳原子——
单不饱和

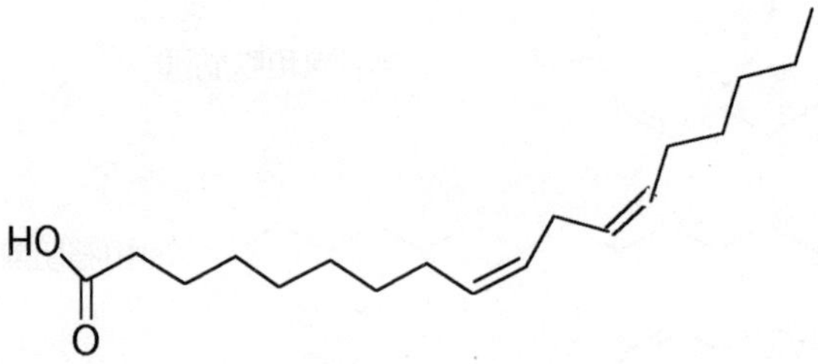

HO, O

亚油酸——
18个碳原子——
多不饱和

HO, O

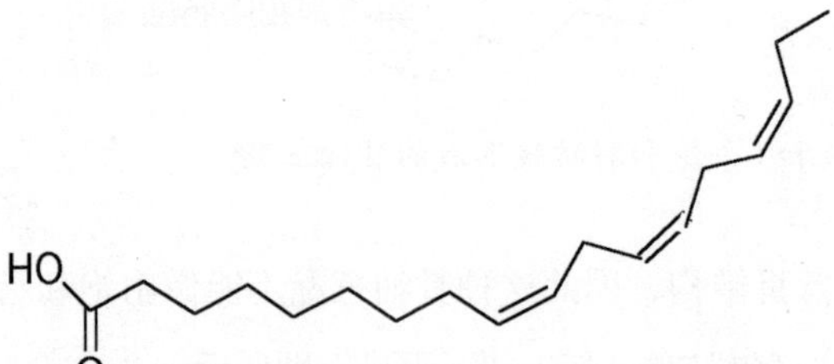

亚麻酸——
18个碳原子——
多不饱和

单不饱和、含 18 个碳原子的油酸是橄榄油中最主要的脂肪酸。尽管其他油类和许多脂肪也含有油酸，但橄榄油是这种脂肪酸的最重要来源。橄榄油中单不饱和脂肪酸所占比例比其他油类都要高。橄榄油中的油酸含量大约在 55% 到 85% 之间，取决于橄榄的品种和生长条件，偏冷地区的橄榄的油酸含量就比温暖地区的更高。如今已有令人信服的证据表明，高比例饱和脂肪的饮食与心脏病发病率之间存在关联。在地中海地区，心脏病的发病率较低，而该地区正是大量消费橄榄油——也就是油酸——的地区。众所周知，饱和脂肪会增加血清胆固醇的浓度，而多不饱和油脂则会降低其浓度。油酸等单不饱和脂肪酸对血清胆固醇水平（也就是血液中的胆固醇水平）的影响为中性。

心脏病和脂肪酸之间的关系还涉及另一个因素：高密度脂蛋白（HDL）与低密度脂蛋白（LDL）的比值。脂蛋白是胆固醇、蛋白质和甘油三酯的结合体，不溶于水。高密度脂蛋白通常被称为“好脂蛋白”，它能将细胞中积累的过多的胆固醇运至肝脏进行分解处理，从而防止胆固醇在动脉壁上过度沉积。低密度脂蛋白通常被称为“坏脂蛋白”，它能将肝脏或小肠中的胆固醇运至新形成的或正在生长的细胞。尽管这是一项必要的功能，但血液中的胆固醇如果太多，最终会在动脉壁上形成斑块状沉积，让动脉变得狭窄。如果通往心肌的冠状动脉被堵塞，就会导致血流减少，从而引发胸痛和心脏病发作。

在判断心脏病风险方面，真正重要的是高密度脂蛋白与低密度脂蛋白的比值（HDL/LDL 值）以及总胆固醇水平。尽管多不饱和甘油三酯具有降低血清胆固醇水平的正面作用，但也会降低 HDL/LDL 值，这是一项负面作用。单不饱和甘油三酯，如橄榄油，虽然不会降低血清胆固醇水平，但会增加 HDL/LDL 值。在饱和脂肪酸中，棕榈酸（含 16 个碳原子）和月桂酸（含 12 个碳原子）会明显提高 LDL 水平。而人们所称的“热带油”，包括椰子油、棕榈油和棕榈仁油，所含饱和脂肪酸的比例很高，因为这些油会同时增加血清胆固醇以及 LDL 的水平，所以往往被疑与心脏病有关。

在古代地中海社会，尽管橄榄油的健康特性受到重视，并被认为是当地人长寿的原因，但人们对这些观念背后的化学知识却一无所知。事实上，在主要饮食问题仍然是如何获得足够多的卡路里的时代，血清胆固醇水平或 HDL/LDL 值都不重要。多个世纪以来，对北欧的绝大多数人来说，动脉血管硬化并不算什么问题；北欧人饮食中甘油三酯的主要来源就是动物脂肪，而且他们的预期寿命不足 40 岁。随着经济的发展，人们的预期寿命越来越高，饱和脂肪酸的摄入越来越多，冠心病才成为致死的一个主要原因。

橄榄油化学特性的另一个方面也有助于解释它在古代世界为什么会如此重要。随着脂肪酸中碳碳双键数量的增加，这种油氧化（也就是酸败）的趋势也会增加。橄榄油中多不饱和脂肪酸的比例远低于其他油，通常不到 10%，这使得橄榄油的保质期几乎比所有其他油都长。此外，橄榄油还含有少量的多酚类物质和维生素 E 和 K，这些抗氧化分子能起到天然防腐剂的作用。传统的冷压榨油法有助于保留橄榄中的这些抗氧化分子，而在高温下这些分子可能会被破坏。

今天，改善油的稳定性、延长保质期的一种方法是通过氢化消除一些双键；氢化是指向不饱和脂肪酸的双键添加氢原子。氢化的结果是会获得结构更稳定的甘油三酯，把油转化为黄油替代品（如人造黄油）用的就是这种方法。但氢化过程同时也将剩余的双键从顺式构型改变为反式构型，也就是使得链上的碳原子位于双键的两侧。

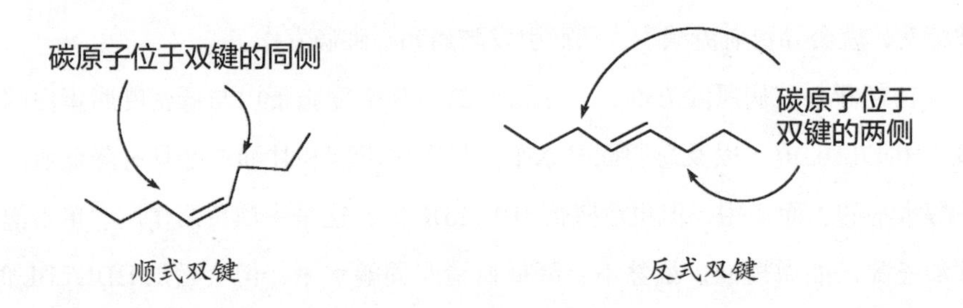

而众所周知，反式脂肪酸会令低密度脂蛋白水平升高，但不会达到饱和脂肪酸的水平。

橄榄油贸易

对古希腊的橄榄油商人来说，橄榄油的天然防腐特性至关重要。古希腊是由一些城邦构成的松散联盟，有共同的语言、文化和农业经济基础，都会种植小麦、大麦、葡萄、无花果还有橄榄。在几个世纪的时间里，地中海沿岸土地的树木覆盖率比现在更高，土壤更肥沃，泉水更充沛。随着人口增长，作物种植从原来的小山谷蔓延到了沿海山脉的两侧。橄榄树能在陡峭多石的山地生长，且耐旱性强，因此变得越来越重要。公元前6世纪，除了立法严格禁止无节制砍伐橄榄树之外，雅典的梭伦还规定橄榄油是唯一可供出口的农产品，这样一来橄榄油就变得越发珍贵。久而久之，地中海沿岸的森林被毁坏，种上了橄榄树，很多原本种植粮食作物的地方成了一望无际的橄榄林。

橄榄油的经济价值很快就显现出来。古希腊的多个城邦成为商业中心。以风帆或船桨驱动的大型船只——可以装载成百上千瓶橄榄油——在整个地中海穿梭往来，从遥远的港口带回金属、香料、织物和其他商品。殖民化紧跟着贸易的脚步，到公元前6世纪末，希腊化世界所涵盖的地理范围已经远远超越了爱琴海：西至意大利、西西里、法兰西和巴利阿里群岛，东至黑海沿岸，甚至到了地中海南岸的利比亚。

即便在今天的希腊，梭伦为提高橄榄油产量而制度的法规对环境造成的影响依然清晰可见。原先遭到破坏的林木以及不再种植的粮食作物，它们的纤维状根系能够汲取表层土壤中的水分，也起到了固定土壤的作用。相比之下，橄榄树长长的直根从地下深层汲取水分，没有固定表层土壤的作用。时间一长，泉水变得干涸，土壤大量流失，土地严重退化。曾经种植谷物的田地、曾经种植葡萄的山坡已经不再能支持这些作物，牲畜也日渐稀少。希腊虽盛产橄榄油，但越来越多的其他食品却不得不依靠进口——管理一个庞大的帝国，保障食品供应至关重要。古希腊的衰落有多重原因：各城邦之间的征伐、数十年的战争、缺乏强有力的领导、宗教传统的崩溃以及外来势力的进犯。也许我们可以再加一条：为满足橄榄油贸易的需求，失去了宝贵的农业用地。

橄榄油皂

虽说橄榄油可能是促成古希腊崩溃的因素之一，但对欧洲社会产生了更深远影响的，或许是公元8世纪左右问世的一种用橄榄油制成的产品。今天，肥皂在日常生活中很常见，人们习惯了它的存在，也不大会想到它在人类文明的发展历程中能发挥什么重要作用。不过试想一下，如果没有肥皂或洗涤剂、洗发水、洗衣粉等类似产品，我们的生活会变成什么样子。我们对肥皂的清洁能力已经习焉不察，但如果没有它，今天的超大型城市几乎不可能存在。没有肥皂，污垢和疾病会让生活环境变得危机四伏，甚至完全不适合人类生存。虽说把中世纪城镇——彼时城镇居民的数量远远少于现在的大城市——的污秽和肮脏完全归咎于没有肥皂并不客观，但毫无疑问，在没有肥皂的情况下要保持清洁是极为困难的。

几个世纪以来，人类一直在利用某些植物的清洁能力。这类植物含有皂苷，皂苷是糖苷的一种，拉塞尔·马克所提取的那些皂苷都是糖苷，而地高辛等强心苷，以及草药师和所谓“女巫”使用的一些分子也都是糖苷。

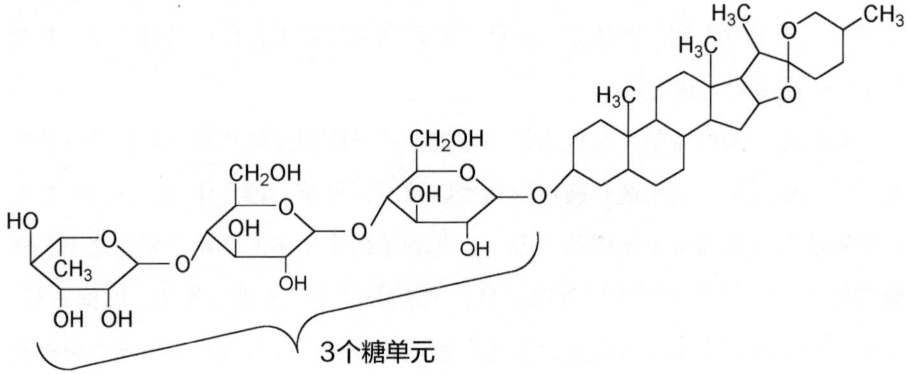

菝葜皂苷

从皂草、皂浆果（也就是无患子）、皂百合、皂皮树、皂根这些植物的名称就可以发现，含皂苷的植物形形色色，但都有某种共同特性。这些植物既包括百合科的成员，也包括欧洲蕨、剪秋罗、丝兰、芸香、金合欢和无患子属植物。其中一些植物的皂苷提取物，在今天仍被用来清洗精致的织物或洗头发，这些皂苷提取物能产生非常细腻的泡沫，具有非常温和的清洁效果。

制作肥皂的工艺过程很可能是一个偶然的发现。用木头生火做饭的人可能已经注意到，食物中的油脂滴入灰烬中会产生一种物质，该物质在水中会起泡沫。没过多久人们就会意识到，泡沫可以当作清洁剂使用，而且用油脂和木灰能制造出这样的泡沫。毫无疑问，世界上许多地方都有过这样的发现，有证据表明许多文明社会都生产肥皂。在巴比伦时期（距今约5000年前）的遗址中，曾发现过含有某种肥皂的黏土圆筒以及制造肥皂的步骤方法。据公元前1500年的埃及文献记载，用脂肪和木灰可以制成肥皂。几个世纪以来，有关在纺织和染色工业中使用肥皂的记载时有发现。众所周知，高卢人曾使用一种由山羊脂肪和草木灰制成的肥皂，让头发更亮泽或者把头发染红。这种肥皂还能当头油来用，让头发定型，可说是早期的发胶。据信凯尔特人也发现了肥皂的制造方法，并用肥皂来洗澡和洗衣服。

按照罗马人的传说，在台伯河下游洗衣服的女性发现了制造肥皂的方法。台伯河流经萨波山（Mount Sapo），山上有座神庙，在神庙献祭的动物的脂肪与祭祀用火的灰烬难免会混到一起。每当下雨的时候，这种混合物就被冲到台伯河中，台伯河水就成了罗马洗衣妇方便取用的含有肥皂的洗衣液。脂肪和油中所含的甘油三酯与灰烬中碱性物质发生反应的过程，用化学术语来说就是“皂化”（saponification），这个词来自萨波山的名字，许多语言中的“肥皂”一词都来自萨波山。

罗马时代的人们也制造肥皂，但这个时期的肥皂主要用于洗衣服。与古希腊人一样，大多数罗马人保持个人卫生的方式通常都是用橄榄油和沙的混合物擦抹身体，然后用专门的刮身物件来清除这种混合物。这样一番操作后，油脂、污垢和死皮都能清除掉。在罗马时代后期的几个世纪里，人们逐渐开始用肥皂来洗澡。肥皂和肥皂制造都与公共浴室有关，罗马城市都有公共浴室，而且公共浴室逐渐在整个罗马帝国传播开来。随着罗马的衰落，制作和使用肥皂的习惯在西欧也逐渐被抛弃，不过在拜占庭帝国和阿拉伯世界得以保存。

在8世纪的西班牙和法国，使用橄榄油制作肥皂的技艺得以复兴。由此产生了以西班牙的“卡斯蒂利亚”地区命名的肥皂，这种肥皂质量非常高，质地纯净、洁白、有光泽。卡斯蒂利亚肥皂还出口到欧洲其他地区，到13世纪，西班牙和法国南部已因这种奢侈品而闻名遐迩。当时北欧的肥皂是以动物脂肪或鱼油为基础制成的，质量低劣，主要用于洗涤织物。

皂化反应是用碱——如氢氧化钾（KOH）或氢氧化钠（NaOH）——将甘油三酯分解为脂肪酸和甘油。

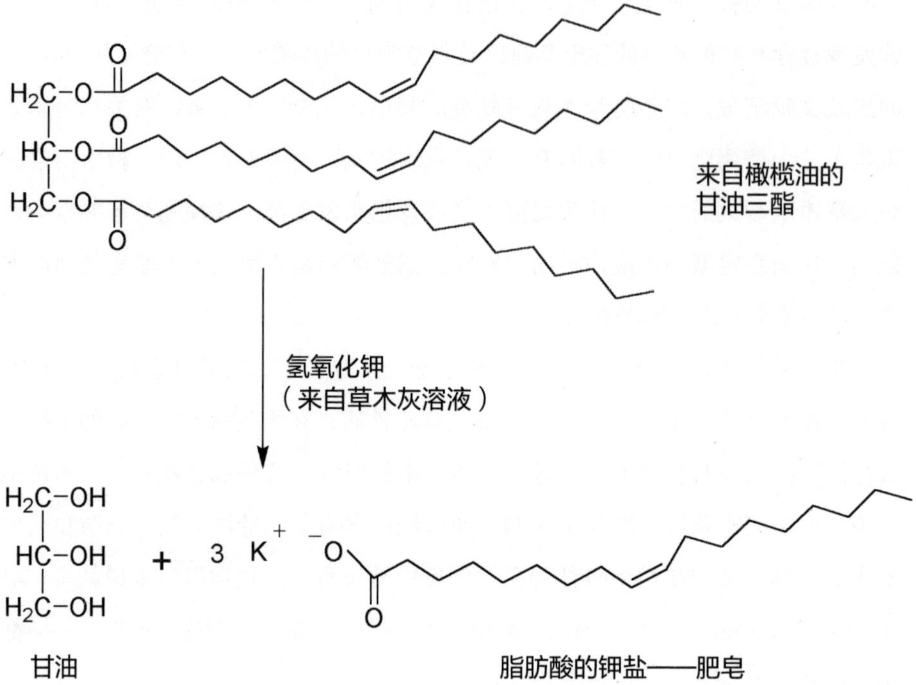

甘油三酯分子发生皂化反应，形成甘油和3个肥皂分子

钾皂质地柔软，而钠皂质地坚实。最初，大多数肥皂都是钾皂，燃烧木材和泥炭产生的草木灰是非常易得的碱源，因为草木灰的化学成分是碳酸钾（K_2CO_3），在水中会形成弱碱性溶液。而在苏打灰（碳酸钠，Na_2CO_3）容易获得的地方，可以生产硬皂。在一些沿海地区，特别是苏格兰和爱尔兰，收集海带和其他海藻是当地人的一个主要收入来源，将海带和海藻烧成灰可以生成苏打灰。苏打灰溶于水也会形成碱性溶液。

在欧洲，随着罗马帝国的衰落，洗澡的习俗也逐渐式微，不过很多城镇仍然保留并运营着公共浴室，一直到中世纪末叶。在14世纪开始的瘟疫年代，欧洲各城市纷纷将公共浴室关闭，因为管理者担心公共浴室会助长黑死病的传播。到了16世纪，洗澡非但变得不时尚，甚至被认为是危险的甚至罪恶的。有钱人用大量的香水来掩盖身体的气味。很少有家庭拥有浴室。一年洗一次澡是常态；不难想象这样的身体散发出的气味有多可怕。然而，即使是在这几个世纪里，人们对肥皂的需求仍然存在。富人会让人用肥皂清洗他们的衣服和床单。肥皂还被用来清洗锅碗瓢盆、地板和台面。洗手洗脸也用肥皂。真正受到鄙夷的就是洗澡，尤其是裸体洗澡。

肥皂的商业化生产始于 14 世纪的英国。在大多数北欧国家，肥皂主要由牛油制成，这种油脂中的脂肪酸约有 48% 为油酸；人类脂肪的油酸含量约为 46%。在动物界中，这两种脂肪的油酸含量是最高的。相比之下，黄油中的脂肪酸约有 27% 为油酸，鲸鱼约为 35%。1628 年，英格兰国王查理一世即位时，肥皂生产已经是一个重要的行业。由于急于寻找收入来源（议会没有批准他增加税收的提议），查理一世出售了肥皂生产的垄断权。对失去生计感到愤怒的肥皂制造业者纷纷表示支持议会。因此，有人说，肥皂是导致 1642—1652 年英格兰内战、查理一世被处决、英国历史上唯一一个共和国得以建立的原因之一。这种说法不免有些牵强，肥皂制造商的支持很难说起到什么关键作用；更可能的原因是国王和议会之间在税收、宗教和外交政策等主要问题上的分歧。无论如何，查理一世被推翻，这对肥皂制造商来说没有什么好处，因为随后建立的清教徒政权认为个人清洁用品无足轻重，英格兰护国公、清教徒奥利弗·克伦威尔甚至对肥皂课以重税。

然而我们确实可以说，肥皂是英国婴儿死亡率下降的原因之一，这一效应在 19 世纪后半叶尤为显著。从 18 世纪末的工业革命开始，人们纷纷涌入城镇，希望在工厂里谋一份工作。在城市人口快速增长的情况下，非常不宜居的贫民窟越来越多。在农村地区，制造肥皂主要是一种家庭技艺；屠宰牲畜的过程中节省下来的油和脂肪碎片与草木灰拌到一起，就可以生产出肥皂，虽然粗糙，但胜在成本低廉。城市居民没有这么方便的脂肪来源。牛油必须花钱购买，而且太过贵重，人们也舍不得拿它来制作肥皂。木灰也不易得。城市贫民的燃料是煤，煤灰的量不大，无法成为脂肪皂化所需的碱的理想来源。而且即使手头有原料，许多工厂工人生活的空间充其量只有基本的厨房设施，没有什么空间或设备用于制造肥皂。因此，城市贫民也就不再手工制作肥皂了，想要肥皂就必须购买，但肥皂的价格往往超出了工人的承受能力。原本就不高的卫生健康水平如今每况愈下，肮脏的生活环境成为婴儿死亡率高的一个因素。

不过，在 18 世纪末，法国化学家尼古拉斯·勒布朗（Nicolas Leblanc）发明了用常见的食盐制造苏打灰的方法。这种方法效率很高，碱的生产成本因而大大降低，再加上当时动物脂肪的供应增加，以及1853年对肥皂的所有税收全部取消，这一切让肥皂的价格不断变得下降，越来越容易在寻常百姓家见到。大约从这个时候开始，婴儿死亡率逐渐下降，而下降的原因就在于肥皂和水简单但有效的清洁能力。

肥皂之所以具有清洁作用，是因为这种分子的一端带有电荷，能溶于水，而另一端不溶于水，但能溶于油和脂肪等物质。肥皂分子的结构如下图所示：

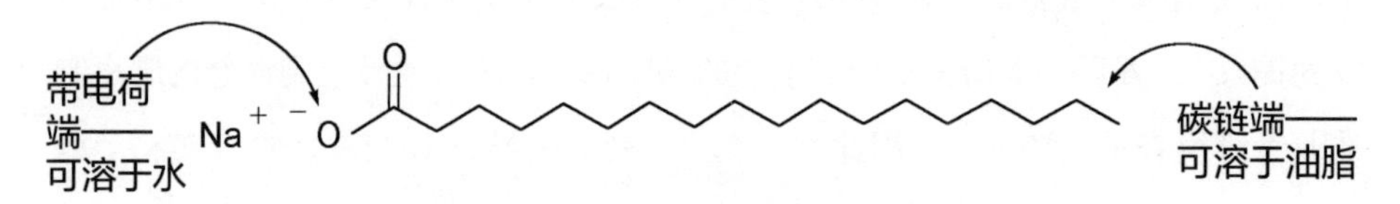

硬脂酸钠分子，一种从牛油中提取的肥皂分子

还可以这样表示：

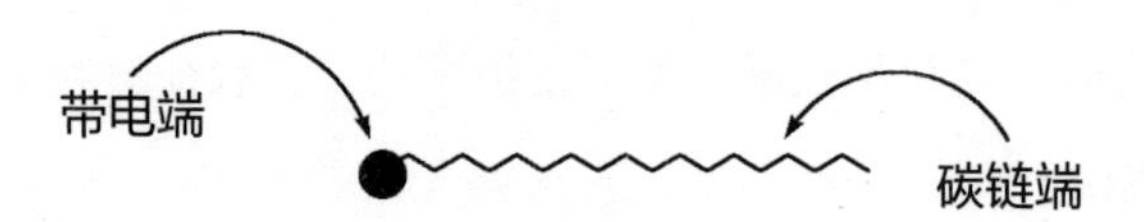

下图显示的是，许多肥皂分子的碳链端渗透到油脂颗粒中，形成一个团块——化学名称为胶束（micelle）。肥皂分子的带电端朝外，因而与肥皂胶束互斥，被水冲走的同时也就带走了油脂颗粒。

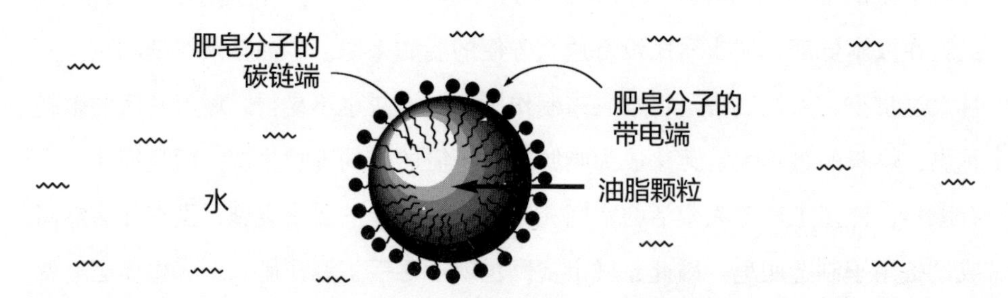

水中的肥皂胶束。肥皂分子的带电端仍在水中；碳链端嵌入在油脂中

尽管肥皂生产已经有几千年的历史，商业化生产也有几百年的历史，但肥皂制作的化学原理在很长一段时间内都不为人所知。表面看来，貌似什么东西

都可以拿来制作肥皂，比如橄榄油、牛油、棕榈油、鲸油、猪油等，直到19世纪初，人们才认识到这些分子都含有甘油三酯这个本质上的相似性，才认识到肥皂的化学性质。那时，社会大众对洗澡的态度已经有所改观，工人阶级口袋中的钱逐渐多了起来，人们越来越认识到疾病和清洁之间关系，肥皂也已经成为日常生活的必需品。虽说日后用不同的脂肪和油制成的精致香皂，对长期以来由橄榄油制成的“卡斯蒂利亚”肥皂的至高地位构成挑战，但在近千年的时间里，人们得以在某种程度上保持个人卫生，主要原因还在于肥皂，也就是说，是橄榄油。

时至今日，橄榄油仍普遍受到推崇，不过受推崇的原因已经有所不同；如今人们更看重橄榄油有益于心脏健康，以及它赋予食物的风味。相反，橄榄油在中世纪所起的作用——维系肥皂制作的传统，从而对抗污垢和疾病——如今已经不怎么为人所知。但是，橄榄油给古希腊带来的财富最终促进了古希腊文明的发展，为人类留下了很多精神文化遗产，至今仍然为我们所珍视。当今西方文明的根源在于古希腊的政治文化所培育的思想：民主、自治、哲学、逻辑等概念，以及理性探索、科学和数学研究、教育和艺术等。

古希腊社会的富足使得成千上万的公民参与各项事务成为可能：参与探究过程、开展激烈的辩论以及做出政治选择。男性（女性和奴隶不是公民）参与到影响他们生活的决策中，其程度比任何其他古代社会都更高。古希腊社会的经济繁荣，很大程度上依靠橄榄油贸易，教育的普及和公民的自由参政权接踵而至。人们常说，光荣属于希腊，这光荣照耀着当今的各个民主社会，但如果没有油酸甘油三酯，希腊的光荣或许就不会出现。

第十五章

食盐

食盐（氯化钠，化学式为 NaCl）的历史与人类文明史相伴随。食盐非常宝贵，人人都需要，并且非常重要，不仅曾在全球贸易中扮演重要角色，还曾在经济制裁和垄断、战争、城市发展、社会和政治控制体系、工业进步和人口迁移中发挥过重要作用。时至今日，食盐的身上仍然披着谜之色彩。食盐是我们生命中不可或缺的成分，没有盐我们就会死，但同时我们又被告知，需要注意盐的摄入量，否则可能危及生命。食盐很便宜；我们大量生产盐，也大量使用盐。然而，几乎从有历史记录的那一天起，甚至可能在历史记录出现的数个世纪以前，食盐就已经是一种人人必欲得之而后快的商品，而且往往非常昂贵。19 世纪初的普通人会很难相信，现在的人们竟然时不时地在道路上撒盐除冰。

在化学家的努力下，许多化合物产品的价格相较从前已经下降，原因要么是我们现在可以在实验室和工厂合成相关化合物（比如抗坏血酸、橡胶、靛蓝、青霉素），要么是我们可以制造人工替代品，而人工化合物的性质与天然产品非常相似，是否天然已经不那么重要了（比如纺织品、塑料、苯胺染料）。今天，我们依靠较新的化学品（制冷剂）来保存食物，所以香料的价格不再像以前那样高不可攀。其他化学品（比如杀虫剂和化肥）提高了作物产量，从而增加了葡萄糖、纤维素、尼古丁、咖啡因和油酸等化合物的供应。但在所有的化合物中，盐的产量增长堪称最快，价格下降的幅度也最大。

获取食盐

历史上，人类一直在收集或生产食盐。古人制盐的方法主要有三种：蒸发海水、熬煮卤水以及开采岩盐，并且都沿用至今。海水日晒蒸发曾经是——现在仍然是——热带沿海地区最常见的制盐方法，这个过程虽然耗时，但成本很低。起初，人们会把海水泼到燃烧的炭块上，等火熄灭后再把盐分刮下来。从沿海岩石池的石壁上能开采到大量的盐。不需要太多想象力就能想到，人工挖出来的浅湖或者叫“盐田”——挖在能够利用潮汐流填满盐田的地方——能提供的盐量更是多得多。

粗制海盐的品质远远比不上卤水盐或岩盐。虽然海水中盐分所占比例约为3.5%，但其中只有约2/3是氯化钠，其余成分是氯化镁（$MgCl_2$）和氯化钙（$CaCl_2$）的混合物。与氯化钠相比，后两种氯化物更易溶且含量较低，氯化钠会首先从海水溶液中结晶析出，这样一来只需排掉剩余的溶液，就可以去除大部分氯化镁和氯化钙。但仍有一定量的氯化镁和氯化钙会残留下来，为海盐带来一种更具刺激性的味道。氯化镁和氯化钙都具有潮解性，也就是说，它们会从空气中吸收水分，一旦发生这种情况，含有这些氯化物的盐就会结成块，难以倒出取用。

在炎热、干燥的气候条件下晒盐的效率最高，但不管气候如何，含盐浓度极高的地下卤水——有时其浓度能达到海水的10倍，甚至更高——总是一个非常好的食盐来源，前提是要有足够的木头来生火，把卤水中的水分蒸发掉。在欧洲的某些地区，为满足煮盐的木材需求，很多林地遭到破坏。卤水盐没有受到氯化镁或氯化钙——这两种氯化物会影响盐保存食物的效果——的污染，因此比粗制海盐更受欢迎，价格也更高。

岩盐是保存在地下的氯化钠矿物，是古老的海洋干涸后的遗迹，在世界上许多地方都有分布，多个世纪以来人们一直都在开采这种矿物，特别是在沉积层靠近地表的地方。盐实在是太贵重了，以至于早在铁器时代，欧洲人就已经转向了地下开采，他们开凿了深井，挖掘了一段又一段长达数英里的隧道，并且留下了一个又一个巨大的洞穴。矿场周围逐渐形成了定居点，盐的持续开采也促进了城镇的形成，这些城镇往往都会因盐业经济而逐渐变得富庶。

在整个中世纪，制盐或采盐在欧洲的许多地方都是一件大事；当时盐价腾贵，很多人把盐叫作“白金”。几个世纪以来，威尼斯都是香料贸易中心，但最初这里的人是以盐业为生的，他们从当地沼泽潟湖的盐水中提炼盐。欧洲有很多河流、城镇和城市的名称都揭示了它们与盐矿开采或盐业生产的联系，比如萨尔茨堡（Salzburg）、哈勒（Halle）、哈尔施塔特（Hallstatt）、哈莱茵（Hallein）、拉萨尔（La Salle）、摩泽尔（Moselle）。盐在希腊语中是“hals”，在拉丁语中是“sal”。在土耳其语中，盐是“Tuz”，波斯尼亚—黑塞哥维那产盐区的一个城镇就叫 Tuzla（图兹拉），土耳其沿海地区有很多地方都叫这个名字，或者与此相近的名字。

如今，通过旅游业这一渠道，盐仍然在为一些古老盐城带来财富。在奥地利的萨尔茨堡，盐矿是一个主要旅游景点，波兰克拉科夫附近的维利奇卡盐矿也是如此。在盐矿开采后遗留的巨大洞穴中，如今已建有一家舞厅、一个带祭坛的小教堂、用盐雕成的宗教人物像和一个地下湖，成千上万的游客在这里流连忘返。世界上最大的盐田是玻利维亚的乌尤尼盐沼，其附近有一座完全由盐建成的旅店可供游客下榻。

玻利维亚乌尤尼盐沼附近的盐造旅店

食盐贸易

从古代文明的记录中可以看出，盐自古以来就是一种贸易品。古埃及人通过贸易换取盐这种制作木乃伊时的重要原料。古希腊历史学家希罗多德在公元前 425 年就写过，他曾到访利比亚沙漠中的一个盐矿。埃塞俄比亚达纳基尔大盐原生产的盐通过贸易渠道出口至罗马和阿拉伯，最远出口到印度。古罗马人在当时位于台伯河入海口处的奥斯提亚建立了一个大型沿海盐场，并在公元前 600 年左右修建了一条名为“萨拉利亚”的道路，“萨拉利亚”的意思就是盐道，通过这条路把盐从沿海运往罗马。现今，罗马的一条主要通道仍然被称为萨拉利亚大道。为了给奥斯提亚的盐厂提供燃料，人们砍伐了森林，随后土壤遭到侵蚀，越来越多的泥沙被冲入台伯河，额外的沉积物加速了河口三角洲的扩张。几个世纪后，奥斯提亚已不再位于海岸，盐厂也不得不再次搬迁到海岸地区。有人认为，这是人类工业活动对环境影响的最早实例之一。

食盐不仅曾是全球大三角贸易的基石，还为伊斯兰教向非洲西海岸传播打下了基础。在数个世纪的时间里，极度干旱且不宜居的撒哈拉沙漠构成一道屏障，将毗邻地中海的非洲北部国家与南部非洲大陆的其他国家隔开。尽管沙漠中的盐矿储量相当丰富，但撒哈拉以南的地区对盐的需求却非常大。公元 8 世纪，来自北非的柏柏尔商人开始用谷物、干果、纺织品和器具来换取从撒哈拉大盐矿（在今天的马里和毛里塔尼亚）开采出来的岩盐板。这些地方的盐矿资源非常丰富，甚至有不少城市，比如塔哈扎（Teghaza，意为盐之城，完全用盐块建成），就是围绕着矿场发展起来的。柏柏尔人的商队往往由数千头骆驼组成，这些骆驼会满载盐块，穿越沙漠前往通布图（Timbuktu）。起初，位于尼日尔河一条支流边上的通布图只是撒哈拉南部边缘的一个小营地。

到了 14 世纪，通布图已经成了一个主要的贸易站，商人们在这里用西非的黄金换取撒哈拉的盐。柏柏尔商人将伊斯兰教引进该地区，通布图后来还成为伊斯兰教的一个传播中心。16 世纪，在通布图的鼎盛时期，它拥有一所很有影响力的古兰经大学、多座大清真寺和塔楼，还有气象庄严的皇宫。离开通布图的商队将黄金——有时还有奴隶和象牙——运回摩洛哥的地中海沿岸，然后再运往欧洲。几个世纪以来，数以吨计的黄金通过撒哈拉黄金 / 食盐贸易路线运往欧洲。

随着欧洲对盐的需求不断增加，就连撒哈拉的盐也被运往欧洲。刚捕到的鱼必须尽快做防腐保存处理，在海上熏制或干制不切实际，但盐渍却很方便。波罗的海和北海盛产鲱鱼、鳕鱼和黑线鳕，从14世纪开始，数以百万吨计的在海上或附近港口腌制的鱼源源不断地销往整个欧洲。在14和15世纪，汉萨同盟（德意志北部城市之间结成的组织）控制了波罗的海沿岸国家的咸鱼（以及几乎所有其他商品）贸易。

北海鱼类贸易的中心位于荷兰和英格兰东海岸。因为有盐可以保存渔获，人们就能到更远的水域捕鱼。到15世纪末，来自英国、法国、荷兰、西班牙巴斯克地区、葡萄牙和其他欧洲国家的渔船定期航行到加拿大纽芬兰岛附近的大浅滩捕鱼。4个世纪以来，一队又一队的渔船在北大西洋这一地区捕捞了大量的鳕鱼，渔人捕到鱼后立即清洗和腌制，然后带着数百万吨的咸鱼返回港口。在当时的渔人看来，这里的鱼类资源极为丰富，简直取之不尽，但遗憾的是，事实并非如此：20世纪90年代，大浅滩的鳕鱼几乎到了灭绝的边缘。如今，暂停捕捞鳕鱼的禁令已经实施（最早由加拿大在1992年提出），许多传统捕鱼国都遵守了该禁令，但并非所有国家都会自觉遵守。

有时，人们获取盐的手段并不是贸易，而是战争，考虑到食盐的需求量如此之大，也就不足为奇了。在古代，死海沿岸地区不断被征服，就是因为这里丰富的盐资源引起了他人的觊觎。在中世纪，威尼斯人不断对威胁其重要的盐业垄断权的邻近沿海族群发动战争。长期以来，夺取敌人的食盐供应被认为是一种合理的战略。美国独立战争期间，由于英国禁止把盐从欧洲和西印度群岛进口到当时还是英国殖民地的美国，导致了盐的短缺。英国人摧毁了新泽西州沿海的盐厂，目的就是要通过高昂的进口盐价让殖民地人民无力摆脱艰难的生活。1864年，美国内战期间，北方联邦军队攻占了弗吉尼亚州的索尔特维尔（Saltville），研究者认为这是打击平民士气、击败南方军队的重要一步。

甚至有人认为，在战争期间，饮食中缺盐可能妨碍伤口愈合，从而导致了1812年从莫斯科撤退的拿破仑士兵的大量死亡。在这种情况下，缺乏抗坏血酸似乎和缺盐一样可能是罪魁祸首，因此这两种化合物或许都可以加入锡和麦角酸衍生物的行列，被称为“扼杀拿破仑梦想的化学品”。

食盐的结构

岩盐在水中的溶解度远远高于其他矿物，每100克冷水可溶解36克岩盐。如今人们通常认为，生命是从海洋中发展而来的，而且盐对生命而言至关重要，如果盐不是这么易溶于水，我们所知的生命就不会存在。

瑞典化学家斯万特·奥古斯特·阿伦尼乌斯（Svante August Arrhenius）于1887年首次提出了电离理论，用正负电离子来解释盐类及盐溶液的化学结构和特性。在之前一个多世纪的时间里，科学家们一直对食盐溶液的导电能力感到迷惑不解。雨水不导电，但食盐溶液和其他盐类的溶液却是良导体。阿伦尼乌斯的理论给出了解释；他所做的实验表明，溶液中溶解的盐越多，带电离子的浓度就越高，导电性就越好。

离子这一概念也解释了为什么各种酸尽管看起来结构不同，却有相似的特性。所有的酸在水中都会产生氢离子（H^+），正因如此，酸溶液才具有酸味以及化学反应性。虽然阿伦尼乌斯的观点不被当时许多保守的化学家所接受，但他凭借锲而不舍的精神和左右逢源的处世手腕，坚定捍卫离子模型的合理性。批评者们最终都被说服了，阿伦尼乌斯也因为电离理论获得了1903年诺贝尔化学奖。

那时候，不仅已有了离子形成的理论，而且还有实践证据。1897年，英国物理学家约瑟夫·约翰·汤姆逊证明了所有原子都包含电子，电子是一种带有负电荷的基本粒子，电子的概念由迈克尔·法拉第在1833年首次提出。因此，如果一个原子失去了一个或多个电子，就会成为一个带正电荷的离子；如果一个原子获得了一个或多个电子，就会成为一个带负电荷的离子。

固体氯化钠是由两种不同的离子——带正电荷的钠离子和带负电荷的氯离子——组成的规则阵列，通过负电荷和正电荷之间的强吸引力维持在一起。

尽管水分子不是由离子构成的，但也带有一些电荷。水分子的一端（氢端）略带正电，而另一端（氧端）略带负电，这就是氯化钠能够溶于水的原因。尽管带正电荷的钠离子和水分子的负电荷端（以及带负电荷的氯离子和水分子的正电荷端）之间的吸引力，与钠离子和氯离子之间的吸引力类似，但归根结底，解释盐的溶解度的是这些离子随机离散的趋势。如果某种盐完全不溶于水，那是因为离子间的吸引力大于水对离子的吸引力。

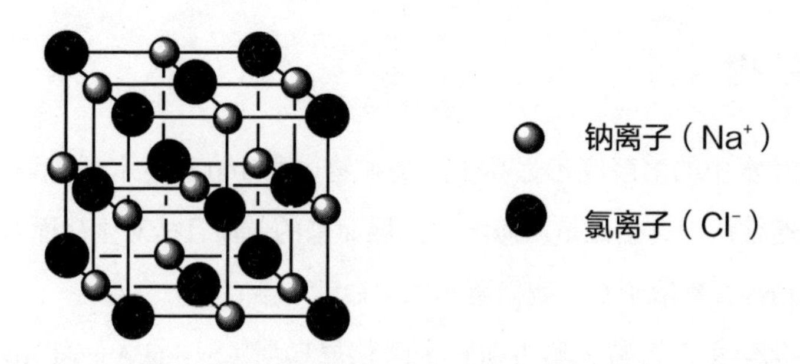

固体氯化钠的三维结构图。不同离子间的连线实际上并不存在，之所以用线连接是为了显示立体结构

我们可以用下图来表示水分子：

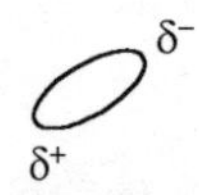

δ^-表示水分子带一定负电荷的一端，δ^+表示带一定正电荷的一端，通过下图我们可以看出，食盐的水溶液中带负电荷的氯离子被水分子带一定正电荷的一端所环绕：

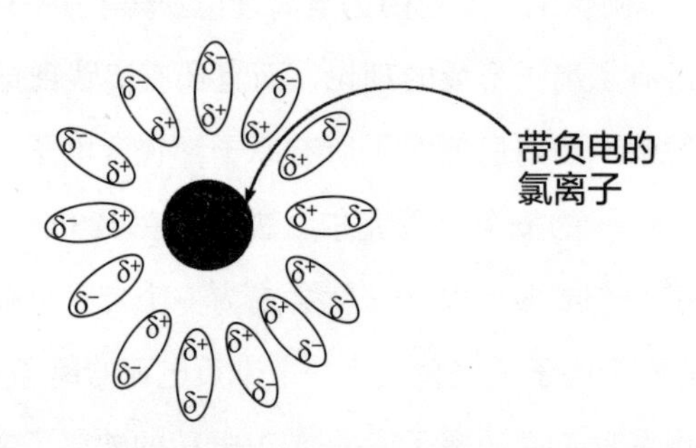

同时，溶液中带正电荷的钠离子被水分子带一定负电荷的一端所环绕：

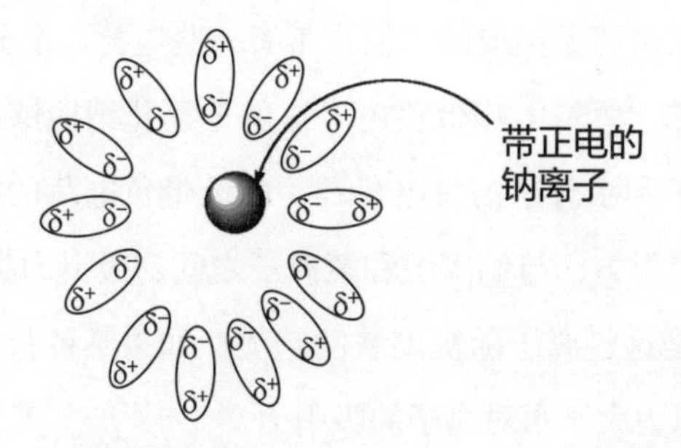

正是氯化钠的可溶性赋予盐吸引水分子的能力，从而使其成为良好的防腐剂。盐能够去除动物肌肉组织中的水分，在水分大大降低和高盐条件下，致腐败的细菌就无法生存。为防止食物腐烂的用盐量，要比为了调味的用盐量多得多。在主要依靠肉类饮食摄取盐分的地区，保存食物所要用到的“额外的盐分”，成为维持生命的一个重要因素。其他传统的食物保存方法，如熏制和干制，往往也需要在工艺流程中加入盐。在实际熏制或干制之前，要把食物浸泡在盐溶液中腌一段时间。在那些没有盐源的地方，要得到盐就得依靠贸易。

人体与盐

很久很久以前，人类就已经认识到，即使不是为了保存食物的需要，也有必要在饮食中加入盐。盐中的离子在人体中发挥着重要作用，维系着细胞和细胞液之间的电解质平衡。在神经系统中，通过神经元传递的电脉冲的部分过程涉及所谓的钠钾泵。具体而言，被挤出细胞的钠离子数量多于被泵入细胞的钾离子的数量，导致细胞内的细胞质与细胞膜外的细胞质相比出现负的净电荷，由此产生了电荷差，也就是膜电位，从而为电脉冲提供动力。因此，盐对神经系统正常发挥功能（以及由此产生的对肌肉运动的控制）至关重要。

强心苷分子——如在毛地黄中发现的地高辛和洋地黄毒苷——能抑制钠钾泵，使细胞内的钠离子含量升高。这最终会增加心肌的收缩力，从而解释了为什么这些分子能够刺激心脏活动。另外，人体也需要盐中的氯离子来产生盐酸，盐酸是胃消化液的重要组成部分。

健康人体内的盐浓度在一个非常有限的范围内变动。人体流失掉的盐分必须及时补充，过量的盐分必须及时排出。盐分不足会导致体重减轻、食欲不振、痉挛、恶心以及行动迟缓等，在极端情况下，比如在马拉松赛跑的过程中，身体盐分耗尽可能导致血管萎陷甚至死亡。不过，过量摄入钠离子会导致高血压，而高血压是造成心血管疾病的一个重要因素，还可能导致肝肾疾病。

普通人体内约含有 4 盎司的盐；我们排汗或排尿的时候，体内盐分就会流失，因此必须每天都补盐。史前人类满足盐分需求的方式是吃肉，他们会狩猎（主要是食草动物），而生肉是非常好的盐分来源。随着农业的发展，谷物和蔬菜在人类饮食结构所占比重越来越高，人类就需要通过其他方式补充盐分。食肉动物不用另寻盐源补充盐分，但食草动物必须这样做。世界上有很多地区的人几乎不怎么吃肉，这些人和素食者都需要额外补充盐分。一旦人类选择了定居的农业生活方式，补盐就成为必要之事，而盐如果不能从本地获得，就必须通过贸易取得。

盐税

人类对盐的需求，以及盐的特定生产方式，使得这种矿物特别容易被政治控制、垄断经营，并成为征税的对象。对政府来说，盐税意味着可靠的收入。因为盐是没有替代品的，每个人都需要盐，所以每个人都必须出钱买盐。盐从哪里来尽人皆知，盐的生产难以掩人耳目，生产出来的盐本身体量大，不易藏匿，而且盐的运输很容易受到政府监管及征税。在公元前2000年的中国，大禹就曾下令由山东向朝廷供应盐，一直到现在，盐的各种税收为政府带来了丰厚的财政收入。在《圣经》所描述的时代，盐被认为是一种香料，并被当作香料征税，在商道沿线的许多中转站都要缴纳关税。公元前323年亚历山大大帝去世后，叙利亚和埃及的官员延续了过去希腊政府的做法，继续征收盐税。

多个世纪以来，收税的过程都需要税务官参与，很多税务官通过提高税率、额外增加关税以及出售免税权而变得富有。罗马也不例外。最初，位于台伯河三角洲的奥斯提亚盐厂被罗马帝国接管，这样就能以合理的价格向所有罗马民众供应盐。然而这样的慷慨并没有持续很久。盐税收入的诱惑力太大了，于是规定要对盐征收关税。随着罗马帝国的扩张，盐业垄断和盐税也随之扩张。在各个罗马行省，税务官虽然要受总督监督，但拥有独立行事权，一旦有征税的机会就绝不会放过。对于那些远离产盐区的人来说，高昂的盐价不仅包含运输成本，还包含着沿途五花八门的捐税。

欧洲在整个中世纪一直持续对盐征税，通常是对从盐矿或沿海生产厂运盐的驳船或马车征收通行费。盐税在法国达到了一个高峰，这项臭名昭著、严苛至极、令人咬牙切齿的盐税被称为“加贝尔”（gabelle）。关于加贝尔的起源说法不一。有些记载称是普罗旺斯伯爵安茹的查尔斯在1259年开始征收加贝尔，还有一些记载称，加贝尔是13世纪末叶法国开始对小麦、葡萄酒和盐等商品征收的一般税项，目的是要维持常备军。无论真正的起源是什么，到了15世纪，加贝尔已经成为法国主要的全国性税种之一，而且这个名字特指盐税。

但加贝尔不仅仅是一项盐税。按规定，只要年龄超过8岁，不论男女，每人每周都要购买一定数量的盐，盐价由国王确定。不仅盐税本身会加码，而且强制配给量也可以按照君主的意志增加。原本只是对居民征收的统一税款，很快就使得法国的某些地区背负上比其他地区更沉重的负担。一般来说，那些从大西洋盐厂获得盐的省份（被称为“大加贝尔省”）需要缴纳的税款，是那些从地中海盐厂获得盐的地区（被称为“小加贝尔省”）的两倍多。通过政治影响或条约规定，一些地区免缴加贝尔，或只缴纳很小一部分；在某些时期，布列塔尼无须缴纳加贝尔，而诺曼底则享受特别的低税率。在征盐税的高峰期，大加贝尔省的民众承担的盐价要比实际成本高出20倍以上。

盐税征收官——被称为“加贝尔包收人”——会监测人均用盐的情况，以确保民众履行食盐的消费义务。尽管走私食盐一旦被发现将受到严厉处罚，但走私行径仍然十分猖獗；对贩私盐者常见的处罚是送上奴隶船。加贝尔不但严苛，而且对不同人群的影响也不一样，农民和城市贫民受到的打击最为严重。人们恳请国王减免这一繁重的税收，但国王充耳不闻，有人认为，当时人们对加贝尔的强烈不满是引发法国大革命的因素之一。在1790年的革命高潮阶段，该税种被废除，30多名征税官被处决。但这次废除并非一劳永逸。1805年，拿破仑重新启动征收加贝尔，按照他的说法，因为要对意大利作战，征税是不得已而为之。直到第二次世界大战结束后，加贝尔才被彻底废除。

对这种生活必需品征税给民众造成了负担，不仅法兰西如此，其他国家也不例外。在苏格兰沿海地区，特别是福斯湾附近，在开征盐税之前，盐的生产已经持续了几个世纪。这里的气候凉爽潮湿，海水蒸发制盐法并不可行，因而当地人会把海水灌入大型容器，用煮沸的方式生成盐；最初是靠烧木头生火加热的，后来改用烧煤。到18世纪初期，苏格兰有150多家这样的盐厂，另外还有许多以泥炭为燃料的制盐小作坊。盐业对苏格兰人非常重要，以至于1707年苏格兰和英格兰订立的《联合法令》第8条保证，苏格兰在七年内免交英国盐税，此后永远享受较低的税率。英格兰的盐业主要依赖从卤水泉中提取盐以及开采岩盐，与苏格兰的燃煤加热海水法相比，这两种方法产盐的效率和利润都要高得多。苏格兰的盐业要想存活下来，就需要英格兰给予盐税减免。

1825 年，英国成为第一个废除盐税的国家，与其说是由于几个世纪以来这种税引起工人阶级的不满，不如说是因为人们认识到盐的作用在不断变化。工业革命通常被认为是一场机械的革命，飞梭、珍妮纺纱机、水力织布机、蒸汽机、动力织机得以发明，但它也是一场化学革命。纺织、漂白、肥皂制造、玻璃制造、制陶、冶铁、制革、造纸、酿酒和蒸馏等行业都需要进行大规模的化学品生产。制造商和工厂主要求废除盐税，因为盐的作用已经发生变化，比起用作防腐剂和烹饪时的调料，盐作为工业生产的起始原料，所发挥的作用要大得多。只有当盐被认为是英国工业繁荣的关键原料时，废除盐税这件一代又一代穷人梦寐以求的事才成为现实。

英国在盐税方面的开明立场并没有延伸到它的海外殖民地。英国在印度征收的盐税，成为圣雄甘地领导印度独立运动期间大书特书的殖民压迫的象征。盐税在印度不仅仅是一种税。正如几个世纪以来许多征服者所发现的那样，控制了盐的供应就能控制这个国家的政治和经济。按照英属印度的政府法规，未经政府授权而私自销售或生产盐是犯罪行为，甚至在海边的岩石池周围收集自然蒸发形成的盐也是非法的。盐——有时要从英国进口——必须按照英国人设定的价格从政府代理人那里购买。在印度，人们的饮食以素食为主，而且当地气候炎热，盐分很容易随着汗液流失，因此在食物中添加盐分就尤为重要。在殖民统治下，印度人民被迫为一种他们原本能够自己收集或生产的矿物买单，实际上他们自己收集或生产盐，几乎没有任何成本。

1923 年，在英国取消了本土盐税近一个世纪后，印度的盐税又翻了一番。1930 年 3 月，甘地和少数支持者开始了长达 380 千米的游行，前往印度西北海岸的小村庄丹迪（Dandi）。其间，数以千计的人加入了这次朝圣之旅，一到达海岸线，他们就开始从海滩上收集盐结皮，煮沸海水制盐，并出售他们生产出来的盐。后来又有数以千计的人加入他们的行列，公然违反盐法；印度各地的村庄和城市都有私盐出售，而一旦被发现往往会被警察没收。甘地的支持者们经常受到警察的残暴对待，成千上万的人被关进监狱。然而又有成千上万的人站出来，继续制盐。各种罢工、抵制和示威游行活动随之而来。到了次年 3 月，英属印度严苛的盐法得到了修改：允许当地人收集、制造和售盐。虽然商业税还没有取消，但英国政府对盐的垄断已经被打破。事实证明，甘地的非暴力公民抗命理念是有效的，英国对印度实施殖民统治的日子已经不多了。

作为工业原料的食盐

在英国，取消盐税不仅对那些将盐作为生产流程一部分的行业很重要，而且对制造无机化学品的公司也很重要，因为食盐是一种主要的起始材料。食盐对另一种钠化合物碳酸钠（Na_2CO_3）的制备特别重要，碳酸钠也被称为苏打灰或工业用苏打。苏打灰可用于制造肥皂，随着肥皂需求的增加，苏打灰的需要量也大大增加。苏打灰主要来自自然形成的沉积物，通常是干涸的碱性湖泊周围的结皮，燃烧海带和其他海草剩余的残留物中也含有苏打灰。从上述来源得到的苏打灰不仅纯度不高，而且产量有限，因此通过供应量丰富的氯化钠来生产碳酸钠的可能性引起了人们的注意。18 世纪 90 年代，第九代邓唐纳德伯爵阿奇博尔德·科克伦（Archibald Cochrane）申请了将盐转化为“人造碱”的专利，但他的工艺从未取得商业成功。如今，科克伦被认为是英国化学革命的领导者之一，也是化学碱工业的创始人，他在苏格兰福斯湾不显山不露水的家庭庄园与许多燃煤盐池相邻。1791 年在法国，尼古拉斯·勒布朗（Nicolas Leblanc）开发了一种用盐、硫酸、煤和石灰石制造碳酸钠的方法，但法国大革命的爆发使得勒布朗工艺迟迟没有推广应用，结果英国反而成了最先开始生产苏打灰并盈利的国家。

19 世纪 60 年代初，在比利时，欧内斯特·索尔维（Ernest Solvay）和阿尔弗雷德·索尔维（Alfred Solvay）兄弟改进了苏打灰的生产方法，利用石灰石（$CaCO_3$）和氨气（NH_3）将氯化钠转化为碳酸钠。其中的关键步骤是在浓盐水溶液中注入氨气和二氧化碳（来自石灰石），从而形成碳酸氢钠（$NaHCO_3$）沉淀：

$$\underset{\text{氯化钠}}{NaCl_{(aq)}} + \underset{\text{氨气}}{NH_{3(g)}} + \underset{\text{二氧化碳}}{CO_{2(g)}} + \underset{\text{水}}{H_2O_{(l)}} \longrightarrow \underset{\text{碳酸氢钠}}{NaHCO_{3(s)}} + \underset{\text{氯化铵}}{NH_4Cl_{(aq)}}$$

然后加热碳酸氢钠，得到碳酸钠。

$$2\,NaHCO_{3(s)} \longrightarrow Na_2CO_{3(s)} + CO_{2(g)}$$

碳酸氢钠　　　碳酸钠　　二氧化碳

今天，索尔维制碱法仍然是制备合成苏打灰的主要方法，但因为蕴藏量极为丰富的天然纯碱矿床的发现，例如美国怀俄明州绿河盆地的纯碱资源储量估计超过100亿吨，用盐制备纯碱的需求也随之降低。

长期以来，另一种钠化合物——苛性碱（也就是氢氧化钠，化学式NaOH）的需求量也非常高。工业制苛性碱的方法是给氯化钠溶液通电，这一过程叫作电解。苛性碱是美国产量最多的十种化学品之一，在很多领域都必不可少，比如从矿石中提取金属铝，以及制造人造丝、玻璃纸、肥皂、洗涤剂、石化产品、纸张和纸浆，等等。电解盐水的过程中产生的氯气，最初被认为是这一过程的副产品，但人们很快就发现氯气可作为强效的漂白剂和消毒剂。如今，出于商业目的电解氯化钠溶液，既是为了生产苛性碱，也是为了生产氯气。氯气现在可用于生产许多有机产品，如杀虫剂、聚合物和药品。

从童话故事到《圣经》中的寓言，从瑞典民间神话到北美印第安人传说，全球各地都流传着跟盐有关的故事。盐不仅能用于各种仪式和典礼，象征着好客和好运，还能祛除恶灵和厄运。盐在形塑人类文化方面的重要作用还体现在语言上。我们工作会挣到salary（工资），这个词就来源于“salt”，因为罗马士兵的报酬通常是用盐来支付的。其他一些词，比如salad（沙拉，最初只用盐调味）、sauce（沙司）、salsa（莎莎酱）、sausage（香肠）和salami（萨拉米），都来自同一个拉丁词根。与其他语言一样，英语的日常用语中也有很多跟盐有关的比喻：“salt of the earth”（社会中坚）、“old salt”（老练的水手）、“worth his salt”（称职）、“below the salt”（坐在下席）、“with a grain of salt”（不可尽信）、“back to the salt mine”（重操旧业），等等。

然而，在所有关于食盐的故事中，最具讽刺意味的转折出现在近代。尽管过去有的国家为了盐发动过那么多战争，尽管民众为了反对严苛的盐税进行过那么多抗争，尽管人们为了寻找盐不惜长途迁徙，尽管有成千上万的人因为贩私盐而锒铛入狱，陷入可怕的绝望，但等到新的盐资源不断被发现以及现代制盐技术的发展，盐的价格大大降低了，人们用盐保存食物的需求几乎不复存在了，因为冷藏已经成为防止食物变质的标准方法。这种在历史上一直受到尊重和敬畏、渴望和争夺，有时比黄金更有价值的化合物，如今却价格低廉，随处可得，已成为再寻常不过的东西了。

第十六章

氯烃

1877 年，“弗瑞格瑞费克”号从布宜诺斯艾利斯驶向法国的鲁昂港，船舱里装载着阿根廷的牛肉。虽然在今天看来，这样一段航程根本不足为奇，但在当时，这可是一次具有历史意义的航行。这艘船装载的冷藏货物标志着制冷时代的开始，以及利用香料和盐保存食物的时代的结束。

制冷

至少从公元前 2000 年开始，人们就在用冰块来保持清凉，因为固体冰融化时会吸收周围环境的热量。冰融化时所产生的液态水要排掉，然后再补充冰。不过，人工制冷过程涉及的物态不是固态和液态，而是液态和气态。液体蒸发时，会从周围环境中吸收热量，蒸发时产生的蒸汽随后被压缩，回到液态。“制冷”的英文单词“refrigeration”当中之所以有一个“re”（意思是“再度”），说的就是水蒸气回归液态，然后“再度”蒸发，带来清凉，这是个循环往复的过程。整个过程的关键之处，在于要有能源来驱动机械压缩机。从技术角度来看，需要不断人工添加冰块的老式“冰盒子”算不上一个“refrigerator”（制冷装置）。今天，我们经常用“制冷”这个词来表达“让什么东西变冷”或“保持冷”的意思，而不会考虑这个效果是如何达成的。

真正意义上的制冷装置（比如我们常见的冰箱）需要制冷剂，也就是一种不断经历“蒸发—压缩”循环的化合物。早在1748年，人们就已经利用乙醚证明制冷剂的确有冷却效果，但直到100多年之后，才出现了利用乙醚的压缩机。1851年前后，于1837年移民到澳大利亚的苏格兰人詹姆斯·哈里森（James Harrison）为澳大利亚一家啤酒厂建造了一台使用乙醚的蒸汽压缩制冷机。他与大约在同一时间制造了类似的蒸汽压缩制冷系统的美国人亚历山大·特温宁（Alexander Twining）共同被认为是商业制冷技术的先驱者。

1859年，法国人费迪南德·卡雷（Ferdinand Carr é ）开始用氨作为制冷剂；有人认为卡雷也是商业制冷技术的先驱者之一。早些年里，氯甲烷和二氧化硫也有人使用；全球第一个人造滑冰场所用的冷却剂就是二氧化硫。这些小分子有效地结束了食物保存对盐和香料的依赖。

$C_2H_5—O—C_2H_5$	NH_3	CH_3Cl	SO_2
乙醚	氨	氯甲烷	二氧化硫

1873年，在为澳大利亚肉类包装加工厂以及啤酒厂成功建立陆上制冷系统后，詹姆斯·哈里森决定用一艘有制冷设备的船将肉类从澳大利亚运往英国。但使用乙醚的蒸发—压缩机械系统在海上效果不佳。1879年12月初，由哈里森装备的“斯特拉思莱文”号离开墨尔本，两个月后带着40吨仍然处于冷冻状态的牛羊肉抵达伦敦。哈里森的制冷技术得到了验证。1882年，“但尼丁”号也配备了类似的系统，第一批新西兰羊肉被运往英国。尽管“弗瑞格瑞费克”号经常被称为世界上第一艘制冷船（从技术上来讲，这一名头奉送给哈里森1873年做尝试的那艘船更合情、合理），然而这次航行并没有取得成功。将“成功完成第一次航行的制冷船”的称号送给“巴拉圭”号更加实至名归，1877年，装载着来自阿根廷的冷冻牛肉的“巴拉圭”号抵达法国勒阿弗尔。“巴拉圭”号的制冷系统是由费迪南德·卡雷设计的，使用氨作为制冷剂。

在“弗瑞格瑞费克”号上，制冷是通过水来维持的，先把水冷却成冰（冰储存在隔热条件良好的舱内），冰融化后的水流经船体管道，维持整艘船的温度。在这次从布宜诺斯艾利斯出发的航程中，船上的水泵发生故障，还没到达法国，船上的肉就已经变质了。因此，尽管“弗瑞格瑞费克”号的这次航行比“巴拉圭”号早了好几个月，但它并不是一艘真正的制冷船；它只是一艘“保温”船，利用所储存的冰块将食物冷藏或冷冻。“弗瑞格瑞费克”号可以说是远洋运输冷藏肉的先驱，但与成功失之交臂。

且不管谁能名正言顺地拥有“第一艘制冷船”这个名号，到19世纪80年代，机械压缩—蒸发工艺已经确定无疑地解决了长途运输的制冷问题，世界各产区的肉类得以运往欧洲和美国东部市场。满载阿根廷甚至更遥远的澳大利亚和新西兰牛羊牧场的肉类的船只，到达目的地需要两到三个月的航程，中间要经过热带地区。“弗瑞格瑞费克”号所利用的那种简陋的冰水系统已经派不上用场。随着机械制冷技术可靠性的提高，牧场主和农场主获得了将产品运往世界市场的新途径。正因如此，制冷技术在澳大利亚、新西兰、阿根廷、南非和其他国家的经济发展中发挥了重要作用，这些国家的天然优势在于拥有丰富的农产品资源，但劣势在于距离市场路途遥远。

了不起的氟利昂

理想的制冷剂分子要在实用性方面满足特别的要求。这种分子必须能在适当的温度范围内汽化；必须能通过压缩液化——同样要在适当的温度范围内；并且必须能在汽化过程中吸收相对较多的热量。氨、乙醚、甲基氯、二氧化硫和类似的分子都满足这些技术要求，也都是良好的制冷剂。但从实用性的角度来看，这些分子要么易分解，要么有火灾隐患，要么有毒，要么气味难闻，有些分子更是兼具上述这些缺点。

尽管制冷剂存在着这样那样的问题，但无论是在商业领域还是家用领域，人们对制冷的需求都在不断增长。为满足贸易需求而开发的商业制冷设备比家用制冷设备早了50年，甚至更久。第一代家用冰箱于1913年问世，到20世纪20年代，家用冰箱已经开始取代较传统的由工业制冰厂提供冰块的冰柜。一些早期的家用冰箱是分体式的，噪声很大的压缩机组被安置在地下室，与储藏食品的箱体分开。

为了解决制冷剂有毒或易爆等隐患，已经功成名就的机械工程师小托马斯·米基利（Thomas Midgley, Jr.）和化学家阿尔伯特·亨纳（Albert Henne）一直在寻找解决方案。此时米基利已经成功研制出四乙基铅，这是一种汽油添加剂，能改善汽油的抗爆震性能，而亨纳当时正在通用汽车公司的制冷部门任职。他们研究了多种可能的候选化合物，这些化合物的沸点都能在制冷循环所规定的温度范围内。大多数符合标准的已知化合物都已经得到了利用，或者已经被认定缺乏实用价值，但还有一种可能性尚未被人考虑过，那就是氟化合物。氟气体有剧毒，有很强的腐蚀性，而且那时人们已经合成的含氟有机化合物少之又少。

米基利和亨纳决定制备几种不一样的分子，这些分子含有一到两个碳原子和数量不定的氟原子和氯原子，而不是氢原子。由此产生的化合物氯氟烃（CFC）很好地满足了制冷剂的所有技术要求，不但非常稳定、不易燃、无毒、制造成本低，而且几乎没有什么味道。

1930 年，在佐治亚州亚特兰大市举行的美国化学学会会议上，米基利用非常戏剧化的方式证明了这种新型制冷剂的安全性。他把一些液态氯氟烃倒入一个敞口的容器中并加热，在制冷剂汽化的时候，他把脸置于蒸汽中，张开嘴，深深地吸了一口气。他转头面向事先点燃的蜡烛，慢慢呼出氯氟烃气体，蜡烛的火焰随之熄灭。这场别出心裁的表演非常有说服力地展示了氯氟烃的两大特性：不易爆、无毒。

在此之后，数种不同的氯氟烃分子被用作制冷剂，包括二氯二氟甲烷（杜邦公司生产的这种分子的商品名为氟利昂 12，后来此名家喻户晓）、三氯一氟甲烷（氟利昂 11）以及 1,1,2,2- 四氟 -1,2- 二氯乙烷（氟利昂 114）。

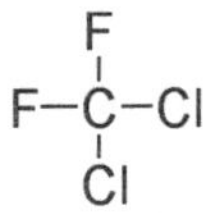

氟利昂 12 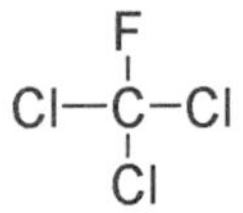　　氟利昂 11 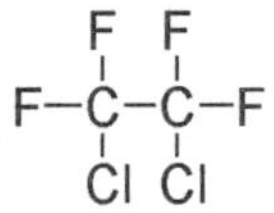　　氟利昂 114

氟利昂名称中的数字是由米基利和亨纳开发的代码。第一个数字是碳原子的数量减去 1。如果这个数字是 0，就不写；因此氟利昂 12 实际上就是氟利昂 012。接下来的数字是氢原子的数量加 1，最后一个数字是氟原子的数量。这样一来剩下的就只有氯原子了。

氯氟烃是完美的制冷剂。这类化合物彻底改变了制冷业的面貌，并为家用制冷业务的快速增长奠定了基础，特别是在越来越多的家庭用上电之后。到 20

世纪 50 年代，冰箱已经成为发达国家的标配家用电器。人们不必每天都去购买新鲜食品，易腐食品可以安全地存放起来，就连饭菜也可以提前做好放冰箱里。冷冻食品行业蓬勃发展；越来越多的新产品被开发出来；速冻即食餐（也被称作电视餐）出现。氯氟烃改变了我们购买食物、准备食物的方式，甚至改变了我们的饮食习惯。此外，有了制冷技术，对热敏感的抗生素、疫苗和其他药物就能够妥善储存并运往世界各地。

充足的安全制冷剂分子供应也让制冷的对象扩展到食物以外，比如人们周遭的环境。几个世纪以来，人们应对炎热天气的主要方法，是制造自然风（通过风扇让空气流动起来）来利用水分蒸发时的冷却效果降温。氯氟烃横空出世后，新兴的空调行业迅速发展起来。在热带地区以及夏季极其炎热的其他地区，空调吹出的风能够让家庭、医院、办公室、工厂、商场、汽车——可以说是人们生活和工作的任何地方——更加舒适。

后来人们逐渐发现了氯氟烃的其他用途。由于几乎不与任何物质发生反应，氯氟烃成为几乎所有可以通过喷壶使用的东西的理想推进剂，比如头发定型喷雾、剃须泡、古龙水、防晒霜、奶油喷罐、家具抛光剂、地毯清洁剂、浴缸除霉剂和杀虫剂，这些实例只是名目繁多的一大类产品中的一小部分，它们的共同特点是，氯氟烃气体体积膨胀，使得这些产品从细小的开口喷挤出来。

有些氯氟烃是完美的发泡剂，在制造超轻多孔的聚合物方面大有用武之地，这类聚合物可用作包装材料、建筑物的绝缘泡沫、快餐盒以及“保丽龙”咖啡杯。其他种类的氯氟烃——如氟利昂 113——的溶剂特性使其成为电路板和其他电子零件的理想清洁剂。用 1 个溴原子代替氯氟烃分子中的 1 个氯原子或 1 个氟原子，就会产生沸点更高、体积更重的化合物，如氟利昂 13B1（代码已做调整，加入了 1 个溴原子），非常适合用在灭火器中。

```
  Cl F
  |  |
Cl—C—C—F
  |  |
  Cl F
```

氟利昂 113

```
  F
  |
F—C—Br
  |
  F
```

氟利昂 13B1

到 20 世纪 70 年代早期，全球的氯氟烃及有关化合物的年产量大约有 100 万种。看起来这些分子的确非常让人满意，不仅完美契合他们在现代世界扮演的角色，似乎也没有任何缺点。看来它们的确让这个世界变得更美好了。

氟利昂的暗面

氯氟烃的光环一直持续到 1974 年。那一年，两名研究人者——舍伍德·罗兰（Sherwood Rowland）和马里奥·莫利纳（Mario Molina）在亚特兰大举行的美国化学学会会议上宣布了他们的发现：氯氟烃的确非常稳定，但这带来了一个完全出乎意料且极其令人不安的挑战。

与不太稳定的化合物不同，氯氟烃自身不会被普通的化学反应分解，当初正是这一特性使这类化合物令人趋之若鹜。释放到低层大气中的氯氟烃会在空气中飘浮数年，甚至数十年，然后上升到平流层，并在平流层被太阳辐射分解。在平流层内，距离地表约 15 到 30 千米的地方是臭氧层，听上去这个“层”相当之厚，但如果将它置于海平面压力之下，臭氧层的厚度就只能用毫米来计量。平流层的大气非常稀薄，气压非常低，这才导致臭氧层的膨胀以及厚度被放大。

臭氧是氧元素结合成氧气的一种形式。从结构上来说，臭氧与普通氧气之间的唯一区别就是，每个普通氧分子（O_2）中含有 2 个氧原子，而臭氧分子（O_3）中含有 3 个氧原子，但从性质方面来看，这两种分子迥然不同。在比臭氧层更高的地方，来自太阳的强烈辐射会打开氧分子中的键，产生 2 个氧原子：

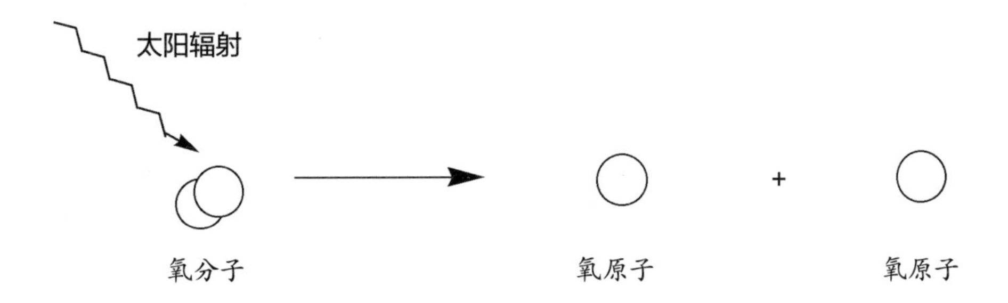

氧原子会向下飘流到臭氧层，然后与另外 1 个氧分子发生反应，形成臭氧分子：

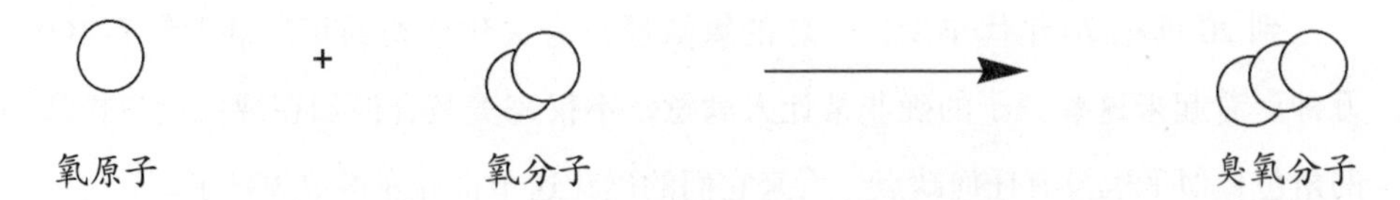

在臭氧层内，受到高能紫外线辐射的臭氧分子会分解，形成 1 个氧分子和 1 个氧原子。

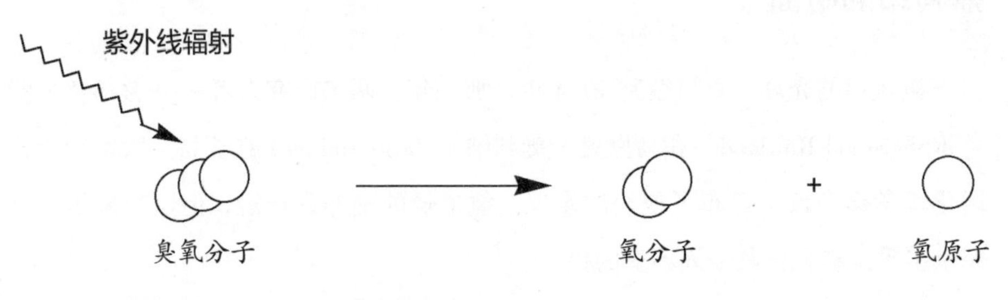

2 个氧原子会重新结合成氧分子：

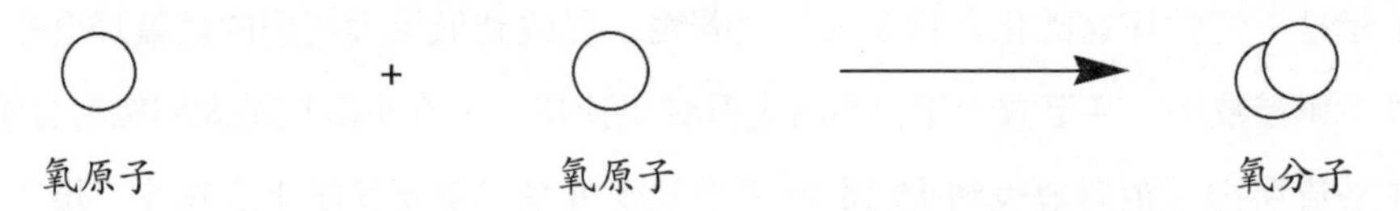

这样一来，在臭氧层中，臭氧不断形成，同时也不断分解。经过漫长的时间，这两个过程维持着平衡状态，因此，地球大气中的臭氧浓度保持相对稳定。这对地球上的生命有着重要的影响；臭氧层中的臭氧吸收了来自太阳光中对生物最有害的紫外线辐射。因此有人说，臭氧层是人类的保护伞，为我们挡住了太阳的致命辐射。

但罗兰和莫利纳的研究结果表明，氯原子加快了臭氧分子的分解速度。第一步，氯原子与臭氧反应后会生成 1 个一氧化氯分子（ClO）以及 1 个氧分子。

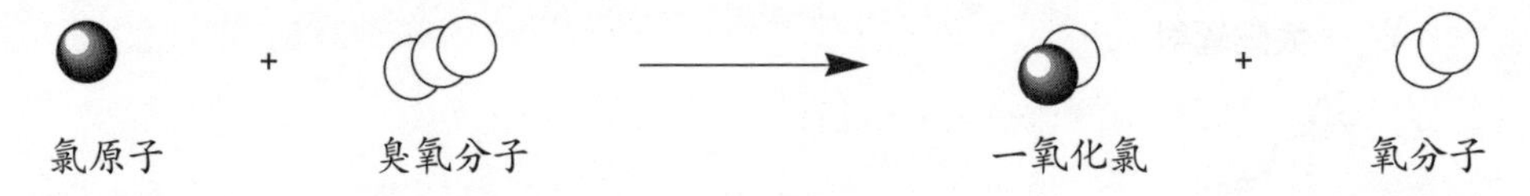

第二步，一氧化氯分子与氧原子发生反应，生成 1 个氧分子并重新生成氯原子：

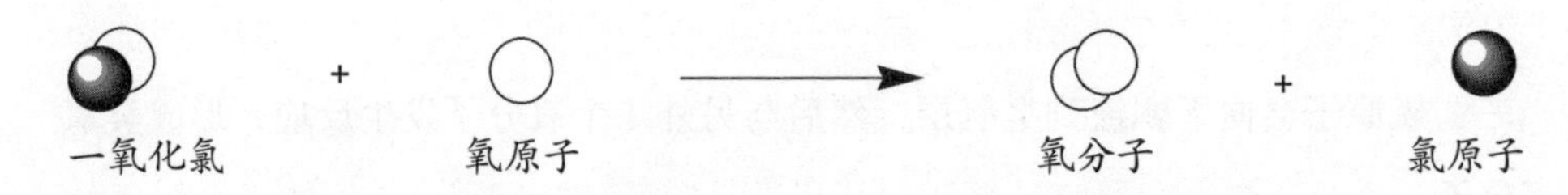

罗兰和莫利纳提出，整体而言这系列反应会破坏臭氧和氧分子之间的平衡，因为氯原子加速了臭氧的分解，但对臭氧的制造过程没有影响。氯原子在臭氧分解的第一步中就被消耗掉，并在第二步中重新生成，起到了催化剂的作用；也就是说，氯原子加快了反应速度，但本身不会被消耗。这是氯原子对臭氧层影响最令人震惊的方面——不单是臭氧分子被氯所破坏，同一个氯原子甚至可以一次又一次地催化这种分解。据估算，平均而言，每一个通过氯氟烃分子进入高层大气的氯原子，在失去活性前会破坏 10 万个臭氧分子。臭氧层每消耗 1%，就可能有额外 2% 的紫外线辐射穿透地球的大气层，产生破坏性后果。

根据实验结果，罗兰和莫利纳预测，来自氯氟烃和相关化合物的氯原子在进入平流层时，就会开始分解臭氧层。在他们做研究的当时，每天有数以十亿计的氯氟烃分子释放到大气中。氯氟烃对臭氧层的消耗以及对所有生物的健康和安全构成了真实且迫在眉睫的威胁，这一消息引起了一些人的关注，但在多年之后，经过进一步的研究评估，专家们发布报告，揭示氯氟烃的严重危害。各国政府和国际组织成立特别工作组应对此问题，部分企业也自愿减少或放弃使用氯氟烃。各国政府逐步出台禁令，直至氯氟烃被完全禁用。

立法禁用氯氟烃，需要足够的政治意愿，而刺激政治意愿的数据竟然来自南极，这一事实令许多人始料未及。1985 年，来自南极洲的研究表明，南极上空的臭氧层消耗越来越严重。在一个几乎无人居住的大陆上空，冬季的时候竟然会出现已知的最大的臭氧层空洞，这件事实在是匪夷所思，毕竟在南极洲几乎用不到制冷剂或气溶胶喷发剂。显然，这件事意味着，向大气排放氯氟烃是一个全球都应关注的问题，而不仅仅是一个局部问题。1987 年，一架在南极地区上空飞行的高空勘测机在臭氧低值区发现了一氧化氯（ClO）分子，这为罗兰和莫利纳的预测提供了事实证据。（八年后，他们因认识到氯氟烃对平流层和地球环境的长期影响，共同获得了 1995 年的诺贝尔化学奖。）

1987 年，世界各国签署了《蒙特利尔议定书》（*Montreal Protocol*），所有签约国承诺逐步停止使用氯氟烃，最终完全禁用。今天，我们使用的制冷剂已经是氢氟碳化物和氢氯氟碳化物，而不再是氯氟碳化物。这些新型制冷剂要么不含氯，要么在大气中更容易被氧化；几乎没有哪种新型制冷剂能像活性较低的氯氟烃那样达到平流层的高度。但是，这些替代品的制冷效果不如氯氟烃，在制冷循环系统中所需的额外能量最多要多3%。

如今，大气中仍然存在数以十亿计的氯氟烃分子，并非每个国家都签署了《蒙特利尔议定书》，即使在那些签署了议定书的国家，仍有数百万台含氯氟烃的冰箱在使用，可能还有数十万台被遗弃的旧电器的氯氟烃泄漏到大气中，所有这些氯氟烃将缓慢但不可避免地流向上空，对臭氧层造成破坏。直到未来数百年，这些曾经广受赞誉的分子的影响可能仍然存在。如果到达地球表面的高能紫外线辐射强度持续增加，对细胞及细胞中的DNA分子造成损害的可能性也会增加，那么人类罹患癌症的概率以及DNA突变的可能性也会提高。

含氯有机化合物的"黑化"

颇有一些分子，甫一面世即被盛赞为"神奇分子"，后来却出人意料地"黑化"，不是具有毒性，就是有可能对环境或社会造成危害，氯氟烃就是其中之一。不过，一个令人吃惊的事实是，含氯有机化合物"黑化"的情形远高于其他任何有机化合物。甚至元素氯也显示出这种两面性。全球依赖氯化水的人数以百万计，尽管其他化学品的净水效果与氯相比不遑多让，但价格要贵得多。

20世纪，公共卫生领域的重大进展之一就是人们努力将清洁的饮用水普及到世界各地，不过这一目标仍未完全实现。如果没有氯，我们与这个目标之间的距离会更远；然而氯是有毒的，德国化学家弗里茨·哈伯（Fritz Haber）很清楚这一事实，他利用空气中的氮气合成氨以及毒气战方面的内容，我们已在第五章有所介绍。德国在第一次世界大战中使用的第一种有毒化合物就是黄绿色的氯气，这种气体对人体最初的影响包括窒息和呼吸困难。氯气对细胞有很强的刺激性，可导致肺部和呼吸系统组织发生肿胀，严重时会危及生命。德国后来使用的芥子气和光气也是含氯的有机化合物，造成的危害与氯气一样可怕。虽然芥子气的致死率并不高，但会造成永久性的眼睛损伤和严重、持久的呼吸系统损伤。

$Cl—CH_2\text{-}CH_2—S—CH_2\text{-}CH_2—Cl$

芥子气

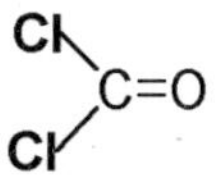

Cl
C=O
Cl

光气

第一次世界大战中使用过的毒气分子。氯原子加粗显示

光气无色，毒性很强。在这些有毒化合物中，光气最不易察觉；它不会立即产生刺激性，等到人们发觉光气存在之前，吸入量可能就足以致命。死亡原因通常是肺部和呼吸系统组织严重肿胀导致的窒息。

多氯联苯——含氯化合物的新问题

除氯氟烃之外，还有一些氯碳化合物，原本曾经是“神奇分子”，但后来人们发现，它们可能对人类的健康造成危害。多氯联苯（PCBs）的工业化生产开始于20世纪20年代末期，此类化合物曾被认为是制造电气绝缘体和变压器、电抗器、电容器和断路器中的冷却剂的理想材料，PCBs极其稳定，即使在高温环境下也能保持稳定，而且不易燃，这两种特性极具应用价值。在制造各种聚合物方面，包括食品工业中的包装物、婴儿奶瓶里的衬垫和聚苯乙烯咖啡杯，都会用PCBs作为增塑剂，以增强产品的弹性。在印刷业中，PCBs还被用来制造各种油墨，此外还用于生产无碳复写纸、油漆、蜡、黏合剂、润滑剂和真空泵油。

多氯联苯是指母体联苯分子上的氢原子被氯原子取代后生成的化合物。

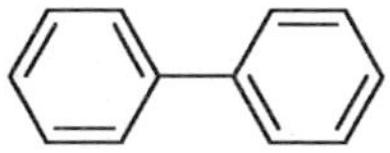

联苯分子

这种结构有许多可能的排列方式，具体取决于氯原子的数量及其在联苯环上的位置。下面的例子显示了两种不同的三氯联苯（每种都有3个氯）和一种五氯联苯（有5个氯原子）。可能的组合方式超过了200种。

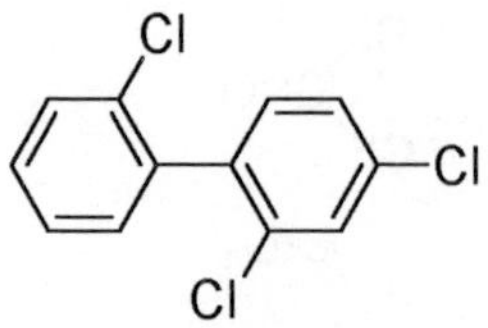

三氯联苦　　三氯联苯 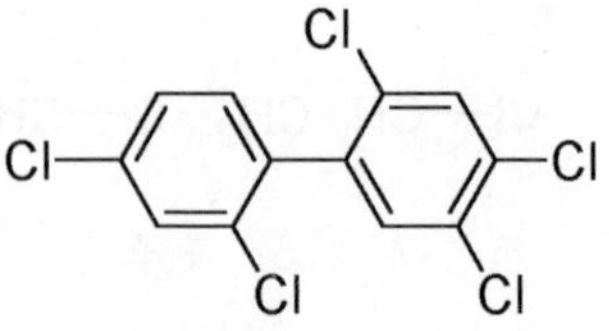　　五氯联苯

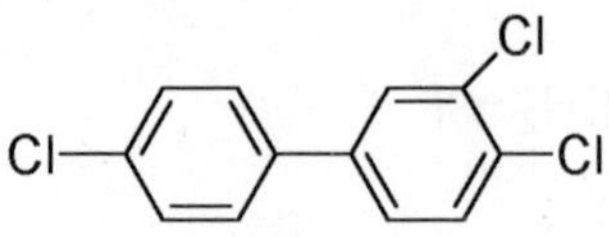

在 PCBs 投入生产后不久，就有报告称，相关工厂的工人出现了健康问题。许多工人患上了一种皮肤病，患者脸上和身上出现黑头和化脓性丘疹，也就是现在所称的氯痤疮。我们知道，氯痤疮是系统性 PCBs 中毒的最初症状之一，随后可能会对人体免疫、神经、内分泌和生殖系统造成损害，并导致肝衰竭和癌症。PCBs 根本不是什么神奇分子，事实上，它是有史以来人类合成的最危险的化合物之一，其威胁不仅表现在它对人类和其他动物的直接毒性，而且和氯氟烃一样，这种化合物非常稳定。PCBs 在环境中会持续存在，它们具有生物累积（或生物放大）效应，浓度会沿着食物链增加。处于食物链顶端的动物，如北极熊、狮、鲸、鹰和人类，其体内脂肪细胞可能积累着相当高浓度的 PCBs。

1968 年，一次严重的人类 PCBs 中毒事件揭示了摄取这些分子的直接后果。日本九州的 1300 名居民在食用了意外被 PCBs 污染的米糠油后开始生病，症状最初表现为氯痤疮以及呼吸道和视力问题，长期后果包括他们的新生儿会有先天性缺陷，以及罹患肝癌的风险是正常比率的 15 倍。1977 年，美国政府立法禁止将含有 PCBs 的材料排入水道。1979 年，在许多研究报告了这些化合物对人类健康和地球健康的毒害后，PCBs 生产终于被取缔。虽然管控 PCBs 的法规已经存在，仍在使用或等待安全处置的 PCBs 数以百万磅计，并且仍有可能泄漏到环境当中。

含氯杀虫剂——从福音到祸根到禁用

另外一些含氯分子进入环境，可不仅仅是泄漏的问题了；几十年来，这些分子是被用作杀虫剂，人为释放到环境当中的，有时量还相当大，许多国家都发生过这样的事情。一些有史以来最强效的杀虫剂都含有氯。最初人们认为，杀虫剂分子越稳定越好，也就是在环境中留存的时间越长越好，打一次药能管用好几年。事实证明，很多杀虫剂的确能在环境中留存数年，但不幸的是，人们并非总能预见到自己行动的后果。含氯杀虫剂对人类有很大的价值，但有些情况下，也造成了完全始料未及且非常有害的副作用。

DDT 分子比其他任何含氯杀虫剂都更能说明潜在利益与危害之间的冲突。DDT 的全称是双对氯苯基三氯乙烷，这是一种 1,1- 二苯基乙烷的衍生物。

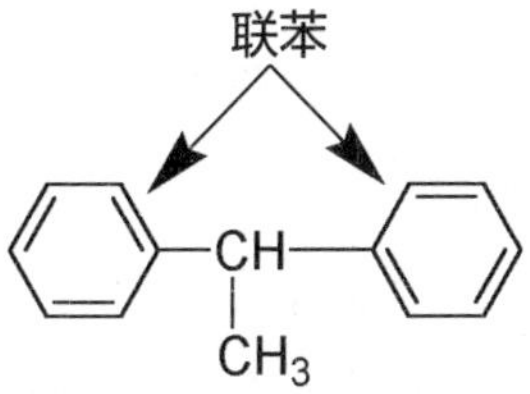

1,1-二苯基乙烷 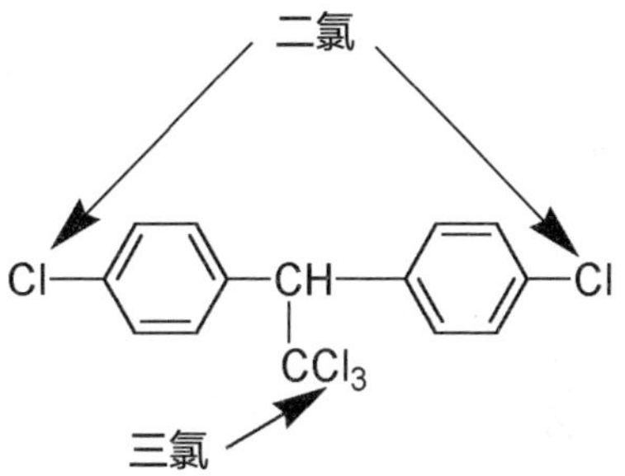　　双对氯苯基三氯乙烷(DDT)

DDT 首次制备于 1874 年。直到 1942 年，人们才意识到这是一种强效杀虫剂，第二次世界大战爆发后，军方用 DDT 制作除虱粉，以阻止斑疹伤寒的传播，并消杀携带病菌的蚊子的幼虫。美军在南太平洋曾大量使用装满 DDT 的气雾罐制成的“虫子炸弹”，这些炸弹对环境造成了双重打击：释放大量 DDT 的同时，也释放出大量氟氯烃。

甚至在 1970 年之前——彼时人类已经生产并使用了 300 万吨 DDT，有关 DDT 对环境的影响以及昆虫对 DDT 的抗药性的担忧已经浮出水面。DDT 对野生动物的影响，特别是对处于食物链顶端的雕、隼和鹰等猛禽的影响，不能直接归因于 DDT，而应归因于其主要分解产物。DDT 及其分解产物都是脂溶性化合物，会在动物组织中富集。然而，在鸟类中，这种分解产物会抑制为鸟类蛋壳提供钙质的酶。因此，接触过 DDT 的鸟类产下的蛋，蛋壳非常脆，往往在孵化前就破裂了。从 20 世纪 40 年代末开始，人们注意到雕、鹰和隼的数量急剧下降。蕾切尔·卡森（Rachel Carson）在她 1962 年出版的《寂静的春天》一书中就讲到，益虫和害虫之间的平衡受到重大干扰，其原因就可以追溯到 DDT 的大量使用。

在越南战争期间，从 1962 年到 1970 年，数以百万加仑计的橙剂——含氯除草剂 2,4-D 和 2,4,5-T 的混合物——被喷洒在东南亚地区，目的是要摧毁游击队赖以藏身的植被。

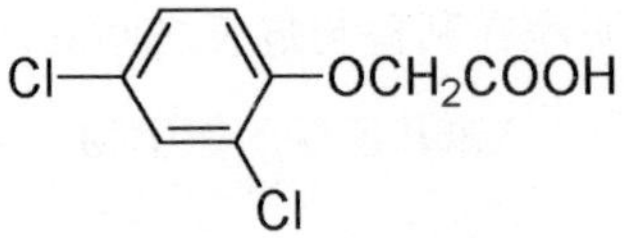

2,4-D

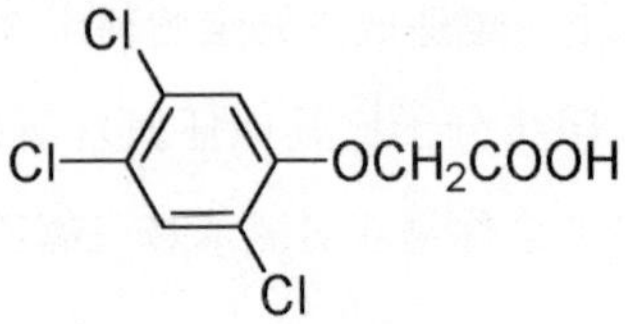

2,4,5-T

尽管这两种化合物本身没什么毒性，但 2,4,5-T 含有一种微量的副产品，这种副产品与一拨出生缺陷、癌症、皮肤病、免疫系统缺陷以及其他至今影响越南的严重健康问题有关。这种化合物的化学名称是 2,3,7,8- 四氯双苯环二噁英，现在通常被称为二噁英，尽管实际上这个词指的是一类有机化合物，而且这类化合物并不都具有 2,3,7,8- 四氯二苯并对二噁英的有害特性。

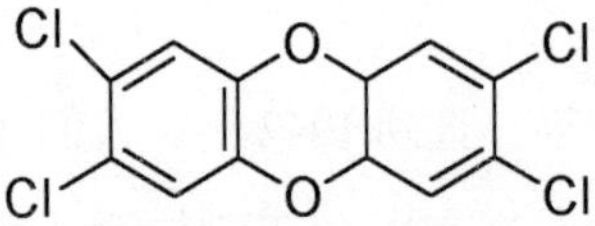

2,3,7,8- 四氯二苯并对二噁英（二噁英）

二噁英被认为是人类制造的最致命的化合物，尽管它的致命性比自然界最剧毒的化合物——A 型肉毒杆菌毒素低一百万倍。1976 年，意大利塞维索的一次工业爆炸导致大量二噁英释放到环境中，给当地人和动物带来毁灭性的结果——氯痤疮、先天性缺陷和癌症。此后，媒体对这一事件的广泛报道使所有被称为二噁英的化合物在公众心目中牢固确立了“大毒物”的地位。

人类在使用另外一种含氯分子——六氯酚的时候也意外制造了健康问题，六氯酚是一种极有效的杀菌产品，在 20 世纪五六十年代被广泛用于肥皂、洗发水、须后水、除臭剂、漱口水以及类似产品当中。

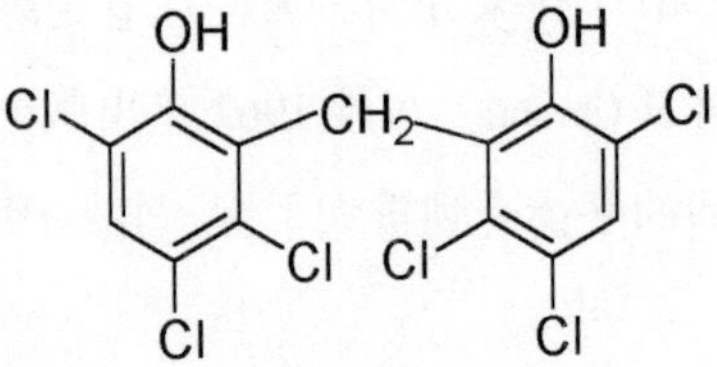

六氯酚

此前，六氯酚也常被用在婴儿产品当中，比如尿布、滑石粉以及婴儿洗浴用品。但1972年有检测表明，六氯酚会导致实验室动物的大脑和神经系统受损。六氯酚随后被禁止用于非处方药物和婴儿产品中，但由于它对消杀某些细菌非常有效，尽管有毒性，但至今仍被有限地用于处方痤疮药物和手术用擦洗剂中。

睡眠分子

并非所有氯烃分子都对人类健康造成了灾难性后果。六氯酚有防腐的特性，除此之外还有一种含氯的小分子被证明是医学的福音。19世纪中期以前，外科手术都是在没有麻醉的情况下进行的，有的医生会施用大量的酒精，他们相信这样可以减轻病人的疼痛感。据称一些外科医生做手术前会喝酒，目的是在给别人施加痛苦之前先给自己壮胆。1846年10月，波士顿的牙医威廉·莫顿（William Morton）成功地表明，进行外科手术时用乙醚可以诱导麻醉，让患者暂时失去意识。乙醚能够让手术无痛进行的消息迅速传开，而且很快人们也开始研究其他具有麻醉特性的化合物。

爱丁堡大学医学院的苏格兰医师、医学及助产学教授詹姆斯·杨·辛普森（James Young Simpson）采用了一种别出心裁的方法，来测试某种化合物是否适合用作麻醉剂。据称，他会要求跟他一起用餐的客人和他一起吸入各种物质。首次合成于1831年的氯仿（$CHCl_3$）显然通过了这项测试。辛普森在用这种化合物做完实验后，在餐厅的地板上醒来，身边躺着仍然昏迷不醒的客人。辛普森立刻开始在病人身上使用氯仿。

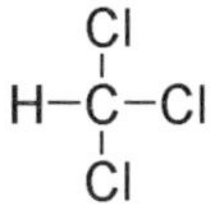

```
     Cl
     |
  H—C—Cl
     |
     Cl
```

氯仿

$H_3C-CH_2-O-CH_2-CH_3$

乙醚

与乙醚相比，这种氯烃化合物作为麻醉剂有许多优点：起效更快，气味更好闻，而且需要的量更少。此外，与使用乙醚相比，病人苏醒的速度更快，而且难受程度更低。乙醚的极端易燃性也是一个问题。乙醚与氧气结合形成的混合物很容易爆炸，在手术过程中，即使是一点点火星，哪怕是金属器械碰撞产生的火花，都可能引发爆炸。

氯仿麻醉很快就推广应用到外科手术中。尽管有些病人死亡，但人们认为相关风险不高。由于手术往往是迫不得已才采取的手段，而且在没有麻醉剂的情况下，病人有时会死于休克，所以尽管可能导致死亡，麻醉操作仍被认为是可以接受的。由于外科手术往往进行得很快——以前在没有麻醉剂的情况下必须速战速决，因此病人不会过长时间地接触氯仿。据估计，在美国内战期间，几乎有 7000 例战场手术是在使用了氯仿麻醉剂的情况下进行的，因麻醉剂而死亡的人数不到 40 人。

手术麻醉被普遍认为是一项伟大的进步，但在分娩过程中使用麻醉却引起了争议。持保留意见一方提到了医学方面的原因；一些医师有理有据地表达了对氯仿或乙醚对胎儿健康可能受到影响的担忧，称有人观察到，产妇在麻醉状态下分娩时宫缩次数减少，胎儿呼吸率降低。但这个议题不仅仅关系到胎儿的安全和产妇的福祉。有人从道德和宗教的角度出发，认为女性分娩的疼痛是必要的，也是正义的。在《创世记》中，因为夏娃在伊甸园没有遵从上帝的旨意，作为夏娃后裔的女性为此便受到责罚，要在分娩过程中遭受痛苦。“你生产儿女必多受苦楚”。根据对这段经文的严格释义，任何试图减轻分娩疼痛的行为都与上帝的意志相违背。一种更极端的观点认为，女性分娩的痛苦等同于赎罪，因为性交即罪，而在 19 世纪中期性交是孕育孩子的唯一途径。

但是到了 1853 年，英国的维多利亚女王在氯仿的帮助下分娩了她的第八个孩子——利奥波德王子。她在第九次也是最后一次分娩时决定再次使用这种麻醉剂（1857 年比阿特丽斯公主降生），这加快了人们对这种做法的接受，尽管英国权威医学杂志《柳叶刀》（*The Lancet*）对女王的医生提出了批评。在英国和欧洲大部分地区，氯仿成为产妇分娩时的首选麻醉剂；在北美，乙醚相对更受欢迎。

20 世纪初期，另外一种缓解分娩疼痛的方法在德国迅速获得接受，并很快传播到欧洲其他地区。这种“半麻醉式无痛分娩”使用的是东莨菪碱和吗啡，这两种化合物我们在第十二章和第十三章讨论过。在分娩开始时给产妇使用极少量的吗啡，可以减轻疼痛，尽管不能完全消除疼痛，特别是在分娩时间长或分娩困难的情况下。东莨菪碱可以诱导睡眠，而且对于支持这种药物组合的医生来说，更重要的是它可以确保产妇对分娩过程不会产生记忆。“半麻醉式无痛分娩”被视为解决分娩疼痛问题的理想方法，以至于1914年美国开始了一场推广这种方法的公共运动。全国无痛分娩协会（The National Twilight Sleep Association）出版了小册子并安排了宣讲，对这种新方法的优点不吝赞美之词。

有医学界人士对这种分娩方式表达了深刻的疑虑，但他们的观点被认为是冷酷无情的医生想对病人保持控制的借口。无痛分娩成为一个政治议题，在为女性赢得投票权的那场大型运动当中贡献了力量。现在看来，这个议题的吊诡之处在于，女性相信无痛分娩消除了分娩的痛苦，让新晋妈妈一觉醒来神清气爽，准备迎接新宝宝。但实际上，产妇承受了同样的痛苦，只是表现得就像没有用药一样，背后的原因是东莨菪碱引起的失忆症阻断了对这场苦痛的记忆。无痛分娩描绘了一个宁静和谐的画面，但这一情景是虚假的。

与本章中的其他氯烃一样，尽管氯仿给外科病人和医学界带来了诸多益处，但事实证明氯仿也存在着黑暗的一面。现在人们已经知道，氯仿能引起肝脏和肾脏的损伤，而且大剂量使用会增加罹患癌症的风险。氯仿除了具备麻醉和镇静作用外，还会损伤眼角膜，导致皮肤开裂，并使人感到疲劳、恶心和心律不齐。当氯仿暴露在高温、空气或光照下时，会形成氯气、一氧化碳、光气和/或氯化氢，所有这些物质不是有毒，就是有腐蚀性。如今，工作人员在使用氯仿时，必须穿好防护服和防护设备，这与最初的日子——最早能够提供麻醉效果的快乐的日子——相去甚远。但反过来说，即使人们在一个多世纪前就认识到了它的副作用，但对千百万在手术前吸入这种散发着甜味的蒸气的病人来说，它可能仍然是上天赐予的礼物，而非十恶不赦的罪魁祸首。

毫无疑问，许多氯烃背上“祸首”的恶名纯属罪有应得，不过这个标签也许更适用于那些在知情的情况下仍将PCBs倒入河流中的人，在明知氯氟烃会破坏臭氧层的情况下仍反对禁用氯氟烃的人，在土地和水体中不加区分使用杀虫剂——包括以合法和非法的方式——的人，以及在世界各地的工厂和实验室将利益置于安全之上的人。

时至今日，人类制造的无毒含氯有机化合物成百上千，不会破坏臭氧层，对环境无害，也不致癌，而且从未被用于毒气战。这些东西在家庭和工厂，学校和医院，以及汽车、船只和飞机上都有使用。它们没有获得任何公关宣传，也没有造成任何伤害，但它们不能被称为改变世界的化学品。

关于氯烃，一个颇具讽刺意味的事实是，那些已经造成最大伤害或有可能造成最大伤害的物质，似乎也正是促成我们社会中一些最有益进步的物质。外科手术发展为医学领域的一个高度技术性的分支，麻醉剂的作用至关重要。用于船舶、火车和卡车的制冷剂分子，为我们创造了新的贸易机会，世界上不发达地区的经济增长和繁荣亦随贸易而来。现在，我们有了家用制冷设备，食品储存变得安全而方便。空调让我们倍感舒适，消毒后的饮用水理所当然是安全的，我们的电力变压器也不会爆裂燃烧。在许多国家，昆虫传播的疾病已经被根除或大大减少。这些化合物的正面作用不容抹杀。

第十七章

战胜疟疾的分子

疟疾一词英文写作 malaria，这个词的字面意思是“恶气”（bad air），来自意大利语的 mal'aria，因为许多世纪以来，这种疾病一直被认为是由低洼沼泽地上飘来的毒雾和邪气造成的。然而实际上，作为自古以来夺去无数人生命的一种疾病，疟疾是由一种微小的寄生虫引起的。据保守估计，即使是今天，全世界每年仍有 3 亿至 5 亿人患疟疾，每年有 200 万至 300 万人因疟疾死亡，其中主要是非洲的儿童。相比之下，1995 年，扎伊尔暴发的埃博拉病毒在 6 个月内夺走了 250 条生命；每天死于疟疾的非洲人的数量是这个数字的 20 多倍。疟疾的传播速度远远超过艾滋病。有人通过计算得出，每个艾滋病患者会传染 2 ~ 10 个人，而每个疟疾患者可以传染数百人。

感染人类的疟原虫（*Plasmodium*）分为四个不同的种类：间日疟原虫（*P. vivax*）、恶性疟原虫（*P. falciparum*）、三日疟原虫（*P. malariae*）和卵形疟原虫（*P. ovale*）。这四类寄生虫都会导致典型的疟疾症状，包括高烧、寒战、剧烈的头痛、肌肉痛，甚至数年后还有可能复发。这四类寄生虫中致命性最强的是恶性疟原虫。其他种类的寄生虫引起的疟疾有时被称为“良性”疟疾，尽管从它们对一个社会的整体健康和生产力造成的损失来看，这里绝对没有什么“良性”可言。疟疾引发的高烧通常是周期性的，每两三天就会高烧一次。就恶性疟原虫来说，偶发性高烧并不常见，而随着病情的恶化，受感染的病人会出现黄疸、嗜睡、神志不清等症状，然后会陷入昏迷甚至死亡。

疟疾是通过疟蚊的叮咬从一个人传播到另一个人的。雌性蚊子在产卵前需要吸食血液，如果它吸食的血液来自感染了疟疾的人，那么这种疟原虫就能在蚊子的肠道中延续其生命周期，并传播给被这只蚊子叮咬的下一个人。之后，疟原虫会在新的受害者的肝细胞中繁殖；一个星期左右，疟原虫会侵入血液中的红细胞，再有疟蚊来吸血的时候就会传播给其他人。

在现代人的认知里，疟疾是一种热带或亚热带疾病，但直到不久前，疟疾在温带地区也曾广泛流行。根据几千年前人类最早的书面记录，中国、印度和埃及都出现过热病，这很可能就是疟疾。英语地区对这种疾病的称呼就是“热症”。疟疾在英格兰及荷兰的低海拔沿海地区也非常常见，这些地区有大片的沼泽地、流动缓慢或不流动的水体，都非常适合蚊子繁殖。这种疾病还发生在更往北的地区，如斯堪的纳维亚半岛、美国北部和加拿大。疟疾传播到的最北之地是靠近波的尼亚湾的瑞典和芬兰一些地区，非常接近北极圈。在毗邻地中海和黑海的许多国家，疟疾都曾经是地方性流行病。

哪里有疟蚊繁衍，哪里就会出现疟疾。它在罗马是臭名昭著的致命的“沼泽热”，每次举行教宗选举会议时，都会有一些与会的枢机主教死于这种疾病。在希腊的克里特岛和伯罗奔尼撒半岛，以及世界上其他干湿季节分明的地方，人们会在夏季将牲畜转移到高山地区，这样做既是为了寻找夏牧场，也有可能是为了躲避沿海沼泽地的疟疾。

无论贵贱贫富，都是疟疾攻击的对象。据信亚历山大大帝就死于疟疾，英国探险家戴维·利文斯通（David Livingstone）也死于疟疾。疟疾大流行特别容易在军队中发生；陆军行军途中往往睡在帐篷或临时住所里，甚至露天席地，夜间觅食的蚊子也就有了饱餐的机会。美国内战期间，每年都有一半以上的士兵遭受疟疾的侵袭。在拿破仑的东征大军所遭受的困难中，或许可以加上疟疾这一条——1812 年夏末和秋季，他们开始向莫斯科大举进攻时，军队里就曾出现疟疾大流行。

直到 20 世纪，疟疾仍然是一个世界性难题。在 1914 年的美国，罹患疟疾的人数超过了 50 万。1945 年，全球有近 20 亿人生活在疟疾活跃地区，其中一些国家有 10% 的人口被感染。在这些地方，因感染疟疾而导致的工作缺勤率可能高达 35%，学童的缺勤率最高可达 50%。

奎宁——自然恩赐的解毒剂

看到上述统计数据，我们就不难理解，为什么几个世纪以来，人们一直在尝试使用不同的方法来控制这种疾病。人们尝试过三种完全不同的分子来对付疟疾，这三种分子都与前面章节中提到的某些分子有着有趣甚至令人惊讶的联系。我们首先要说的分子是奎宁。

在安第斯山脉的高处，海拔 3000 英尺至 9000 英尺之间，生长着一类树，树皮含有一种生物碱分子，如果没有它，今天的世界将大为不同。这类树大约有 40 个种，都是金鸡纳属的成员。这些树原产于安第斯山脉的东部山坡，从哥伦比亚向南到玻利维亚。这种树皮的特殊功效早已为当地居民所熟知，他们肯定会代代传授这样的知识：用树皮泡茶能有效治愈热病。

讲述来到该地的早期欧洲探险家如何发现金鸡纳树皮的抗疟作用的故事有很多。其中一个故事讲到，有一名西班牙士兵患了疟疾，但喝了金鸡纳树环绕下的池塘里的水之后，他的热病就奇迹般地治好了。另一个故事的主人公是多娜·弗朗西斯卡·亨利克斯·德里维拉（Doña Francisca Henriques de Rivera），1629 年至 1639 年期间，她的丈夫钦琼伯爵曾担任西班牙驻秘鲁总督。17 世纪 30 年代初，弗朗西斯卡身患疟疾，病情危重。在传统欧洲疗法无计可施的情况下，医生不得已使用了当地的药物——金鸡纳树皮。在树皮所含奎宁的作用下，伯爵夫人活了下来，后来这种树就以伯爵夫人的名字命名（尽管没有拼对）。

这些故事常被用来证明在欧洲人到来之前，新大陆就已经存在疟疾。但是，印第安人知道 Kina 树——kina 是秘鲁本土词，在西班牙语中拼作 quina——可以治疗发热这一事实，并不能证明疟疾是美洲的本土疾病。哥伦布到达新大陆的时间比弗朗西斯卡服用奎宁的时间早了一个多世纪，这期间有足够的时间让疟疾病毒经由早期探险家进入当地疟蚊体内，并传播给美洲的其他居民。没有任何证据表明，在征服者到达之前的几个世纪，当地人用 quina 树皮治疗的热病就是疟疾。如今，医学史学家和人类学家普遍认为，疟疾是从非洲和欧洲带到新大陆的，欧洲人和非洲奴隶都可能是感染源。到 16 世纪中叶，将非洲人从疟疾盛行的西非运到美洲新大陆的奴隶贸易已经相当发达。17 世纪 30 年代，当钦琼伯爵夫人在秘鲁感染疟疾时，几代携带疟疾寄生虫的西非人和欧洲人已经建立了一个巨大的感染库，等待在整个新大陆传播这种疾病。

金鸡纳树的树皮可以治疗疟疾的消息很快就传到了欧洲。1633 年，安东尼奥·德·拉·卡劳查神父记录了“发烧树”树皮的神奇功效，秘鲁耶稣会的其他成员开始使用金鸡纳树皮来治疗和预防疟疾。17 世纪 40 年代，巴托洛梅·塔福尔神父将一些金鸡纳树皮带到罗马，有关其神奇功效的消息在神职人员群体中传播开来。1655 年的教宗选举会议成为第一次没有与会的枢机主教死于疟疾的会议。耶稣会士们很快就进口了大量金鸡纳树皮，并在整个欧洲销售。尽管“耶稣会士粉”在其他国家声誉卓著，但在新教国家英国却一点儿也不受欢迎。奥利弗·克伦威尔就曾拒绝接受一名罗马天主教教士的治疗，后于 1658 年因疟疾去世。

1670 年，另一种治疗疟疾的药物引起了人们的关注。当时伦敦的药剂师兼医生罗伯特·塔尔博（Robert Talbor）向公众发出警告，注意与“耶稣会士粉”有关的危险，并开始推广他自己的秘密配方。塔尔博的治疗方法被推荐到英格兰和法兰西的宫廷；英国国王查理二世和法国国王路易十四的儿子都曾罹患严重的疟疾，但都因为塔尔博的灵丹妙药而幸存了下来。直到塔尔博尔死后，他的秘密配方的神奇成分才被揭示：与“耶稣会士粉”一样也是金鸡纳树皮。塔尔博欺世盗名的行径无疑让他大发其财——这可能是他的主要动机，但同时也拯救了那些拒绝接受天主教疗法的新教徒的生命。奎宁治愈了被称为“热症”的疾病，人们于是认为，这就证明困扰欧洲大部分地区几个世纪的这种疾病实际上就是疟疾。

在接下来的三个世纪里，金鸡纳树皮成为治疗疟疾、消化不良、发烧、脱发、癌症以及诸多其他疾病的通用药物。直到 1735 年，法国植物学家约瑟夫·德·朱西厄（Joseph de Jussieu）在探索南美洲热带雨林的高海拔地区时，发现这种苦味树皮的来源是一属能长到 65 英尺高的阔叶树的不同种的树，人们才普遍知道这种树皮来自何种植物。金鸡纳树是茜草科的成员，与咖啡树同科。人们对金鸡纳树皮的需求量一直很大，采集树皮成为一个重要产业。虽然在不砍伐树木的情况也能采集树皮，但伐倒树木则便于剥去所有树皮，从而可获得更大的利润。到了 18 世纪末，据估计每年有 2.5 万棵金鸡纳树遭到砍伐。

由于金鸡纳树皮的价格不断攀升，而且这种树很有可能会濒临灭绝，因此，分离、鉴定并制造抗疟分子成为一项重要目标。人们通常认为，奎宁早在1792年就已经被分离出来，尽管纯度可能不是很高。对金鸡纳树皮中存在哪些化合物的全面调查始于1810年左右，直到1820年，法国研究人员约瑟夫·佩尔蒂埃（Joseph Pelletier）和约瑟夫·卡旺图（Joseph Caventou）才成功地提取并提纯了奎宁。法兰西科学院为他们的卓越贡献颁发了1万法郎的奖金。

金鸡纳树，树皮可提取奎宁

在金鸡纳树皮中发现的近30种生物碱中，奎宁很快被确定为活性成分。不过，奎宁的结构得以完全确定，要等到人类历史进入20世纪很多年之后，因此早期合成这种化合物的尝试几乎没有成功的可能。年轻的英国化学家威廉·珀金（我们在第九章介绍过他）就曾试图将2个甲基苯胺分子与3个氧原子结合，生成奎宁和水。

$$2C_{10}H_{13}N + 3O \longrightarrow C_{20}H_{24}N_2O_2 + H_2O$$

甲基苯胺　　氧原子　　奎宁　　水

当时是1856年，他的这一设想的基础是，甲基苯胺（$C_{10}H_{13}N$）的化学式差不多相当于奎宁（$C_{20}H_{24}N_2O_2$）的一半，遗憾的是，他的实验不可避免是要失败的。我们现在知道，甲基苯胺的结构和更复杂的奎宁的结构如下：

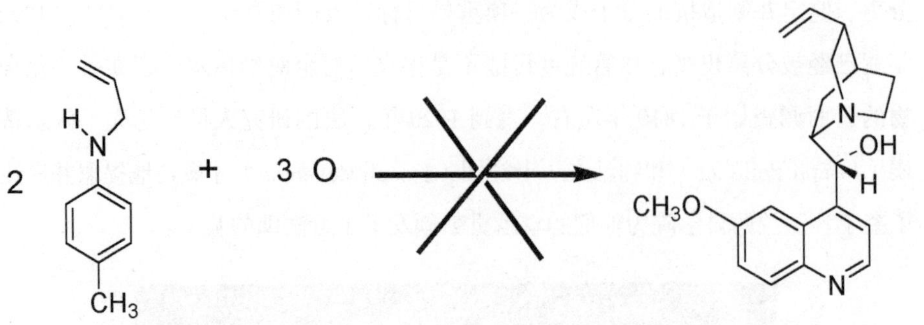

2个甲基苯胺分子　和3个氧原子　不能生成　奎宁

尽管珀金没能制造出奎宁，但他的工夫非但没有白费，反而在染料行业结出了丰硕的果实——制出了木槿紫，赚了大钱，还大大促进了有机化学这门学科的发展。

随着工业革命在19世纪给英国和欧洲其他地区带来了繁荣，人们也就有财力来解决对健康不利的沼泽田问题。大量的排水工程将很多沼泽地转变成高产的农田，这意味着适于蚊子繁殖的死水环境减少了，在疟疾曾经最猖獗的地区，发病率开始下降。但人们对奎宁的需求并没有减少，相反，随着欧洲在非洲和亚洲的殖民化程度不断加深，对疟疾的防护需求也在增加。英国人服用奎宁以预防疟疾的习惯，发展成为晚上喝“杜松子滋补酒”，之所以要加入杜松子酒，是因为人们觉得奎宁滋补水太苦了，不加点杜松子酒简直难以下咽。大英帝国严重依赖奎宁供应，因为帝国的许多最有价值的殖民地——印度、马来亚、非洲和加勒比地区——都位于世界上疟疾流行的地区。荷兰、法国、西班牙、葡萄牙、德国和比利时也在疟疾流行的地区进行殖民。全球对奎宁的需求量非常大。

由于找不到合成奎宁的办法，人们不得不改变思路，采用其他解决方案：在其他国家种植亚马孙的金鸡纳树种。销售金鸡纳树皮的利润非常高，玻利维亚、厄瓜多尔、秘鲁和哥伦比亚政府为了维持对奎宁贸易的垄断，禁止出口金鸡纳树活植株或种子。1853年，在荷兰东印度公司东方总部所在的爪哇岛上，一个在植物园任职的荷兰人尤斯图斯·哈斯卡尔（Justus Hasskarl）设法从南美洲走私了一袋金鸡纳树（*Cinchona calisaya*）的种子，并在爪哇岛成功种植。但是，让哈斯卡尔和荷兰人大感遗憾的是，这种金鸡纳树的奎宁含量较低。英国人也有过类似的经历，他们走私了毛金鸡纳树（*Cinchona pubescens*）的种子，并在印度和锡兰种植。这些树生长起来了，但树皮中的奎宁含量不足3%，而只有达到3%才能带来经济效益。

1861年，多年从事金鸡纳树皮贸易的澳大利亚人查尔斯·莱杰（Charles Ledger）设法说服一名玻利维亚印第安人卖给他一种金鸡纳树的种子，据说这种树的奎宁含量非常高。英国政府对购买莱杰的种子不感兴趣；或许他们种植金鸡纳树的经验令他们相信，这种做法在经济上是不可行的。但荷兰政府以大约20美元的价格从莱杰手中购买了1磅种子，后来这个树种被命名为莱氏金鸡纳树（*Cinchona ledgeriana*）。虽然英国人在近200年前做出了明智的选择，将含有异丁香酚分子的肉豆蔻的贸易让给了荷兰人，换取曼哈顿岛，这次是荷兰人做出了正确的决定。他们这笔20美元的交易被称为史上最划算的投资——人们发现莱氏金鸡纳树皮中的奎宁含量高达13%。

荷兰人将莱氏金鸡纳树的种子种在了爪哇岛并精心培育。这些树木逐渐长大，荷兰人开始收获富含奎宁的树皮，久而久之，南美的本地树皮的出口减少了。15年后，同样的剧情又上演了一次——另一种南美树种巴西橡胶树（*Hevea brasiliensis*）的种子走私，标志着本地橡胶生产走向没落的开端（见第八章）。

到了1930年，全世界95%以上的奎宁都来自爪哇岛的种植园。这些金鸡纳树种植园为荷兰人带来了巨大的利润。奎宁分子，或者更准确地说，对奎宁分子种植的垄断，几乎令第二次世界大战的天平发生倾斜。1940年，德国入侵荷兰，从阿姆斯特丹的“鸡纳局”所在地收缴了欧洲的全部奎宁库存。1942年，日本征服了爪哇岛，进一步危及了这种重要的抗疟药物的供应。由史密森尼学会（Smithsonian Institution）的雷蒙德·福斯伯格（Raymond Fosberg）领导的一批美国植物学家被派往安第斯山脉的东侧，以确保从该地区自然生长的树木中获得“鸡纳”树皮供应。尽管他们确实弄到了几吨树皮，但并未发现任何高产堪比莱氏金鸡纳树的物种，无法复制荷兰人所取得的惊人成功。对保护热带地区的盟军部队而言，奎宁的重要性不言而喻，因此合成奎宁或合成具有抗疟特性的类似分子的重要性再次凸显出来。

奎宁是喹啉分子的一种衍生物。在20世纪30年代，人们已经合成了一些喹啉衍生物，而且事实证明这些衍生物在治疗急性疟疾方面相当有效。第二次世界大战期间，抗疟药物研究取得了长足进步，最初由德国化学家在战前制出的一种 4- 氨基喹啉衍生物，也就是现在所称的氯喹（chloroquine），被认为是效果最佳的合成奎宁。

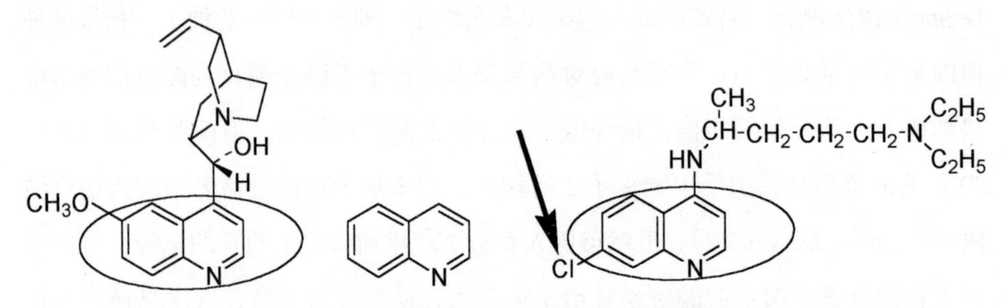

奎宁（左）和氯喹（右）都含有喹啉结构（中）。氯喹中的氯原子用箭头标出

氯喹含有 1 个氯原子，因此氯喹也是一种对人类极为有益的氯烃分子。40 多年来，氯喹作为一种安全有效的抗疟药，几乎没有其他合成喹诺酮类药物的毒性，大多数人都能耐受。但遗憾的是，在过去几十年间，对氯喹有抗药性的疟疾寄生虫菌株迅速蔓延，降低了氯喹的有效性，如今人们常用的抗疟药是凡西达和甲氟喹等化合物，但这些化合物毒性较大，有时还具有让人不得不警惕的副作用。

奎宁的合成

1944 年，哈佛大学的罗伯特 · 伍德沃德（Robert Woodward）和威廉 · 多林（William Doering）将一种简单的喹啉衍生物转化为一种分子，而据称已经有化学家在 1918 年就能将这种分子转化为奎宁。从理论上来说，合成奎宁分子这项追求已经得以实现，但事实并非如此。前人所做的研究虽有报告发表，但过于简略，无法确定他们真正采取了什么方法，也无法确定有关化学转化的说法是否成立。

有机化学家之间流传着这样一种说法："结构的最终证据是合成。"换句话说，不管有多少证据表明某人提出的分子结构是正确的，都必须通过独立的途径合成这种分子，才能确定其准确性。2001 年，在珀金尝试合成奎宁（这件事现在已经尽人皆知）的 145 年后，哥伦比亚大学的荣退教授吉尔伯特·斯托克（Gilbert Stork）与一群同事一起，完成了奎宁的合成。他们从一种不同的喹啉衍生物开始，遵循另一种路线，并且亲力完成了合成的每一步。

奎宁的结构相当复杂，而且与自然界中的许多其他分子一样，一个尤其难以解决的问题是，如何确定某些碳原子周围的各种键的空间位置。在奎宁的结构中，围绕着与喹啉环系统相邻的碳原子有 1 个氢原子指向页面外（用实心楔子 ▬ 表示），1 个羟基指向页面后面（用虚线 --- 表示）。

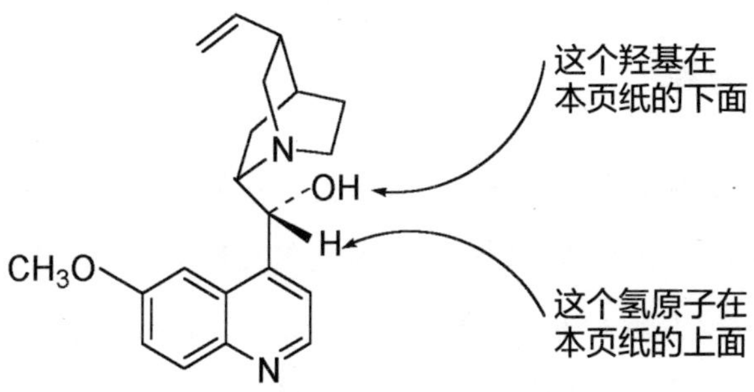

奎宁分子

奎宁的这些键也可能存在不同的空间排列，如下图所示，同一个碳原子上连接的这两种基团位置互换了。

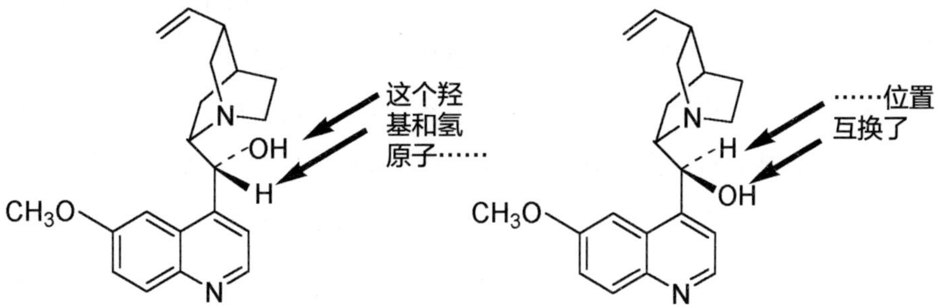

奎宁（左）和与它结构非常相似的版本（右），在实验室合成奎宁时也会同时得到后者

通常来说，如果一种化合物存在两种同分异构体，自然界通常只生成其中的一种。但是当化学家试图用合成方法制造该分子时，却往往会制造出两者等量存在的混合物。而且因为这两种物质的结构非常相似，要想将彼此分开相当费时费力。奎宁分子中还有另外 3 个碳原子的位置，在实验室合成过程中不可

避免地会同时生成“天然版本”和“颠倒版本”，如此繁复的操作必须重复进行四次。斯托克和他的团队克服了这个困难——甚至没有证据表明这个问题在1918年就已经得到了充分认识。

印度尼西亚、印度、扎伊尔和其他非洲国家的种植园仍旧在收获奎宁，还有少量来自秘鲁、玻利维亚和厄瓜多尔的天然来源。如今，奎宁主要用于制作奎宁水、滋补水和其他苦味饮料以及奎尼丁（一种治疗心脏病的药物）。人们认为，在对氯喹产生抗性的地区，奎宁仍能提供一定程度的保护作用。

人类的抗疟历程

在人们想方设法收获更多奎宁，或以人工方式合成奎宁的时候，医生们仍在试图了解引起疟疾的原因。1880年，驻阿尔及利亚的法国陆军的军医夏尔-路易-阿方斯·拉韦朗（Charles-Louis-Alphonse Laveran）的一项发现，最终为人类以新的分子手段对抗疟疾开辟了道路。拉韦朗用显微镜检查血液样本的载玻片，发现疟疾患者的血液中含有某些奇怪的细胞，现在我们知道，这些细胞是致疟原生动物疟原虫（*Plasmodium*）的一个生命阶段。拉韦朗的发现最初被医学界所否定，但在接下来的几年里，随着间日疟原虫、三日疟原虫以及后来的恶性疟原虫被识别出来，拉韦朗的发现才得到了证实。到1891年，通过用各种染料对疟原虫细胞进行染色，已经可以识别出具体的疟原虫了。

尽管人们一直推测蚊子在某种程度上参与了疟疾的传播，但直到1897年，出生在印度的年轻英国人罗纳德·罗斯（Ronald Ross）才在疟蚊的肠道组织中发现了处于另一个生命阶段的疟原虫，当时他正在印度医务部队担任军医。由此，人们认识到了寄生虫、昆虫和人类之间的复杂联系。这时人们才意识到，这种寄生虫在生命周期的不同阶段都有弱点，可以有针对性地对付它。

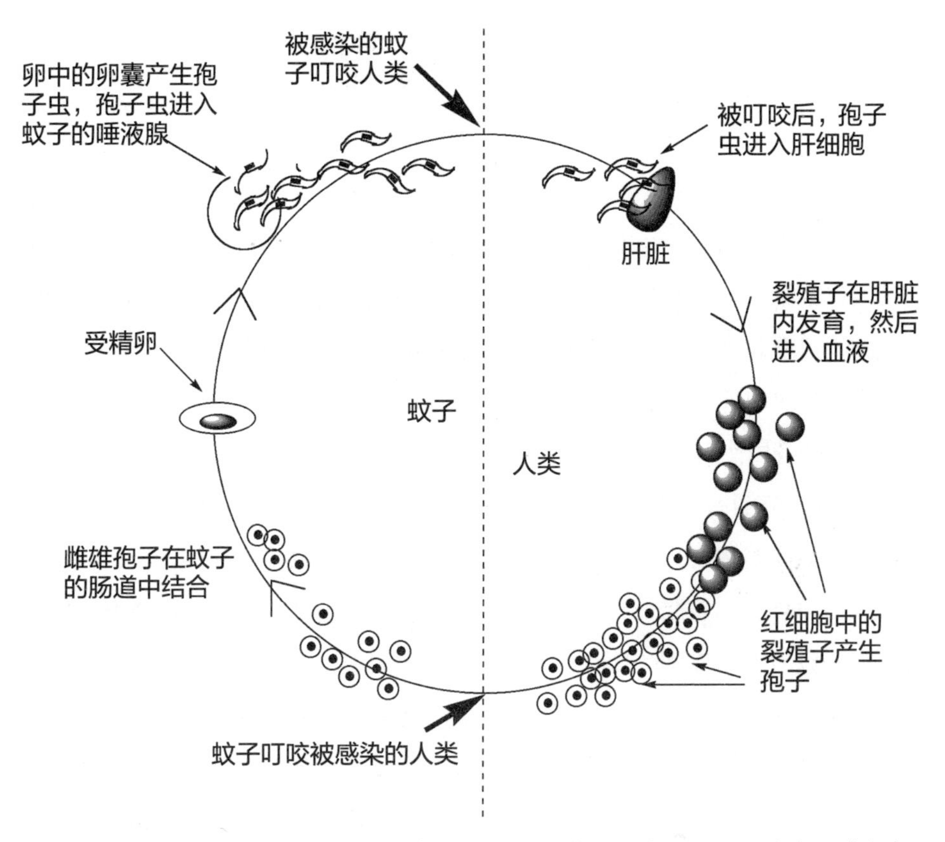

疟原虫的生命周期。裂殖子周期性（每48或72小时）地从宿主的红细胞中分裂出来，导致发热

要打破这种循环，可能的办法有几种，比如杀死肝脏和血液中处于裂殖子阶段的寄生虫。另一个容易想到的攻击目标是疾病的“病媒”，即蚊子本身。这可能涉及防止蚊子叮咬、消灭成年蚊子或防止蚊子繁殖。避免蚊子叮咬并不容易；在合理住房成本超出了大部分人承受能力的地方，装纱窗不具可行性。把所有的死水或流动缓慢的水排掉以防止蚊子繁殖也不现实。比较可行的方法是在水面上喷洒一层薄薄的油膜，使水中的蚊子幼虫缺氧，可以对蚊子数量进行一定程度的控制。然而，对付疟蚊本身，最好的手段就是使用强效杀虫剂。

起初，最重要的杀虫剂就是含氯化合物 DDT，它通过干扰昆虫特有的神经控制过程起效。正因如此，DDT 被用作杀虫剂时，其剂量足以令昆虫致命，但对其他动物没有毒性。据估计，DDT 对人类的致命剂量是 30 克。这个剂量相当大，目前为止还没有人类因 DDT 中毒而死亡的报道。

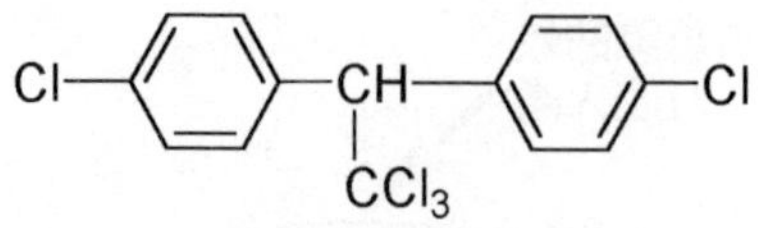

DDT分子

由于一系列因素——公共卫生系统的改进、住房条件改善、生活在农村地区的人口数量下降、死水的规模化排放以及抗疟药物的普及——的作用，到20世纪初，西欧和北美的疟疾发病率已经大大降低。在发达国家，使用DDT是消灭这种寄生虫的最后一步。1955年，世界卫生组织（WHO）发起了一场大规模运动，呼吁各国使用DDT在世界范围内消灭疟疾。

在DDT喷洒行动开始之时，全球大约有18亿人生活在疟疾流行区。到1969年，这个群体有近40%的人完全摆脱了疟疾的威胁。在一些国家，结果相当惊人：1947年，希腊大约有200万个疟疾病例，1972年的数字是7个。如果要选出一种对希腊20世纪最后25年的经济繁荣做出重大贡献的分子，那无疑就是DDT。在1953年印度开始喷洒DDT之前，每年约有7500万个疟疾病例，到1968年仅有30万个病例。世界各国都报告了类似的结果。由此看来，DDT被认为是一种神奇分子也就不足为怪了。到了1975年，世界卫生组织宣布欧洲已无疟疾。

DDT是一种长效杀虫剂，每6个月喷洒一次，在有季节性疟疾的地方甚至只需每年喷洒一次，就足以起到预防作用。白天雌蚊通常停在房屋内的墙壁上休息，等夜晚到来才动身觅食，人们就把DDT喷洒在房屋内墙上。DDT喷洒过后药效会持久保留，人们认为蚊子几乎没什么机会进入食物链。DDT的生产成本低廉，而且在当时看来，它对其他动物也没什么毒性。直到后来，DDT生物累积的破坏性影响才逐渐显现。人们终于意识到，过度使用化学杀虫剂会破坏生态平衡，令虫害问题越发严重。

尽管世卫组织发起的疟疾讨伐战最初看来大有成功的希望，但事实证明，在全球范围内根除这种寄生虫的难度远比预期更大，原因是多方面的，比如蚊子形成对DDT的抗药性、人口不断增加、生态环境变化使捕食蚊子或蚊子幼虫的物种数量减少、战争、自然灾害、公共卫生服务质量下降以及疟原虫对抗疟分子的抗药性更强。到20世纪70年代初，世卫组织放弃了彻底消灭疟疾的想法，转而把精力集中在控制方面。

如果说，分子也有时尚性，此一时时髦，彼一时过气，那么在发达国家，DDT 毫无疑问已经过气了，甚至这个名字本身都带有一种不祥的气息。尽管现在许多国家已经取缔了 DDT，但据估计，这种杀虫剂已经拯救了 5000 万人的生命。在发达国家，因疟疾而死的威胁基本上已经不复存在——这是这种饱受攻讦的分子带来的直接且巨大的好处，但对生活在疟疾流行区的数以百万计的人口来说，这种威胁仍然存在。

血红蛋白——自然馈赠的保护

在疟疾仍然构成生命威胁的许多地方，人们几乎无力购买控制疟蚊的杀虫剂，或为来自西方的游客提供合成奎宁替代品。但在这些地区，自然界赋予了针对疟疾相当不同的防御手段。在撒哈拉以南地区，多达 25% 的非洲人携带一种基因突变，这种突变可引发镰状细胞贫血这种让人痛苦和虚弱的疾病。如果父母都是这种基因的携带者，他们的孩子有 1/4 的概率会患上这种疾病，有 1/2 的概率成为致病基因的携带者，有 1/4 的概率既不患上这种疾病也不会成为致病基因携带者。

人类正常的红细胞呈圆饼状，具有弹性，因而能够通过体内的小血管。但镰状细胞贫血患者有大约一半的红细胞变得僵硬，拉长呈新月形或镰刀形。这种较硬的镰状红细胞难以挤过狭窄的毛细血管，可能导致血管堵塞，使肌肉组织和重要器官的细胞得不到血液和氧气。这会导致镰状化“危机”，给患者造成严重的疼痛，甚至会永久性损害受影响的器官和组织。人体免疫系统消灭这种异常的镰刀形细胞的速度比正常情况下更快，这样一来红细胞的总体数量就会下降，从而造成贫血。

在不算久远的过去，镰状细胞贫血所引起的心脏问题、肝肾衰竭、感染和中风对低龄儿童的影响往往是致命的，可能导致死亡。如今，通过适当的治疗，虽然不能治愈这种贫血症，但患者可以活得更久、更健康。镰状细胞贫血基因的携带者可能会受到细胞镰状化的影响，不过通常不足以破坏血液循环。

对生活在疟疾流行区的镰状细胞贫血基因携带者来说，这种疾病提供了一种可贵的补偿：对疟疾具有相当强的免疫力。疟疾的发病率与镰状细胞贫血基因的高携带率之间存在明确的相关性，对这种相关性的解释是，这是携带者的一种演化优势。那些从父母双方继承了镰状细胞性状的人通常会在童年时死亡。那些没有从父母任何一方遗传到该性状的人，死于疟疾的可能性要大得多，而且往往是死于儿童时期。那些只从父母一方继承了镰状细胞性状的人对疟疾寄生虫有一定的免疫力，并能存活到生育年龄。因此，镰状细胞贫血这种遗传性疾病不仅在人群中持续存在，而且下一代人之中携带者的数量还会增加。在没有疟疾的地方，成为这类携带者没有任何益处，这种性状也就不会在居民中持续存在。美洲的印第安人体内缺乏提供疟疾免疫力的异常血红蛋白，这被认为是哥伦布到来之前美洲大陆没有疟疾的重要证据。

血红细胞呈红色，是由于血红蛋白分子的存在，而血红蛋白的功能是在体内运送氧气。镰状细胞贫血这一可能危及生命的疾病之所以发生，是因为血红蛋白化学结构中一个极其微小的变化。血红蛋白是一种蛋白质；与蚕丝一样，它是一种由氨基酸单元组成的聚合物，但与蚕丝不同的是（蚕丝的氨基酸链排列顺序可能发生改变，而且包含数以千计的单元），血红蛋白的氨基酸精确有序，排列成两组，每组中的两条链完全相同。这四条链在 4 个含铁的环状血红素——氧原子附着在铁离子上——周围盘绕。镰状细胞贫血患者在其中一组链上只有一个氨基酸单位的差异。在 β 链上，第 6 个氨基酸变成了缬氨酸，而不是正常血红蛋白中的谷氨酸。

缬氨酸与谷氨酸的唯一不同之处在于分子结构中的侧链（用方框标出）

β 链包含 146 个氨基酸；α 链有 141 个氨基酸。因此总体而言，是 287 个氨基酸当中有一个发生了突变，也就是说，镰状细胞性状携带者跟非携带者的氨基酸差异大约只有 1/300。然而，对于从父母双方继承了镰状细胞性状的人来说，其结果是毁灭性的。如果我们说该侧基只占氨基酸结构的 1/3，那么实际化学结构的百分比差异就更小了——相当于千分之一的分子结构发生了变化。

蛋白质结构的这种改变解释了镰状细胞贫血的症状。谷氨酸的侧基中含有羧基（—COOH），而缬氨酸的侧基中没有。如果 β 链的第 6 个氨基酸残基上没有这个羧基，脱氧的镰状细胞贫血症血红蛋白的可溶性就会大大降低；它会在红细胞内沉淀，从而导致红细胞变形，并失去弹性。含氧的镰状细胞贫血症血红蛋白的溶解度所受影响不大。因此，脱氧血红蛋白数量越多，红细胞镰状化的情形就越严重。

一旦镰状细胞开始阻塞毛细血管，人体局部组织就会缺氧，氧合血红蛋白就会转化为脱氧血红蛋白，红细胞镰状化的情形会进一步加剧，这种恶性循环会迅速导致危机。这就是为什么镰状细胞性状的携带者容易发生镰状病变：尽管通常状况下他们的红细胞中只有大约 1% 呈镰状，但他们 50% 的血红蛋白有镰状化的可能。在低氧环境下，或在高海拔地区运动后，都有可能出现血红蛋白镰状化的情形；这两种情况下，脱氧血红蛋白可能会在体内累积。

在人类血红蛋白的化学结构中已经发现了 150 多种不同的变异体，尽管其中一些是致命的，或会造成一些问题，但其他许多变异体看上去则是良性的。有研究认为，某些血红蛋白经变异可以赋予携带者对疟疾的部分抵抗力，虽然这些变异体可能产生其他形式的贫血，如在东南亚血统的人群中流行的 α – 地中海贫血，以及在地中海血统人群（如希腊人和意大利人）中最常见的 β – 地中海贫血，中东、印度、巴基斯坦和非洲部分地区的人口也可能携带这种变异体。可能每 1000 个人当中就有 5 个人的血红蛋白结构带有某种变异，而携带者当中的大多数人永远都不会知道这一点。

镰状细胞贫血会让患者身体衰弱，导致这一问题的不仅仅是谷氨酸与缬氨酸侧基结构上的差异，还可能与差异出现在 β 链的哪个位置有关。我们不知道在不同位置的相同变化是否会对血红蛋白的溶解度和红细胞形状产生类似的影响，也不知道为什么这种变化能使人对疟疾产生免疫力。表面看来，红细胞的血红蛋白如果在 6 号位置含有缬氨酸，就会阻断疟原虫的生命周期。

抗疟的斗争仍在继续，尽管处于斗争中心的三种分子在化学结构上大相径庭，但每种分子都对过去的历史产生了重大影响。金鸡纳树皮中的生物碱有着漫长的造福人类的历史，却几乎没有给安第斯山脉东坡——金鸡纳树的原产地——的原住民带来经济利益。外来者凭借奎宁分子赚钱，利用欠发达国家独特的自然资源为自己牟利。奎宁的抗疟特性使欧洲对世界大部分地区的殖民成为可能。与其他许多天然产品一样，奎宁为试图通过改变其原始化学结构来重现或强化其效果的化学家提供了一个分子模型。

尽管奎宁分子在19世纪使大英帝国的发展以及其他欧洲殖民地的扩张成为可能，但在20世纪，正是作为杀虫剂的DDT分子取得的成功，最终成功消灭了欧洲和北美的疟疾。DDT是一种合成有机分子，没有天然类似物。制造这类分子总是伴随着风险——我们无法确切知道哪些分子有益，哪些分子可能有害。然而，有谁会愿意完全放弃一切新分子呢？毕竟，历史上化学家们的创新产品——抗生素和防腐剂、塑料和聚合物、织物和香料、麻醉剂和添加剂、染料和冷却剂——大大改善了我们的生活。

镰状血红蛋白的出现源自红细胞分子结构中的微小改变，而这一改变造成的冲击在欧、美、非三大洲都能感受到。黑人对疟疾具有抵抗力，是17世纪非洲奴隶贸易规模迅速扩大的一个关键因素。进入新大陆的绝大部分奴隶来自非洲的疟疾流行区，而镰状细胞贫血基因在那里很常见。奴隶贩子和奴隶主不失时机地抓住了“血红蛋白分子上第6个谷氨酸被缬氨酸取代”带来的进化优势。当然，他们并不知道非洲奴隶对疟疾免疫的化学原因。他们只知道，在适合种植甘蔗和棉花的热带地区，来自非洲的奴隶即便患上发热症，一般都能存活下来，而从新大陆其他地方被带到种植园劳动的美洲本地人则会很快死于热病。这个小小的分子变化，让一代又一代的非洲人遭遇了被奴役的命运。

如果非洲奴隶和他们的后代没有对疟疾的免疫力，奴隶贸易可能就不会那么繁荣。新大陆占地广袤的甘蔗种植园的利润也不会用于欧洲的经济增长，这些甘蔗种植园可能原本就不会存在。棉花不会成为美国南部的主要作物，英国的工业革命可能被推迟或走上非常不同的路径，美国可能也不会爆发内战。如果没有血红蛋白化学结构的这一微小变化，过去数百年间的历史将会大不相同。

奎宁、DDT和血红蛋白，这三种非常不同的化学结构，由于与我们世界上最强大的杀手之一的联系而出现在同一个历史舞台上。它们也是本书之前各章所讨论的分子的典型代表。就像许多对文明发展有深远影响的化合物一样，奎宁天然存在于某种植物当中。血红蛋白也是一种天然物质，但源自动物。同样，血红蛋白也属于聚合物，而形形色色的聚合物在历史上都曾推动了重大变革。DDT 的例子则说明了人造化合物往往会带来的两难困境。如果没有天资聪颖之士创造新分子、合成新物质，我们今天所处的世界可能变得更好，也可能变得更坏，但肯定大为不同。

后 记

历史事件发生的原因往往不止一个，如果把本书提到的事件完全归因于某种化学结构，未免过于简单化了。但是，如果说化学结构在人类文明进程中发挥了重要作用且通常未得到承认，也绝非夸大其词。化学家在确定一种不同的天然物质的结构，或合成一种新化合物的时候，一个小小的化学结构上的改变——在这里移动一个双键，在那里替换一个氧原子，改变一个侧基——似乎无足轻重。只有在事后我们才认识到，化学结构上的微小变化可能产生非常重大的影响。

刚开始阅读本书时，各章的化学结构图可能让你觉得难以理解，摸不着头脑。我们希望，读到这里时，你已经发现这些图表其实并不神秘，可以看到构成化合物分子的原子是如何按某些明确的规则排列的。不过，在这些规则范围内，不同的分子结构内部似乎有无穷的可能性。

我们选择的重要的、有故事的化合物主要分为两类。第一类是那些源于自然的分子，一直以来，人类都对这些极有价值的分子孜孜以求，对这些分子的欲望影响了早期人类历史的很多方面。在过去的150年间，第二类分子变得更为重要。这些化合物是在实验室或者工厂中制造出来的，其中一些化合物，比如靛蓝，其性质与自然来源的分子完全相同，另外一些化合物，比如阿司匹林，则与自然产生的分子存在结构上的差异。还有一些分子，比如氯氟烃，则是完完全全的新分子，在自然界中没有类似物。

在这两类分子之外，我们现在可以增加第三个分类：未来可能对我们的文明产生巨大但不可预测的影响的分子。这些分子源于自然，但人类的导向和干预不容忽视。基因工程——或者说生物技术，或表述“将新的遗传物质植入生物体的人工过程”的任何术语——可以让分子在原本不存在的位置存在。例如，“黄金大米”就是一种经过基因工程改造的水稻，可以产生 β－胡萝卜素；胡萝卜、其他黄色水果和蔬菜中富含这种黄橙色的色素，深绿色叶菜中也含有 β－胡萝卜素。

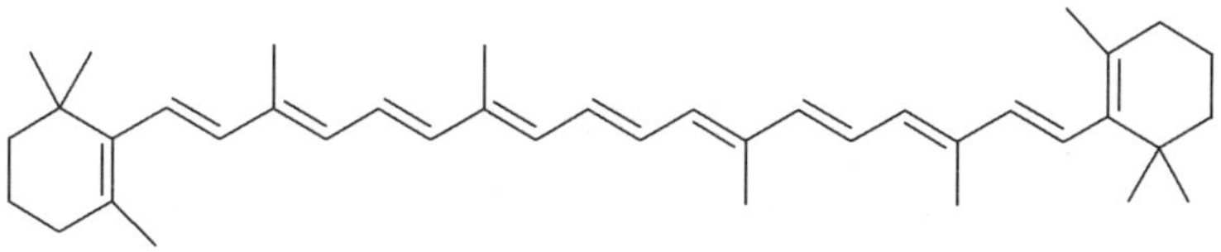

β－胡萝卜素

我们的身体需要 β－胡萝卜素来生成对人类营养至关重要的维生素 A。在全球各地，数亿人口——其中尤其是以大米为主食的亚洲人——的饮食中的 β－胡萝卜素含量很低。人体缺乏维生素 A 会导致多种疾病，包括失明甚至死亡。大米几乎不含 β－胡萝卜素，对以大米为主食且通常不能从其他来源获得这种分子的人群来说，食用添加 β－胡萝卜素的黄金大米，有望增进他们的健康。

但是，基因工程也有不利的一面。尽管许多植物都天然含有 β－胡萝卜素分子，但生物技术的批评者质疑，将这种分子植入正常情况下本没有这种分子的植物体内是否安全？这种分子是否会与已经存在的其他化合物发生不良反应？它们是否有可能成为某些人的过敏原？篡改物种编码有什么长期影响？除了这些化学和生物方面的问题外，人们还提出了有关基因工程的其他问题，如这项研究背后的利润动机、作物多样性丧失的可能性以及农业的全球化。由于所有这些因素和不确定性，我们需要谨慎行事，尽管表面看来，强迫大自然在我们想要的地方、以我们希望的方式产生出分子有明显的好处。就像多氯联苯和 DDT 这样的分子一样，化合物既有可能造福人类，也有可能带来灾祸，而化学家们在发明的时候并不总能知道是福是祸。也许人类对控制生命的复杂化学品的操纵，最终会在开发更好的农作物、减少杀虫剂的使用和消除疾病方面发挥重要作用，也可能导致完全意想不到的后果，在最坏的情况下，还可能威胁到生命本身。

如果未来的人类回顾我们的文明，他们会认定哪种分子对 21 世纪影响最大？是无意中灭绝了数百种植物的添加到转基因作物中的天然除草剂分子？是改善我们身体健康和精神健康的药物分子？是被恐怖主义和犯罪组织利用的某种违禁药物的新品种？是进一步污染我们环境的有毒分子？是通往新的或更有效的能源来源的分子？是滥用抗生素导致出现的具有高度耐药性的“超级细菌”？

哥伦布不可能预见到他寻找胡椒碱会对历史造成什么影响，麦哲伦也不知道他寻找异丁香酚对人类的长远影响，尚班肯定会惊讶于他用妻子的围裙无意间制成的硝化纤维素，会成为炸药、纺织品等各种伟大工业的开端。珀金不可能预料到，他的小实验最终不仅促成了规模庞大的合成染料贸易，也推动了抗生素和化学制药业的发展。此外，马克、诺贝尔、夏尔多内、卡罗瑟斯、李斯特、贝克兰、古德伊尔、霍夫曼、勒布朗、索尔维兄弟、哈里森、米基利，以及我们故事中的所有其他人，都对他们所做发现的历史重要性一无所知。因此，如果我们犹豫不决，难以预测今天是否已经存在一种未被发现的分子，而这种分子将对我们所知的生活产生如此深刻和始料未及的影响，以至于我们的后人会说“这改变了我们的世界”。那么，我们似乎可以自我安慰说，这样的事以前也发生过。